안야에게
Dear Anja

Salvia nemorosa 'Dear Anja'

자연정원을 위한
꿈의 식물

글　피트 아우돌프, 행크 해릿선

편집·글　노엘 킹스버리

사진　안톤 숄레피스, 피트 아우돌프, 행크 해릿선

번역　오세훈, 이대길, 최경희

목수책방
木水冊房

차례 ─────────────────────────

식물 학명이란

식물의 학명은 스웨덴의 식물학자 칼 폰 린네Carl von Linné가 고안했다. 라틴어 또는 라틴어화한 단어를 사용하여 속명과 종소명을 표기하며, 이것을 이명법이라 부른다. 속명의 첫 글자는 대문자, 종소명은 소문자로 표기하고 전체를 이탤릭체로 표기한다. 예를 들어 목련의 학명은 *Magnolia kobus*인데, 대문자로 시작하는 *Magnolia*가 속명이고 뒤에 나오는 *kobus*가 종소명이다. 보통 동일한 속명이 가깝게 반복될 때는 속명의 첫 글자로 축약하여 대신한다.

학명은 전 세계 어디서나 동일하게 쓰이며, 하나의 학명은 오직 하나의 식물만을 가리키기 때문에 식물학의 표준으로 사용된다. 따라서 식물 정보 소통에 필요한 만국 공통어 역할을 한다. 영국왕립원예학회RHS를 비롯한 여러 기관에서도 학명을 기준으로 정원식물을 분류하고 있다. 또한 학명만으로도 해당 식물의 분류학적 위치를 어느 정도 알 수 있다. 이에 도움이 될 수 있도록 다음의 개념을 알아 두도록 하자.

아종subspecies

생물분류학상 종의 하위 단계로 종 중에서 주로 지역적으로 일정하게 차이를 보이는 집단을 말한다. 종소명 다음에 subsp.로 표기한다.
예: *Thalictrum flavum* subsp. *glaucum*

변종variety

한 지역 내에서 원종과 약간의 차이를 보이는 식물들이 무리를 이루었을 때, 해당 식물을 변종으로 분류한다. 종소명 다음에 var.로 표기한다.
예: *Geranium sanguineum* var. *striatum*

재배품종cultivar

대부분 육종되며 드물게 자연 상태에서 선발되는 변이종으로 재배종이라고도 한다. 재배품종명은 작은 따옴표(') 안에 넣어 종소명 다음에 배치한다. 이 책에서는 모두 '품종'으로 표현했다.
예: *Achillea ptarmica* 'Xana'

교잡종hybrid, ×

다른 종 간 교잡으로 나온 식물을 가리킨다. 일반적으로 같은 속 안에서 유전적으로 가까운 종 사이에 교잡이 일어나지만 다른 속 간에도 드물게 교잡이 생긴다.
예: *Digitalis* ×*mertonensis*

라틴어 학명 읽는 법

이 책의 라틴어 학명 한글 발음은 미국 조지아대학교 연구원 마이클 커빙턴Michael Covington 박사가 제안하는 북유럽식 발음을 따랐다. 커빙턴 박사는 'Latin pronunciation demystified'라는 글에서 네 가지 발음법을 제시하고 그 가운데 북유럽식 발음이 과학 분야에서 사용하기에 적합한 발음이라고 언급했다.

책에 나오는 학명의 한글 발음 표기는 이 원칙을 따르되 다음과 같이 추가 설명을 덧붙인다.

모음의 장단음 구분에 따라 사소한 발음 차이가 생길 수도 있지만 혼돈을 최소화하기 위해 그 구분은 생략한다. 이중모음 eu는 '유'에 가까운 소리로 '에'와 '우'를 함께 발음할 때 나오는 소리다. 본문에서는 발음 편의상 '유'를 원칙으로 하되 게움*Geum*처럼 단음절 속명이나, 아트로푸르푸레우스*atropurpureus*, 기간테움*giganteum*처럼 어미에 올 경우 '에우'로 발음한다. 자음 c는 발음표에 나오는 다섯 개의 모음 앞에 올 때 독일을 제외한 모든 지역에서 'ㅅ'으로 발음하고 나머지 모음 앞에서는 'ㅋ'으로 발음한다. 이중자음 ch, gh, rh, th에서 h는 묵음이 되고, 동일한 음가의 자음이 반복될 경우 발음 편의상 하나의 자음으로 발음한다.

	알파벳	한글 발음
모음	a	아
	e	에
	i	이
	ii	이이
	o	오
	u	우
	y	이
이중모음	ae	에
	au	아우
	ei	에이
	eu	유, 단음절이나 어미에 올 때 에우
	oe	에
	ui	우이
자음	b, d, f, h, k, l, m, n, p, qu, r, t, v, z	ㅂ, ㄷ, ㅍ, ㅎ, ㅋ, ㄹ, ㅁ, ㄴ, ㅍ, 쿠, ㄹ, ㅌ, ㅂ, ㅈ
	c	i, e, y, ae, oe 앞에서는 ㅅ 나머지 모음 앞에서는 모두 ㅋ
	g	늘 ㄱ으로 발음
	j	이
	s	늘 ㅅ으로 발음
	w	우
	x	ㅋㅅ
이중자음	ch, gh, rh, th	ㅋ, ㄱ, ㄹ, ㅌ
	gn	ㄱㄴ
	nn, mm, ck	ㄴ, ㅁ, ㅋ
	sc	a, o, u 앞에서는 ㅅㅋ c, i 앞에서는 ㅅ

꽃차례란?

꽃차례는 꽃이 나는 순서와 모양화서, inflorescence을 뜻한다. 여러 종류가 있지만 여기에서는 핵심적인 다섯 가지 꽃차례만 다룬다.

머리모양꽃차례head
자잘한 꽃이 꽃대 끝에 모여 달려 하나의 꽃처럼 보이는 꽃차례

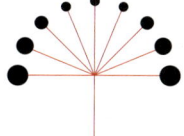

우산모양꽃차례umbel
꽃자루가 한 지점에 모여 달려 우산살 모양을 이루는 꽃차례

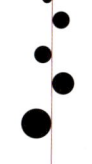

이삭꽃차례spike
긴 꽃대에 꽃자루가 없는 여러 개의 꽃이 모여 달리는 꽃차례

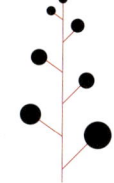

총상꽃차례raceme
긴 꽃대에 꽃자루가 있는 여러 개의 꽃이 모여 달리는 꽃차례

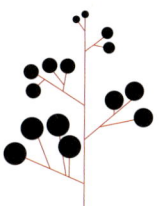

원뿔모양꽃차례panicle
총상꽃차례의 축이 갈라져서 전체적으로 원뿔 모양을 이루는 꽃차례

책에서는 앞에서 언급한 꽃차례가 아닌
'꽃이삭'이라는 용어를 사용한 곳도 있다. 원문에서는
이삭꽃차례를 'spike'로 설명하곤 하는데, 몇몇
식물에서는 총상꽃차례 또한 'spike'로 설명을 하고
있다. 저자의 착오인 걸까? 이삭꽃차례와 총상꽃차례는
꽃자루가 있고 없고의 차이만 있을 뿐이지 전체적인
형태로 보면 거의 같아 보인다. 그래서 식물학자가
아니라 디자이너의 관점에서 식물을 바라보는 저자들은
그 둘을 굳이 명확히 구분해야 할 필요성을 느끼지
못했을 것이라 생각된다. 식재디자인에서는 두 꽃차례
모두 고딕 양식의 뾰족한 탑처럼 수직 효과를 강조하는
역할을 하기 때문이다. 아우돌프는 식재디자인을 다루는
자신의 책 《Designing with Plants》에서 이삭꽃차례와
총상꽃차례라는 용어를 쓰지 않고, 이들을 '첨탑
모양spire'의 범주로 묶어서 설명하고 있다.

따라서 역자들은 이를 저자의 의도라 여겨
이삭꽃차례가 아니어도 'spike'로 설명된 꽃차례를
번역할 때 '꽃이삭긴 꽃대에 이삭 모양으로 무리 지어 피는 꽃'이라는
용어를 사용했다.

일러두기

* 식물 목록은 원서와 같이 라틴어 학명 알파벳 순으로 나열했다.
* 본문에 나오는 식물의 한글 이름은 국립수목원의
  국가표준식물목록KPNI과 국가표준재배식물목록KGPNI을
  참조했다.
* 한글 이름이 없거나 있어도 혼동의 여지가 있는 식물은 역자가
  선택한 학명 발음 기준에 따라 한글 발음으로 표기했다.
* 라틴어 학명의 한글 발음은 미국 조지아대학교에서
  연구원으로 활동하고 있는 마이클 커빙턴 박사가 제안하는
  북유럽식 발음을 따르고, 《정원사를 위한 라틴어 수업-식물의
  이름을 이해하는 법》(리처드 버드, 궁리)도 참고했다.
* 품종명과 인명 등 외래어 표기는 외래어표기법을 참조했으며
  일부 단어는 널리 통용되는 발음으로 표기했다.
* 역자 각주로 추가한 식물 전문 용어 설명작은 고딕체은
  국립수목원의 간행물 《알기 쉽게 정리한 식물 용어》와 산림청
  국가생물종 지식정보 시스템의 식물용어사전을 참조했다.

바야흐로 정원의 시대입니다. 2013년 순천만 국제정원박람회를 시작으로 싹트기 시작한 정원문화는 점점 더 우리네 일상에 굳건히 뿌리내리고 있습니다. 이미 정원 두 곳이 국가정원으로 지정되었고, 서울시를 비롯한 지자체들에서는 정원박람회를 성황리에 개최하고 있으며, 방송 매체에서도 정원을 주제로 한 내용들을 심심찮게 다루고 있습니다. 정원은 이제 남녀노소를 불문하고 함께 즐기고 공유하는 하나의 문화로 자리매김하고 있습니다. 이렇게 정원이 사람들의 마음을 사로잡고 풍성한 이야깃거리를 제공할 수 있는 근간에는 무엇이 있을까요? 여러 요소들이 있겠지만 그 핵심은 식물이라고 봅니다.

식물, 더 구체적으로 말하면 여러해살이풀입니다. 일반적으로 정원을 생각할 때 떠오르는 심상을 유심히 들여다보면 그곳에 다채로운 꽃과 풀이 자리한다는 사실을 깨닫게 됩니다. 우리는 정원에 가득 피어난 여러해살이풀들을 보며 풍성하고 건강한 감각들을 향유합니다. 계절의 변화도 실감하며 자연의 경이로움까지도 느끼곤 하지요. 자연의 핵심 속성이 '다양성'과 '역동성'에 있다고 한다면, 이를 가장 잘 담아 낼 수 있는 매체가 바로 여러해살이풀입니다. 여러해살이풀의 활용이 다소 제한적인 국내의 상황과는 달리 일찍이 그 아름다움과 가치에 주목하여 식재디자인을 예술의 경지까지 끌어올리고, 정원디자인의 트렌드를 선도하는 이가 있습니다. 바로 네덜란드 출신의 정원디자이너이자 이 책의 공동 저자인 피트 아우돌프Piet Oudolf입니다.

피트 아우돌프는 익히 알려진 뉴욕의 하이라인과 시카고의 루리가든 등의 식재디자인을 한 세계적인 정원디자이너입니다 뉴욕의 하이라인은 조경회사 '제임스 코너 필드 오퍼레이션스James Corner Field Operations'와 건축가 '딜러 스코피디오 앤드 렌프로Diller Scofidio + Renfro', 정원디자이너 피트 아우돌프의 협업으로 조성되었다. 일흔을 훌쩍 넘긴 지금도 유럽과 북미를 오가며 왕성하게 디자인 작업을 펼치고 있지요. 자연의 모습을 닮은, 자연에서 느낄 수 있는 감흥을 예술적으로 정원에 담아 내는 아우돌프의 식재디자인을 보고 있노라면 그 강렬한 아름다움에 저항하기가 쉽지 않습니다. 루리가든을 실제로 접했을 때 수많은 식물들에 매료되어 거의 이틀을 머물렀던 기억이 납니다. 아우돌프의 식재가 그토록 아름다울 수 있는 건 그만의 비범한 디자인 능력 때문이기도 하지만 무엇보다도 그가 디자인에 활용하는 '꿈의 식물'들 덕분입니다.

1982년, 아우돌프는 네덜란드의 조그만 시골 마을 후멜로에 자신의 농장을 만들고 당시에는 주목받지 못했던 여러해살이풀들을 직접 기르고 실험하기 시작했습니다. 이 책을 함께 쓴 헹크 헤릿선Henk Gerritsen을 포함한 동료들과 기존의 인위적인 방식에서 탈피한 새로운 식재디자인에 관해서도 끊임없이 고민하고 토론했습니다. 그들은 정원과 조경공간이 미적으로든 생태적으로든 더욱 자연에 가까워지기를, 아울러 생태 감수성을 회복하는 데 기여하기를 바랐습니다. 이는 식물 선별 과정에 고스란히 녹아들었습니다. 지나치게 화려하고 손이 많이 가는 기존의 정원식물들에서 벗어나 자연의 분위기를 환기시키면서도 동시에 아름답고 튼튼하게 자랄 수 있는 여러해살이풀들에 주목했습니다. 1990년, 아우돌프와 헤릿선은 오랜 경험에 기반해 고심해서 선별한 여러해살이풀들과 그 활용법을 소개하는 《꿈의 식물: 새 시대의 정원식물》이라는 책을 펴냈습니다. 많은 이들이 이 책 덕분에 여러해살이풀의 아름다움과 가치를 깨닫게 되었고, 그 결과 이른바 '새로운 여러해살이풀 심기 운동New Perennial Movement'이 일어나 정원과 조경공간에서 여러해살이풀들이 적극적으로 활용되기 시작했습니다. 이러한 경향은 계속되고 있을 뿐만 아니라 한층 더 진보하고 있으며, 유럽·미국·캐나다·호주·일본 등 많은 곳에서 다양한 여러해살이풀을 한데 어우러지도록 섞어 심는 자연주의 식재 방식이 활발히 적용되고 있습니다. 이러한 세계적인 흐름에 동참하고, 정원과 도심 속 녹지공간들을 아름답게 수놓는 매력적인 여러해살이풀들을 국내에도 알리고 싶은 열망에 2019년 새롭게 개정판을 선보인 이 책을 번역하게 되었습니다. 정원과 식물에 관심이 있는 많은 독자들에게 이 책이 알려지길 바랍니다.

책은 총 3장으로 이루어져 있습니다. 1장의 '식물 목록'에서는 아우돌프와 헤릿선이 20년 이상 농장이나 고객들의 정원에서 식물들을 길러 오면서 쌓은 오랜 경험을 바탕으로 선별한 180여 속 750여 종의 여러해살이풀과 관상용 그래스를 소개합니다. 식물의 매력에 흠뻑 빠질 수 있게 해 주는 훌륭한 사진, 그리고 식물을 향한 독특한 시선과 유머가 넘치는 헤릿선의 문장들은 여러해살이풀을 다루는 도감 역할을 할 수 있는 이 책의 가치를 더욱 빛나게 합니다. 2장의 '활용법'에서는 1장에서 소개한 식물들을 활용하여 자연에 가까운 정원을 만들고자 할 때 도움이 될만한 열두 가지의 주제들을 다루고, 각 주제마다 알맞은 식물 조합들을 제안합니다. 이는 아우돌프와 헤릿선이 자연스러운 정원을 꿈꾸며 고민하고 토론해 왔던 과정의 결실인 동시에 여전히 유효한 아우돌프 식재디자인의 핵심 개념들입니다. 중요한 내용만 간결하고 담백하게 이야기하는 헤릿선의 방식은 관련 분야에 종사하지 않는 일반인들도 쉽게 식재디자인에 다가갈 수 있도록 해 줍니다. 3장의 '식재 도면과 식물 조합'에서는 아우돌프와 헤릿선의 식재디자인 도면을 일부 수록했고, 실제 디자인에서 누구든 쉽게 응용할 수 있도록 서로 조화롭게 잘 자랄 수 있는 식물 조합들을 소개합니다. 제곱미터당 식물을 얼마나 심는 게 적합한지 실용적인 정보도 덧붙입니다.

영국의 철학자 비트겐슈타인은 "언어의 한계는 곧 세계의 한계"라는 말을 남겼습니다. 풍부한 언어는 풍부한 표현과 닿아 있고 더 내밀한 세계로 접근할 수 있게 해 줍니다. 여러해살이풀은 자연과 관계 맺고 다시금 소통하기 위한 일종의 언어라고 생각합니다. 많은 나라들에서 아우돌프와 헤릿선이 발굴해 낸 식물들 덕분에 일상에서도 더욱 내밀한 자연의 이야기를 들을 수 있게 되었습니다. 자연은 식물을 통해 자신의 이야기를 들려주고 있고, 우리가 그 이야기에 귀 기울일 때 세상은 다양한 측면에서 한층 더 아름다워지리라 믿습니다. 이 책에서 소개하는 여러해살이풀들이 정원이나 조경 분야에서 일하는 전문가들뿐만 아니라 조그만 정원을 손수 가꾸며 꿈을 키워 가는 사람들, 더 나아가 정원은 생소하지만 마음 한편에 자연과 식물을 사랑하는 마음의 씨앗을 품고 있는 많은 이들에게 큰 도움이 되고 영감을 줄 수 있기를 바랍니다. 이 책이 독자들의 마음 속에 어떻게 뿌리내려 꽃을 피워 낼지 상상하는 건 역자들에게 일상의 새로운 기쁨이 될 것입니다. 끝으로 이 책의 가치에 공감하고 번역서가 출간될 수 있도록 애써 준 목수책방에 깊은 감사의 말을 전합니다.

2020년 6월
오세훈, 이대길, 최경희

여러해살이풀이 현대 정원에서 중심적 역할을 한다는
사실은 의심할 여지가 없다. 요즘이야 가든센터나 인터넷,
소규모 전문 업체 등 다양한 통로로 여러해살이풀을
구할 수 있지만 사정이 늘 그랬던 것은 아니다.

이 책의 초판은 1990년에 출간되었다. 그때만
해도 글쓴이인 헹크 헤릿선Henk Gerritsen과 피트
아우돌프Piet Oudolf는 여러해살이풀을 사람들에게 널리
알리려고 애써야만 했다. 그래서 네덜란드어로 《꿈의
식물Droomplanten》이라는 책을 펴냈고, 여러해살이풀이
낯설게 느껴지던 일반인들에게 특정 부류의
여러해살이풀을 소개하고자 했다.

따라서 머리말에서는 1980년대와 1990년대를
되돌아보며, 그 후에 정원 분야가 걸어온 길을
살펴보도록 한다. 그 당시 헹크와 피트가 소개했던 여러
식물 목록은 어떻게 변화하고 개선되었는지, 정원이나
공공공간에 식재할 수 있는 여러해살이풀의 폭은 얼마나

넓어졌는지도 살펴볼 것이다. 우리가 식물을 선택하는
기준도 언급할 예정이다. 식물 선택 기준을 살펴보면
우리가 정원을 만들고 식물을 키우는 이유를 완전히
다른 시각에서 볼 수 있기 때문이다.

책을 새로이 손보며 더 나은 종을 알게 된 경우에는
이전 목록에서 제외했다. 초판이 나온 뒤 25여 년의
시간이 흘렀기 때문에 그동안 새롭게 소개되었거나
육종된 여러해살이풀들도 적잖게 실었다. 새로 추가한
식물들은 피트 디자인의 변화를 반영하기도 한다.
1990년에 피트는 막 뜨기 시작한 정원디자이너였고,
아내인 안야Anja와 함께 작은 농장을 운영하며
정원디자인에 사용할 식물들을 주로 키웠다. 당시에는
네덜란드 사람이 아닌 이상 피트를 아는 사람이
드물었지만, 이제 피트는 개인 정원뿐만 아니라 공원이나
그 밖의 공공공간을 다루는 디자이너로 널리 이름을
떨치고 있다. 다양한 공간을 연출하기 위해서는 당연히

식물 선택이 중대한 영향을 끼친다. 특히 믿을 만하고 관리 요구도가 낮은 품종에 초점을 맞추어야 하기 때문이다.

이야기를 계속하기 전에 먼저 헹크를 언급해 보자. 헹크 헤릿선은 예술가이며 정원디자이너이고 환경운동가다. 그는 파트너이자 사진가였던 안톤 슐레퍼스Anton Schlepers와 함께 네덜란드 동쪽 외딴 곳으로 거처를 옮겼다. 1978년부터는 중유럽 여행에서 인상 깊게 보았던 식물군락으로부터 영감을 받아 프리오나가든Priona Garden이라는 실험정원을 새로운 거처에 만들기 시작했다. 둘은 야생화를 관찰하러 다니고 이를 정원에 옮겨 심으려고 시도했던 일련의 경험을 모아 《Spelen met de natuur (Playing with Nature)》라는 제목의 책을 펴내기도 했다. 헹크는 피트 농장에 있는 식물 목록을 살피다 완전히 새로운 발견을 했다. 그는 "정원을 될 수 있으면 자연스럽고 야생적인 느낌으로 가꾸고 싶었는데, 피트가 기르던 식물들은 그런 제 기준에 꼭 맞아떨어졌습니다"라고 말했다. 헹크와 피트는 서로 생각을 주고받는 벗이었다. 피트에게 마른

열매와 여러해살이풀의 멋스러운 가을 모습을 일깨워 준 이도 헹크였다. 피트는 헹크를 이야기하며 이렇게 말했다. "식물을 심는 일이 단순히 식물에 그치지 않는다는 걸 배웠어요. 식물로 분위기와 계절감, 그리고 감정까지 만들어 낸다는 사실을 말이죠. 오히려 제게는 그 점이 더 중요해졌어요. 아울러 헹크는 식물은 꽃 없이도 충분히 아름답다는 걸 귀가 아플 정도로 이야기했지요. 그래서 헹크와 함께 절정기가 지난 식물을 보다 관심 있게 바라보곤 했습니다."

1989년 테라출판사에서 피트에게 책 출간을 권했을 때 피트는 글쓰기가 쉬운 일이 아님을 깨닫고 헹크에게 도움을 청했다. 그렇게 힘을 모아 《꿈의 식물》 초판을 선보였다. 사진은 주로 안톤이 찍었고 1989년 말 추운 겨울을 전기난로로 버티면서 헹크가 글을 썼다. 1990년에 발간된 《꿈의 식물》은 이전에는 볼 수 없었던 독특한 여러해살이풀들을 세상에 알리는 신호탄이었다. 곧 이어 스웨덴에서 번역판이 나왔고 9년 뒤에는 또 다른 책 《더 많은 꿈의 식물Meer Droomplanten》이 출간되었다.

↘ 시카고 루리가든Lurie Garden의 *Liatris spicata* 'Alba'

↑ *Echinacea purpurea* 'Vintage Wine'

2000년에는 이 두 번째 책의 영문판인 《자연정원을 위한 꿈의 식물Dream Plants for the Natural Garden》이 선을 보였고, 2003년에는 《꿈의 식물》 초판의 영문판인 《자연정원 식재Planting the Natural Garden》가 출간되었다.

안톤이 1993년에 사망하자 헹크는 기존의 정원 방식과는 너무나 동떨어진, 도발적인 느낌의 프리오나가든을 사람들에게 개방하고 2008년 세상을 떠나기 전까지 정원을 가꾸었다. "모두가 제 정원에 공감했던 건 아니었어요." 헹크가 몇 차례나 푸념하던 게 생각난다. 프리오나가든은 이후 몇 해의 공백기가 지난 후에 모던한 레스토랑이 들어서면서 다시 사람들의 발길이 이어졌다. 이곳에서는 헹크가 정원을 바라보는

독창적이고 다소 기이한 접근법을 여전히 느낄 수 있다. 야생적이고 자연스러운 모습을 좋아했다는 게 확실히 느껴지며 생울타리나 전체 짜임새를 보면 '역시 네덜란드 정원'이라는 생각도 든다. 마치 '추상표현주의' 작품처럼 주목을 다듬은 손길에서는 우리가 얼마나 고리타분하게 가지치기를 했는지 돌아보게 되고, 잔디밭에 자리한 닭 모양 토피어리에서는 익살스러움이 묻어난다. 무덤덤하게 농을 던지는 방식은 헹크가 삶을 대하는 태도이기도 하다. 이러한 면모는 여러해살이풀을 묘사하는 헹크의 글에서도 여실히 드러난다. 때문에 헹크가 아끼던 식물은 피트의 작업과는 크게 상관이 없더라도 목록에 남겨 두기로 했다.

여러해살이풀 – 잇따른 움직임 ──────

《꿈의 식물》 초판이 세상에 나온 20세기 후반을
돌아보면 그 당시 사람들은 여러해살이풀에 별 관심이
없었다는 것을 알 수 있다. 가든센터들은 동네의 옛
농장이나 통신판매 방식을 그대로 따랐고 주로 관목을
팔았다. 여러해살이풀은 영국의 경우 봄철에 흙을
씻어 낸 뿌리묘를 조그만 비닐봉지에 담아서 팔았다.
네덜란드도 관심이 없기는 마찬가지였고 육묘업계에서는
주로 관목을 재배했다. 스웨덴에서는 20세기 초반에
여러해살이풀을 향한 관심이 꽤 높아졌으나 중반쯤
이르자 이내 잦아들었다. 미국에서는 1920년대에
여러해살이풀과 풍부한 자생종에 관한 특별한 관심이
잠시 일어났다가 사라져 버렸다. 하지만 이마저도 2차
세계대전이 끝난 뒤에는 저마다 잔디밭을 만들기 바빴고
다른 원예산업이 자유롭게 발전할 기회를 짓밟아
버렸다. 여러해살이풀이 가장 널리 알려진 곳은 아마도
독일이었을 것이다. 독일에서 인기가 있었다는 사실은

분명하지만 사용한 식물들 대부분이 이른바 '전통적인'
여러해살이풀 부류에 속하는 것들이었다.

여기서 잠깐 '전통적인' 여러해살이풀이 어떤 식물을
말하는지 살펴보자. 19세기 후반부터 20세기 초반까지
북유럽 전역에 여러해살이풀을 향한 관심이 확 높아졌다.
하지만 비교적 제한된 종류의 식물들에만 관심이 몰렸고
해당 종들은 놀랄 만큼이나 수많은 품종이 만들어졌다.
플록스와 뉴욕아스터 *Aster novi-belgii*, 독일붓꽃, 델피니움이
그 예다. 이것들은 대체로 손이 많이 가는 식물들로,
몇 해마다 포기나누기를 해 주거나, 쓰러지지 않게끔
지지대를 세우거나, 양분 관리에 공을 들여야만 했다.
이 같은 전통적인 여러해살이풀의 특징을 한마디로
정리하면 색이 중요한 식물이었다.

1950년부터 1970년 사이에는 화려하되 손이 많이
가는 식물에서 벗어나려는 움직임이 서서히 나타났다.
영국에서 농장을 운영하며 정원 분야에 새로운 변화를
이끌었던 베스 채토 Beth Chatto, 영국의 정원디자이너 겸 작가로
생태적 조건에 적합한 식물을 선택해서 심는 접근법으로 정원 분야에 큰 영향을

← 헹크 헤릿선이 가꾸던 프리오나가든

↑ 후멜로 Hummelo를 공개하는 날, (왼쪽부터) 헹크 헤릿선과 안야, 피트 아우돌프

미쳤다는 1950년대의 꽃꽂이 운동이 이러한 움직임을 만드는 데 중요한 역할을 했다고 말한 적이 있다.

꽃꽂이 운동 덕분에 사람들이 비로소 식물의 흥미로운 형태나 미묘한 색깔, 멋진 잎을 들여다보게 되었기 때문이다. 다른 한편에서는 자연에서 야생화가 사라져 가는 사태를 안타까워하며 정원에 자생식물을 심는 일에 관심을 갖기 시작했다. 헹크도 《꿈의 식물》 초판의 머리말에 이렇게 적었다. "1960년대 말부터 주변의 야생화가 급격히 사라져 가는 상황에 많은 이들이 경각심을 가졌어요. 1960년대 초쯤만 해도 위트레흐트 주변을 자전거로 누비며 송이풀Pedicularis palustris로 가득 찬 도랑이나 등대풀Euphorbia helioscopia과 뚜껑별꽃Anagallis arvensis이 무성히 자란 들판을 바라보곤 했었는데 말이죠."

1980년대에 이르자 식물원이나 전문 수집가만 기르고 다른 곳에서는 보기 어려웠던 호스타와 게라니움Geranium 종류, 아스트란티아Astrantia와 세둠Sedum 같은 식물, 혹은 야생화를 실험적으로 키우는 정원사들이 점점 늘어났다. 이런 식물들은 주로 취미 삼아 작게 운영하는 전문 농장에서만 구할 수 있었다. 그렇다면 요즘과 같은 여러해살이풀의 커다란 흐름은 과연 어디에서 비롯되었을까?

1980년대 말부터 정원업계는 줄곧 호황을 누렸다. 사람들의 수입이 늘기도 했지만, 헹크가 이야기했던 것처럼 환경 문제에 관한 의식 수준이 높아진 까닭이기도 했다. 자연을 생각하는 새로운 시대의 정원사들은 대개 작은 공간을 최대한으로 이용하려고 했기에 '좀더 야생의' 느낌을 자아내는 여러해살이풀이 제격이었다. 그래서 헹크가 이 책의 초판에서 적었던 것처럼 "1982년 어느 가을날, 아우돌프와 판 데 카van de Kaa 농장(이후 1986년에 안야가 인수했다)의 첫 카탈로그가 우편함에 꽂혀 있었을 때" 앞으로 일어날 변화를 예견하는 초석이 마련된 셈이었다. 헹크는 이렇게 말했다. "카탈로그를 읽었을 때 대부분 모르는 식물들이라 더 호기심이

일었죠. 설명만 보면 온통 야생정원 애호가들이
좋아할만한 식물들이었어요. 그렇지만 추위에 얼마나 잘
견디는지, 정원에서 실제로 쓸 만한지 무척 의심스러웠죠.
이내 농장에 전화를 걸어 상냥한 말투로 "카탈로그 잘
읽었어요. 참 멋지더군요"라며 운을 띄운 뒤 퉁명스럽게
"봄에 한번 들러서 겨울이 지나고도 잘 살아남았는지
봐야겠는걸요"라고 말했지요." 물론 모든 식물이
겨울에도 끄떡없이 살아남았다.

피트와 안야의 농장은 주목받기 시작한 여러해살이풀
선택의 방향을 잡아 가는 일에 도움을 주었고, 다른
농장들뿐만 아니라 주로 영국, 네덜란드, 독일에
영향을 미쳤고, 이후에는 미국에 이르기까지 여러
나라의 정원디자이너들도 이러한 흐름에 동참했다.
여러해살이풀이 큰 인기를 끈 데에는 여러 이유가
있다. 그 이유들을 살펴보면 우리가 왜 여러해살이풀을
기르는지, 그리고 키울 가치가 있는 식물에게서 우리가
기대하는 바가 무엇인지를 이해하는 데 도움이 될 것이다.

우선, 자연과 함께하는 정원 가꾸기나 자연보호구역
역할을 하는 정원처럼 야생의 생명을 배려한 정원
가꾸기 분야가 새롭게 나타났기 때문이다. 이러한

발상은 작가나 방송매체, 네덜란드의 재단법인
오아시스Dutch Stitching Oase와 같은 시민단체, 영향력이
강한 영국왕립원예학회Royal Horticultural Society 등의
활동으로 널리 알려졌다. 그 핵심은 여러해살이풀의
'모든 면'을 두루 살피자는 것이다. 옛 사람들에게
여러해살이풀은 한낱 색깔 덩어리에 지나지 않았지만,
야생의 생명을 품은 정원의 관점에서는 뭇 생명이
머무는 삶터나 먹을거리로서 쓰임이 있다. 헹크가 했던
것처럼 새들이 쪼아 먹도록 마른 열매를 그대로 남겨
두면, 여러해살이풀의 멋스러움과 정원에서 그 식물들이
어떻게 쓰이는지를 제대로 느낄 수 있다. 인간이 자연에
지대한 영향을 끼친다는 사실에 점점 더 많은 사람들이
공감하고 있기 때문에 그런 점도 빼놓지 않고 다룰
것이다. 그래서 책 뒷부분에 나비와 벌이 좋아하는
밀원식물의 목록도 실었다.

아울러 우리는 여러해살이풀의 생태학이나 생활사,
또는 생태학적 역할을 배워 나가고 있다. 실제로 어떤
식물 종은 유전적으로 수명이 짧아 지속적으로 재생이
필요하기 때문에 자연발아가 잘 되는 식물을 정원사들이
선호하기에 이르렀다. 몇 해 전에는 독일 동료 세 명이

← 후멜로에 있는 피트와 안야의 스튜디오 앞쪽 야생정원wild garden

↑ 이 책의 초판 출간 기념 행사에서 책에 사인을 하는 피트 아우돌프

이 주제를 온전히 다루어 《Blackbox Gardening》(영문판 제목 《Cultivating Chaos》)이라는 책을 펴내기도 했다. 어떤 여러해살이풀은 왜 다른 것들보다 더 오래 살아남는지, 그리고 서식처에서 어떻게 살아가는지를 밝힌 것도 커다란 발전이었다. 이러한 지식은 독일과 스위스가 정원 분야에서 세운 가장 빛나는 업적들 가운데 하나인 혼합식재체계Mixed Planting System에 고스란히 녹아들었다. 혼합식재체계는 공식을 사용해 조경가들이 식재디자인을 더 간편히 할 수 있도록 해 주었다.

혼합식재가 독일의 활기 넘치는 여러해살이풀 재배문화의 한 단면에 불과하다는 사실이 그리 놀랄 일은 아니다. 왜냐하면 독일은 아주 오래 전부터 독창적인 방법으로 여러해살이풀을 재배해 왔기 때문이다. 농장을 운영하는 육종가이자 작가였던 칼 푀르스터Karl Foerster(1874~1970)는 새로운 발상을 끝없이 쏟아 낸 정원사였고, 정원에서 그래스grass, 벼과나 사초과 식물처럼 가느다란 잎과 이삭 같은 꽃이 특징인 풀 종류의 쓰임이

늘어난 것도 그 덕분이다. 20세기에서 21세기로 넘어갈 무렵에는 독일에서 여러해살이풀을 재배하는 사람들이 '꿈의 식물'을 선별하는 역할을 도맡았다. 특히 매년 여름철에 열리는 정원박람회가 여러해살이풀의 새로운 모습을 대중화시키는 데 커다란 역할을 담당했다.

과거 공산권이었던 동유럽 경제가 활기를 띠기 시작하면서 여러해살이풀을 향한 관심은 폭발적으로 커졌다. 자연에 깊은 유대감을 느끼던 동유럽 사람들도 여러해살이풀에 푹 빠져 버렸다. 개인 정원에서 여러해살이풀의 비중이 높아지는 건 물론이고 바르샤바나 모스크바 같은 도시에서도 여러해살이풀을 심는 공공공간이 점점 더 늘어났다. 하지만 가장 눈에 띄게 발전한 곳은 미국이었다. 1990년대 초반만 하더라도 동부 해안을 차로 달리다 보면 집 뜰에는 대개 분홍빛 플록스가 자라는 1제곱미터 남짓한 사각 화단만이 있을 뿐이었다. 이제는 더 많은 정원에서 에키나세아나 루드베키아, 연영초 등 다양한 식물을 볼

수 있다. 이러한 변화를 이끌었던 원동력은 자생식물을 향한 관심이었다. 외국에서 들여온 많은 종들이 정원 울타리를 넘어서 골치 아플 정도로 마구 번져 나가자 지역의 생태계를 지켜야 한다는 목소리가 커졌다. 마치 도덕적인 십자군운동처럼 생태계를 보호하려는 욕구의 표현으로 자국의 여러해살이풀을 키우기 시작했다.

피트는 미국에서 여러 상징적인 작업들을 수행하며, 이러한 움직임을 대표하는 핵심 인물로 거듭났다. 로이 디블릭Roy Diblik 같은 식물 재배자나 릭 다크Rick Darke, 패트릭 컬리나Patrick Cullina, 닐 디볼Neil Diboll 같은 자생식물 전문가들의 도움을 받으며 자생식물과 외래식물이 조화롭게 어우러진 식재를 성공적으로 수행했다. 피트는 작업 현장이 유럽이라도 늘 미국 원산의 식물들을 즐겨 사용했다. 하지만 피트는 밥티시아Baptisia, 등골나물Eupatorium, 베르노니아Vernonia 같은 미국 식물을 깊이 사랑했기 때문에 더욱 더 많은 미국종을 사용하게 되었다. 유럽과 미국산 여러해살이풀 사이에는 늘 깊은 관계가 있었다. 20세기 초반 영국과

독일에서 크게 유행했던 여러해살이풀 화단 식재는 미국산 식물이 없었더라면 사실상 불가능했을 수도 있다. 헹크와 피트가 쓴《꿈의 식물》또한 그 관계를 다시 이어 주는 역할을 했다. 실제로 헹크는 프리오나가든에 미국 스타일 화단을 만들기도 했다.

이제 미국과 캐나다의 정원사들은 자국 식물상의 가치에 주목하고 있다. 새로운 자생식물들이 잇따라 소개되고 여러해살이풀은 이제 하나의 온전한 사업 품목으로 자리매김했다. 이렇게 태어난 식물들은 대서양을 건너와 정원식물로 멋스럽게 쓰이고 있으며, 그 결과 이전에는 상상조차 할 수 없었을 정도로 다채로운 여러해살이풀들을 정원에서 접할 수 있게 되었다. 헹크가 이 모습을 보았다면 무척이나 기뻐했을 것이다.

노엘 킹스버리

＼ 후멜로가든의 가을 풍경

↑ *Asclepias incarnata* 'Ice Ballet'

이 글을 쓴 노엘 킹스버리Noel Kingsbury는 영국의 정원디자이너 겸 작가로 피트 아우돌프와 여러 책을 펴내며 '자연주의 식재Naturalistic Planting' 이론을 널리 알리는 역할을 했다. 정원 관련 잡지에 글을 기고하거나 개인 블로그를 운영하며 식물 연구를 계속하고 있다.

Calamagrostis ×*acutiflora* 'Karl Foerster' 사이에서 빛을 발하는 *Rhus typhina*의 진홍색 가을 잎

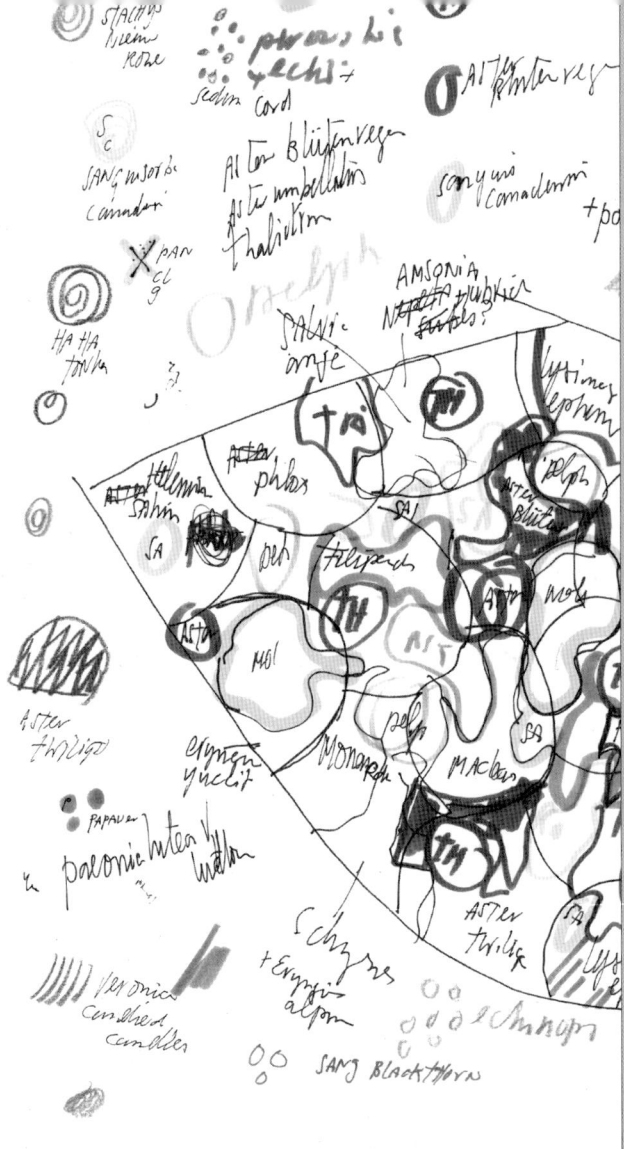
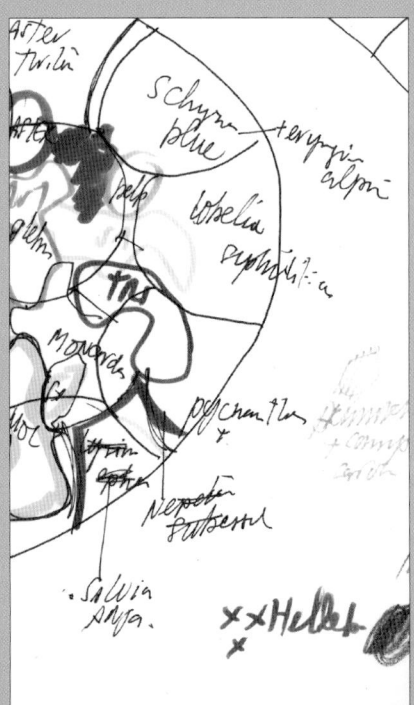

1.

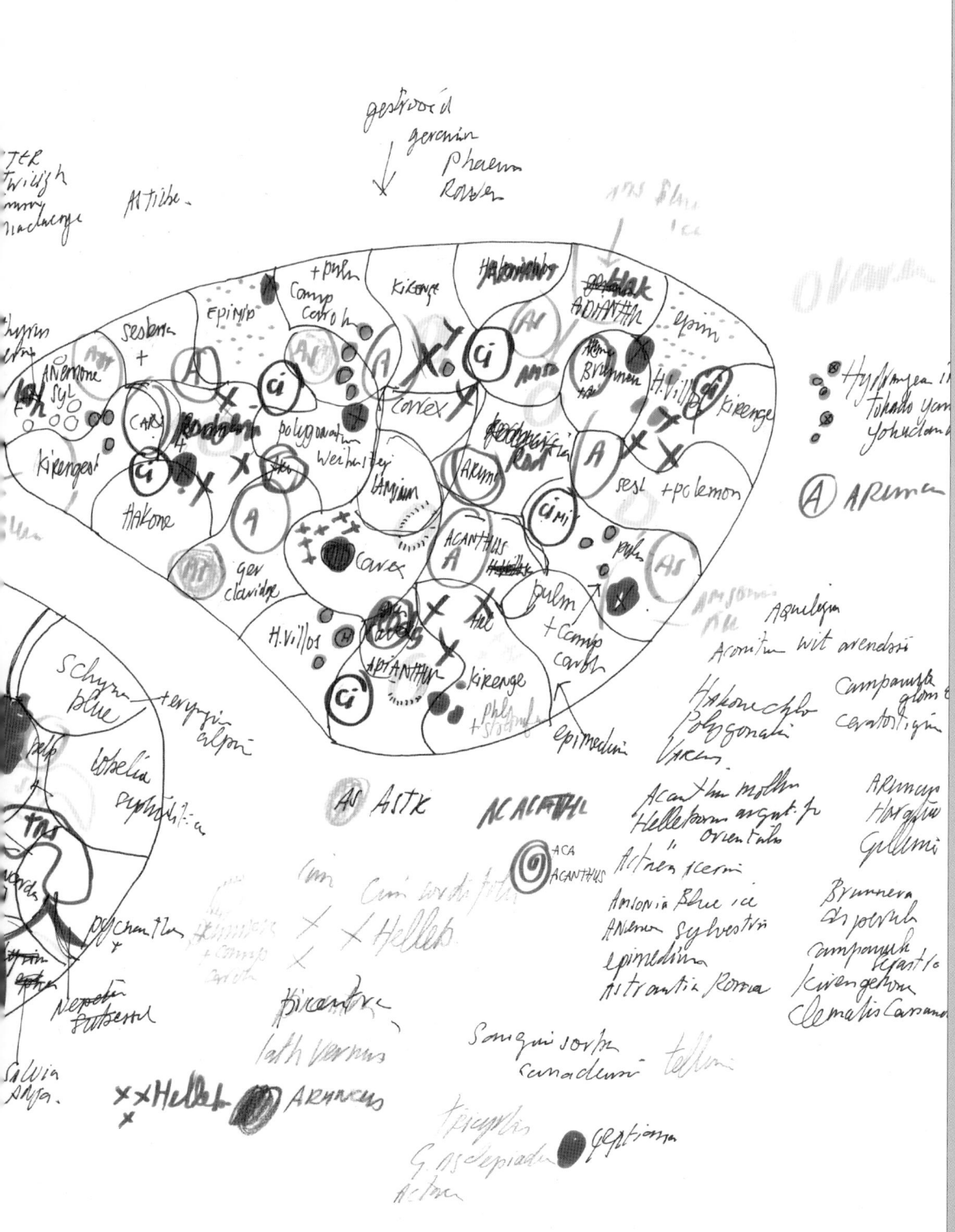

책에 사용된 기호

☀ 양지
여름에 최소한 일곱 시간 햇빛이 드는 곳

☀ 반음지
여름에 세 시간에서 다섯 시간 정도
햇빛이 들거나 투과한 햇빛이 드는 곳

☀ 음지
여름에 세 시간 미만으로 햇빛이 드는 곳

↕ 높이
단위 센티미터

⚙ 개화기
1= 1월, 2= 2월,
해당 없음= 개화기는 정해져 있지만
꽃이 아주 미미해서 별 의미가 없는 식물

Achillea 'Walther Funcke' | *Achillea* 'Hella Glashoff'

Achillea filipendulina 'Parker's Variety'(가운데 노란색 꽃)

Achillea 톱풀속, 국화과

자잘한 꽃들이 동글납작한 팬케이크처럼 모여 피는
모습이 색다르기 때문에 정원에서 아주 중요한 식물
속이다. 기다란 이삭 모양이나 둥그렇게 무리지어 꽃피는
식물들과 잘 어우러져서 정원을 꾸밀 때 꼭 필요한
식물이다.

A. filipendulina 'Parker's Variety' 터리톱풀
'파커스 버라이어티'

☀ ↕120 ◎6~9

튼튼하게 자라는 식물로, 촘촘하게 모여 피는 꽃들이
황금 접시 같은 느낌을 주며 '클로스 오브 골드Cloth of
Gold'와 많이 닮았다. 건조한 토양에서 잘 자라고 대체로
오래 사는 편이다.

A. ptarmica 'Xana' 큰톱풀 '사나'

☀ ↕50 ◎6~9

오래된 코티지가든cottage garden, 자유로운 형태의 디자인과
전통적인 소재를 사용하고, 관상식물과 텃밭식물을 섞어 심는 영국식
시골정원 식물을 개량한 형태로, 키우기 쉽고 튼튼한
품종이다. 꽃들이 모여 커다란 우산 모양을 이루는 여느
톱풀들과는 달리, 흰색의 작은 꽃송이가 무리 지어 피는
것이 특징이다.

ACHILLEA HYBRIDS 톱풀 교잡종

☀ ↕60~120 ◎6~9

분홍색 서양톱풀*A. millefolium*은 정원 여기저기서
제멋대로 싹이 올라오는 가장 흔한 톱풀로, 모든
정원사에게 익숙한 식물이다. 이 종을 노란 꽃이 피는
남유럽 톱풀과 교잡해 다채로운 색상의 여러 품종을
만들어 낸 이 후로는 '팬케이크'처럼 동글납작한
꽃차례를 어떤 색 조합을 할 때에도 마음껏 쓸 수 있게
되었다. 하지만 아쉽게도 교잡종은 신뢰도가 떨어져
몇 년 후면 자취를 감추기도 하는데, 특히 점토질
토양에서 더욱 심하다. 때문에 두 해마다 땅을 파서
포기나누기뿌리에서 난 여러 개의 움을 뿌리와 함께 갈라 나누어 따로 옮겨

심는 방법를 해 주는 것이 좋다.

'Anthea' 앤시어
연노란색 꽃이 피고 자라는 속도가 늦다.

'Coronation Gold' 코로네이션 골드
키가 100센티미터까지 자라는 품종으로 황금색 꽃이 피고
다른 품종들보다 오래 사는 편이다.

'Credo' 크레도
키가 큰 품종으로 유황색 꽃이 핀다.

'Hella Glashoff' 헬라 글라스호프
매력적인 연노란색 꽃이 피는 품종으로 키가 아주 크게
자라지는 않는다.

'Moonshine' 문샤인
사랑스러운 연노란색 꽃이 피고 은빛 잎이 난다. 여느
품종들보다 더 믿을 만한 정원식물로, 키는 더 작은 편이다.

'Terracotta' 테라코타
멋지게 색이 바래는 짙은 색감의 꽃이라 늦여름이면 여러
색이 혼합된 듯한 변화가 나타난다.

'Walther Funcke' 발터 풍케
회색빛 도는 거친 잎에 키는 70센티미터 정도다. 선명한
빨간색 꽃의 중심은 노란색으로 골수 공산당원을 연상시킨다.
소비에트연방 시대의 동독 조경가 풍케의 이름을 딴 품종이다.

Aconitum 투구꽃속, 미나리아재비과

미나리아재비, 아네모네, 델피니움, 클레마티스,
헬레보루스, 루타, 매발톱꽃 등 매력적인 종들이 즐비한
미나리아재비과 식물로 오랫동안 풍성하게 꽃이 핀다.
미나리아재비과 식물들은 종류가 그렇게 다양함에도
불구하고, 가장 오래되고 원시적인 형태의 식물의 하나로
간주된다. 모든 투구꽃 종류는 잎이 매력적인데, 대부분
손바닥 모양으로 갈라지고 윤기가 난다. 꽃은 약간의
상상력을 보태자면 중세 수도승의 두건을 닮았다고 할
정도로 특이한 모양이며, 꽃가루받이는 오로지 호박벌에
의해서만 이루어진다.

A. carmichaelii var. wilsonii 아코니툼 카르미켈리이 윌소니이

☀ ☀ ↕180 ◎9~10

이른 봄 제일 먼저 잠에서 깨는 여러해살이풀 가운데 하나지만, 꽃은 어김없이 한 해가 저물어 가는 가을 무렵에 핀다. 보랏빛을 띤 파란색 꽃은 가을에 쉽게 보기 어려운 색이다. 튼튼하게 자라기 때문에 줄기가 결코 넘어지는 일이 없다.

A. henryi 'Spark's Variety' 아코니툼 헨리이 '스파크스 버라이어티'

☀ ☀ ↕150 ◎6~8

A. lamarckii 아코니툼 라마르키이

☀ ☀ ↕90 ◎7~8

유황색 꽃이 피고 키가 큰, 비교적 튼튼한 노란색 계열 투구꽃이다. '비교적'이라고 표현한 이유는 노란색 꽃이 피는 대부분의 종이 쉽게 쓰러지기 때문이다. 끈으로 묶어 미관을 해치지 말고, 곧게 자라는 여러해살이풀이나 작은 관목 주변에 심어 기댈 수 있도록 해 준다.

A. napellus 아코니툼 나펠루스

☀ ☀ ↕120~140 ◎6~7

청보라색 꽃이 피는 너무나 익숙하고 평범한 종이다. 그럼에도 여기서 소개하는 이유는 새로운 품종인 흰색 '그란디플로룸 알붐Grandiflorum Album'과 분홍색 '로세아Rosea', 연한 파란색 '스테인리스 스틸Stainless Steel'이 모두 아름답기 때문이다.

Aconogonon 싱아속, 마디풀과

A. 'Johanniswolke' 아코노고논 '요하니스볼케'

☀ ☀ ↕250 ◎6~9

대왕여뀌Persicaria polymorpha라고도 부른다. 잎이 울창하게 달리는 큼지막한 종으로 다른 마디풀과 식물과는 다르게 마구 번지지 않는다. 꽃은 여름 내내 커다란 원뿔모양꽃차례로 피어나는데, 처음에는 크림색이었다가 점차 불그스름한 갈색으로 물든다. 빈 공간을 채우기에 좋지만 꽃은 곤충들에게 전혀 인기가 없다.

Actaea 노루삼속, 미나리아재비과

그늘정원에 꼭 필요한 식물이다. 잎은 새의 깃 모양으로 여러 장이 마주 나기도 하고 잎줄기가 두 번 갈라져 마주나기도 한다. 꽃은 희거나 노란빛을 띠며, 꽃이삭이 짧은 노루삼 계열과 꽃이삭이 긴 승마 계열로 나뉜다. 야생에서는 햇빛이 거의 들지 않는 축축한 숲이나 계곡에서 자라지만, 정원에서는 흙속 수분이 마르지만 않는다면 햇빛에서도 꽤 잘 견딘다. 수분이 부족할 경우 잎이 오그라드는 것을 볼 수 있다. 노루삼 계열의 관상가치는 여름에 달리는 빼어난 열매에 있는 반면, 예전 학명이 시미시푸가Cimicifuga로 알려진 승마 계열은 모든 부위의 특징뿐만 아니라 늦여름에 피는 자잘한 꽃들이 멋진 꽃차례를 이루며 눈길을 사로잡는다. 편의상 노루삼 계열과 승마 계열을 구분해서 살펴본다.

HERB CHRISTOPHER 노루삼 계열

A. pachypoda 미국흰노루삼

☀ ☀ ↕90 ◎5~6

두툼하고 검붉은 줄기에 흰색 열매가 달린다.

A. rubra 미국붉은노루삼

☀ ☀ ↕40 ◎5~6

붉은 가지에 반들거리는 빨간 열매가 달린다. 악테아 루브라 네글렉타Actaea rubra f. neglecta는 키가 80센티미터로 훨씬 더 크게 자라며 열매는 하얗다. 속이 살짝 비치는 주홍빛 열매가 돋보이는 품종도 있는데 '네글렉타Neglecta'라는 이름으로 유통된다.

A. spicata 검은노루삼

☀ ☀ ↕50 ◎5~6

검은 열매가 달린다.

Aconitum napellus 'Stainless Steel' | *Aconitum carmichaelii* var. *wilsonii* | *Aconitum lamarckii*

Aconitum henryi 'Spark's Variety' | *Aconitum napellus* 'Rosea'

Actaea heracleifolia | *Actaea* 'Queen of Sheba' | *Actaea simplex* var. *simplex* 'Scimitar'

Agastache rugosa 'Blue Fortune' | *Agastache nepetoides*

BANEBERRY 승마 계열

A. cordifolia 악테아 코르디폴리아

☀ ☀ ↕140 ◎8~9

종소명이 심장 모양의 잎을 뜻하지만 실제로는 손바닥 모양이다. 노르스름한 초록빛 꽃이삭이 참 예쁘다.

A. heracleifolia 승마

☀ ☀ ↕180 ◎10~11

튼튼한 꽃대가 꼭대기에서 여러 갈래로 나뉘며 꽃이 핀다. 꽃이삭은 위로 갈수록 뾰족해지고 끝부분이 살짝 휘어진다. 한 해가 저물어 가는 늦가을 무렵에 꽃이 핀다.

A. japonica 왜승마

☀ ☀ ↕100 ◎8~9

승마 계열 가운데 제일 키가 작은 종이다. 잎은 금속 표면처럼 반들거리고 촛대 모양의 꽃이삭이 짧게 달린다.

A. mairei 악테아 마이레이

☀ ☀ ↕140 ◎9~10

꽃이삭은 살짝 휘어지고 노르스름한 꽃잎에는 주황빛이 감돈다. 무척 우아한 종이다.

A. 'Queen of Sheba' 승마 '퀸 오브 시바'

☀ ☀ ↕180 ◎9~10

잎은 진한 자주색이며, 하얀 꽃이삭은 살짝 휘어진다. 꽃이삭의 길이는 여느 대형종 승마 계열보다 짧지만 꽃이 더 풍성하게 피어나기 때문에 그 모습이 마치 불꽃놀이를 보는 듯하다.

A. simplex var. *matsumurae* 'White Pearl'
일본승마 '화이트 펄'

☀ ☀ ↕120 ◎10

느지막하게 꽃피는 승마 가운데 하나로, 단아한 느낌의 새하얀 꽃이삭은 반쯤 휘어진다.

A. simplex var. *simplex* 'Atropurpurea'
촛대승마 '아트로푸르푸레아'

☀ ↕200 ◎9~10

진한 자주색 잎과 촛대 모양의 기다란 꽃이삭이 돋보이는 키 큰 품종이다. 하얀 꽃과는 달리 꽃받침과 꽃대는 진한 자주색이며, 줄기가 매우 튼튼해서 결코 쓰러질 염려가 없다. 늘 해가 비치는 곳에서는 잎의 붉은빛이 더 짙어진다. 토양이 마르지 않도록 신경 써야 한다.

> **'James Compton'** 제임스 콤프턴
> 키는 180센티미터로 '아트로푸르푸레아'보다 좀 작은 편이다. 잎은 짙은 색이고 꽃대의 간격이 조화롭다.

> **'Prichard's Giant'** 프리처즈 자이언트
> 키가 220센티미터까지 자라는 초대형 품종으로, 잎은 탁한 초록색이다. 잎보다 훨씬 위쪽에서 꽃이삭이 달리기 때문에 그 모습이 마치 바람에 두둥실 떠다니는 듯하다.

> **'Scimitar'** 시미터
> '프리처즈 자이언트'와 닮았지만 키는 200센티미터로 약간 작고 꽃이삭은 우아하게 휘어진다.

Adelocaryum 아델로카리움속
Lindelofia 린델로피아속 105쪽 참조

Agastache 배초향속, 꿀풀과

한 군데도 나무랄 부분이 없는 훌륭한 정원식물이다. 줄기가 워낙 튼튼해서 일부러 쓰러뜨리려 해도 힘들 정도다. 잎은 서양쐐기풀*Urtica dioica*을 닮았지만 세 가지 차이가 있다. 배초향 잎은 피부에 닿아도 따끔거리지 않고, 어린잎일수록 자줏빛이 돌며, 아니스*Pimpinella anisum*처럼 달콤한 향이 난다. 꽃은 흐린 색의 기다란 꽃이삭에 자잘하게 달리며, 오래도록 핀다. 꽃에는 벌과 나비들이 자주 날아들고 겨울에 바싹 말라 버린 모습도 일품이다. 씨앗은 겨우내 푸른박새와 멋쟁이새가 쪼아 먹기 때문에 남겨 두는 게 좋다. 또 다른 이유로는 그리 오래 사는 식물이 아니라서 씨앗이 저절로 떨어져 싹을 틔우도록 여지를 남겨야 한다.

A. nepetoides 노랑배초향

☼ ↕160 ◎7~9

초록색 꽃이삭이 특징인 가늘고 기다란 종이다.
겨울정원에서 마치 '느낌표' 기호처럼 우뚝 서 있다.
두해살이지만 자연발아식물에서 저절로 떨어진 씨앗이 싹트는
현상가 잘 이루어지는 편이다.

A. rugosa 배초향

☼ ↕80 ◎7~9

한국이 원산지인 키가 큰 종이다. 길쭉한 초록색 꽃대에
자그마한 보라색 꽃들이 숱하게 달린다. '앨러배스터
Alabaster'는 흰색 꽃이 핀다. '블루 포춘Blue Fortune'은 잎이
반들반들하고, 꽃이삭이 짙으며, 꽃은 파란색에 가깝다.
씨를 맺지 않는 대신 더 오래도록 꽃이 핀다.

Alcea 알세아속, 아욱과

굳이 별다른 설명이 필요 없는 식물이다. 단 하나의
높다란 꽃대에 고르게 달려 있는 다섯 장의 꽃잎으로
구성된 꽃들이 옹기종기 모여 핀다는 사실을 누구나 잘
알기 때문이다. 잎은 커다랗고 가장자리가 들쑥날쑥한
모양으로 갈라진다. 수명이 짧아서 대개 2~3년, 길어
봐야 4~5년 밖에 살지 못한다. 정원에서 주로 쓰는 보통
흙보다 돌 틈이나 자갈 사이에서 싹이 더 잘 튼다. 지금
재배하고 있는 품종들은 여러 세기 동안 서로 교배하여
육종한 결과물이다.

A. ficifolia 알세아 피시폴리아

☼ ↕180 ◎7~9

잎 가장자리가 깊게 갈라지며 연노란색 꽃이 핀다.

A. 'Parkallee' 알세아 '파르크알레'

☼ ↕150 ◎7~9

접시꽃과 아욱 사이에서 나온 교잡종으로 세월 속에
묻힌 옛 품종인데, 베를린 장벽이 무너진 후 독일에서
불현듯 다시 나타났다. 접시꽃과 닮았으며, 삼각형
잎은 회색빛 솜털로 보송보송하다. 크림색 꽃은 반쯤

겹쳐진 모양이고 가운데가 복숭아처럼 발그스레하다.
다른 종보다 더 잘 번진다. 비슷한 품종인 **알세아
'파르크론델'**A. 'Parkrondell'은 맑은 분홍색 반겹꽃꽃잎이
두 번이나 세 번 겹쳐진 꽃이 오래도록 피어난다. 두 품종 모두
'보통 접시꽃'보다 튼튼하고 오래 살지만 몇 년을 주기로
꺾꽂이를 해서 번식시켜야 한다.

A. rosea 'Nigra' 알세아 로세아 '니그라'

☼ ↕180 ◎7~9

윤기 나는 검붉은 색 꽃 때문에 '검은' 접시꽃이라 부른다.

Alchemilla 알케밀라속, 장미과

키가 작은 식물로 회녹색의 주름진 넓은 잎이 특징이고,
노란연두색 자잘한 꽃들이 아름드리 무리지어 핀다.
꽃가루에는 생식 능력이 없지만 수정 없이도 씨앗을
만들어 내는 무수정생식을 한다. 그 결과 수백 종이
생겨났지만 보통 사람들이 구별할 정도는 아니다. 모체의
미세한 차이가 후대에 이르러서는 모두 똑같은 변이를
일으키기 때문이다.

Allium 부추속, 부추과

A. 'Summer Beauty' 알리움 '서머 뷰티'

☼ ☼ ↕40 ◎7~8

늦은 봄날 '드럼스틱drumstick' 알리움 꽃이 장관을 이루는
모습은 너무나 익숙하지만 튤립과 마찬가지로 해마다
충실하게 다시 개화하지는 않는다. 하지만 기원을 알 수
없는 알리움 '서머 뷰티'는 시각적으로 더 돋보이지는
않아도 개화 시기가 더 늦고 동그란 분홍색 꽃이 핀
후에는 마치 여러해살이풀처럼 무성히 잎을 만들며
해마다 착실하게 덩치를 키워 나간다.

Alcea rosea 'Nigra' | *Alcea* 'Parkrondell'

Alchemilla mollis | *Allium* 'Summer Beauty'

Amorpha canescens

Amsonia hubrichtii

Amsonia tabernaemontana var. *salicifolia*

Anemone leveillei

Amsonia orientalis

Anemone cylindrica

Amorpha 족제비싸리속, 콩과

A. *canescens* 털족제비싸리

☼ ↕90 ◎ 7~8

북미 대초원prairie에서 자라는 보기 드문 식물이다.
회색 잎은 겹잎으로 달리고, 꽃은 탁한 진보라색으로
이웃한 분홍색이나 파란색 꽃들을 더욱 돋보이게 해
준다. 엄밀히 말하면 관목이지만 정원사들은 대개
페로브스키아Perovskia와 마찬가지 방법으로 겨울이면
지상부를 바짝 잘라 준다.

Amsonia 정향풀속, 협죽도과

오래 사는 식물로 잎은 가늘고 매끈하며 연한 파란색
별 모양 꽃들이 긴 꽃대축에 무리 지어 핀다. 꽃 모양이
빈카Vinca minor와 닮았다는 사실을 쉽게 알아챌 수 있다.
한 가지 종을 빼고는 모두 북미에서 자생한다.

A. 'Blue Ice' 정향풀 '블루 아이스'

☼ ☼ ↕50 ◎ 6~7

라벤더빛을 띤 진한 파란색 꽃이 피는 아담한 품종이다.
여기서 소개하는 다른 종들과 더불어 가을날 화려한
자태를 뽐낸다. 동방정향풀A. orientalis과 닮았다.

A. *hubrichtii* 솔정향풀

☼ ☼ ↕70 ◎ 6~7

바늘처럼 가느다란 잎이 멋진 식물이다. 가을에 잎이
노란색과 주황색으로 물드는 모습이 매우 아름답다.
초여름에는 연한 파란색 꽃들이 송이송이 모여 피면서
매력을 더한다.

A. *orientalis* 동방정향풀

☼ ↕40 ◎ 6~8

라지야 오리엔탈리스Rhazya orientalis라고도 부른다. 터키
북서쪽 트라키아Thracia 지방에서 자생하는 식물로 좀
번지기는 하지만 그다지 성가실 정도는 아니다. 여름이
덥고 빛이 잘 드는 곳에서는 오래도록 흐드러지게 꽃이

핀다. 어두운 파란색 꽃망울에서 별 모양의 회청색
꽃들이 앙증맞게 피어난다. 소나기가 지나간 후에는
널브러지기도 하지만 이내 똑바로 일어선다.

A. *tabernaemontana* var. *salicifolia* 버들잎정향풀

☼ ☼ ↕70 ◎ 6~7

튼튼하며 생장이 느리지만 수명이 매우 길고 키우기
쉬운 식물로, 시간이 지나면서 촘촘하게 떨기식물의 한
뿌리에서 여러 개의 줄기가 나와 더부룩하게 된 무더기를 이루며 자란다.
봄이면 자줏빛 줄기가 땅 위로 올라오고 나중에 무리
지어 달리는 꽃들이 눈길을 사로잡는다. 아름답게
물드는 단풍도 빼놓을 수 없다. 한마디로 아주 훌륭한
정원식물이다.

Anemone 바람꽃속, 미나리아재비과

미나리아재비과에 속하는 또 하나의 아름다운 식물이다.
오랜 시간에 걸쳐 숱한 종들이 재배되어 왔는데,
그 가운데 두 가지를 꼽자면 플로리스트의 바람꽃이라
불리는 아네모네 코로나리아A. coronaria와 봄의 전령사
역할을 하는 아네모네 네모로사A. nemorosa가 있다. 모든
종이 솜털로 덮인 빼어난 모양의 잎이 나고 '참다운' 꽃의
구성을 보여 준다. 즉, 대여섯 장의 꽃잎에 가운데 수술이
올라와 있는 모습이라는 의미다.

SPRING-FLOWERING ANEMONES 봄에 꽃이 피는 아네모네

키가 작고 봄에 꽃이 피는 종들은 하나같이 깊게
갈라지는 잎에 털이 달렸고, 꽃이 지고 나서는 솜뭉치처럼
털이 달린 씨앗들이 매력을 뽐낸다. 그 모습이 화려하지는
않아도 전율이 느껴질 만큼 미묘한 아름다움이 드러난다.
여름철에 꽃이 한 번 더 피기도 한다.

A. *leveillei* 아네모네 레베일레이

☼ ☼ ↕60 ◎ 4~6

숲에서 자라는 종으로, 잎은 깊게 갈라지고 새하얀 꽃이
핀다. 꽃 중심에는 보랏빛을 띤 파란색 꽃밥수술대 끝에 달린

꽃가루를 담고 있는 주머니와 같은 기관이 돋보이며 꽃잎과 무척 인상적인 대비를 이룬다.

A. multifida 아네모네 물티피다
☀ ☀ ↕ 30 ◎ 5~6
아네모네 마겔라니카A. magellanica라고도 불리며, 꽃 색깔은 유황빛이다.

A. sylvestris 설강바람꽃
☀ ☀ ↕ 30 ◎ 5~6
크림색 꽃이 핀다. 종소명이 '숲에서 자란다'는 뜻이지만 앞에서 소개한 종들과는 달리 건조하고 빛이 잘 드는 곳을 좋아하는, 스텝steppe, 시베리아에서 중앙아시아에 걸쳐 나타나는 온대 초원지대에서 자라는 식물이다. 조건이 맞으면 왕성하게 번지기도 한다. '마크란타Macrantha' 품종은 꽃이 더 크다.

SUMMER-FLOWERING ANEMONES 여름에 꽃이 피는 아네모네
여름에 꽃이 피는 아네모네는 봄에 꽃이 피는 종보다 더 크게 자라고 살짝 투박한 느낌이다. 그렇지만 똑같이 전율이 느껴질 정도로 아름답다.

A. cylindrica 촛대바람꽃
☀ ☀ ↕ 120 ◎ 7~8
빳빳한 줄기가 위로 곧게 자라는 특이한 종이다. 길쭉한 꽃대 끝에 초록빛을 띤 하얀색 꽃이 핀다. 꽃 가운데에서 골무처럼 생긴 초록색 암술이 봉긋하게 올라오는데, 그 자체만으로도 충분히 아름답다. 꽃잎이 떨어진 뒤에는 중심부가 더 길쭉해지면서 은빛 솜털로 뒤덮인 씨앗 주머니가 만들어진다.

AUTUMN OR JAPANESE ANEMONES 가을에 꽃이 피는 대상화
중국과 일본에서 건너온 이 종들은 느지막하게 꽃이 피고 키가 가장 크다. 커다란 잎은 깊게 갈라지고 길쭉한 꽃대에 비교적 큰 꽃들이 하늘거리며 모여 핀다. 가을에 꽃이 피는 대상화는 심은 후 첫 겨울을 맞이할 때 보온작업이 필수다. 품종이 꽤 많기 때문에 가장 아름다운 종만 골라서 소개한다.

A. hupehensis 호북대상화
☀ ☀ ↕ 80~100 ◎ 8~9
그다지 높게 자라지는 않는다. 잎은 세 장으로 갈라지며 분홍빛 꽃은 따스한 느낌을 준다.

'Crispa' 크리스파
대상화 '레이디 길모어'A. ×hybrida 'Lady Gilmour'라고도 부른다. 가장자리가 쪼글쪼글 오그라든 잎이 독특하며 무척 풍성하게 꽃이 핀다.

'Hadspen Abundance' 하스펜 어번던스
아담하게 자라는 품종으로 진분홍색 꽃이 핀다.

A. ×hybrida 대상화
여러 모체가 뒤섞인 교잡종이다.

'Honorine Jobert' 오노린 조베르
☀ ☀ ↕ 130 ◎ 8~10
하얀 꽃이 피는 가장 아름다운 품종이다.

'Königin Charlotte' 쾨니긴 샤를로테
☀ ☀ ↕ 120 ◎ 8~10
연분홍색 꽃이 반겹으로 피며 꽃잎의 아랫면은 더 짙은 색이다.

'Pamina' 파미나
☀ ☀ ↕ 80 ◎ 9~10
튼튼하게 자라는 품종으로 붉은빛이 도는 진분홍색 꽃들이 여러 달에 걸쳐서 피어난다. 일반적인 겹꽃과는 달리 꽃잎이 두 개의 층으로 겹쳐진 듯하다.

'Whirlwind' 휠윈드
☀ ☀ ↕ 100 ◎ 8~10
하얀색 꽃이 반겹으로 핀다. 더디게 자라지만 기다릴 만한 가치가 충분히 있을 만큼 아름답다.

A. tomentosa 털대상화
☀ ☀ ↕ 120 ◎ 7~9
잎은 큼지막하고 가장자리가 비교적 덜 갈라진다.

'Albadura' 알바두라
진분홍색 꽃망울에서 아주 연한 분홍색 꽃이 핀다.

Anemone ×hybrida 'Honorine Jobert'

Anemone ×hybrida 'Pamina'

Anemone tomentosa 'Robustissima'

Angelica gigas

Aquilegia

Aquilegia ×hybrida 'Nora Barlow'

Artemisia ludoviciana var. *latiloba* | *Artemisia lactiflora* Guizhou Group

Helenium 'Kupferzwerg'(왼쪽), *Artemisia lactiflora*(가운데), *Sanguisorba officinalis*(오른쪽)

'Robustissima' 로부스티시마
150센티미터까지 자라는 키 큰 품종으로 연분홍색 꽃이 핀다. 비옥한 토양에서는 걷잡을 수 없을 정도로 번진다.

Angelica 당귀속, 산형과

튼튼한 산형과 식물로 어수리 종류*Heracleum*만큼 인상적인 모습이지만 큰멧돼지풀*Heracleum mantegazzianum*처럼 피부 화상을 일으키지는 않는다. 납작하지 않은 반구형의 꽃차례라 쉽게 알아볼 수 있다. 수명이 짧지만 비옥하고 수분이 잘 유지되는 토양에서는 쉽게 자연발아 한다.

A. gigas 참당귀
☼ ◐ ↕140 ◎7~8
한국이 원산지로 검붉은색 꽃이 피는 멋진 식물이다. 제대로 자연발아를 잘 한다면 모든 화단의 주인공이 될 만한 식물이지만 아쉽게도 그러지 못해서 새로 사서 심을 수밖에 없다.

A. sylvestris 'Vicar's Mead' 숲당귀 '비커스 미드'
☼ ◐ ↕140 ◎7~8
흔히 보는 당귀 종류로 줄기와 잎 밑은 자줏빛이 돌고 회청색 잎에 분홍빛 꽃이 핀다. 자연발아는 잘 일어나지 않는다.

Aquilegia 매발톱꽃속, 미나리아재비과

미나리아재비과 식물은 언제나 흥미롭다. 진화 초기의 모습을 보여 주는 원시적인 식물이건 아니건 간에 매발톱꽃의 생김새는 디자인의 기적이라 부를 만하다. 얀 반 에이크*Jan van Eyck*와 알브레히트 뒤러*Albrecht Dürer* 역시 당시에 이미 그렇게 생각했으며, 우리의 생각도 같다. 세 개의 작은잎겹잎을 구성하는 낱낱의 잎이 모여 독특한 잎을 구성하고, 잎 가장자리는 얕게 패어 들어가며, 때로는 흰 가루로 덮여 푸르스름한 빛을 띤다. 고개를 떨구는 꽃은 색이 있는 다섯 개의 꽃받침조각과 다섯 장의 꽃잎으로 이루어지고 꽃받침 뒤쪽으로 길게 뻗어난 꽃뿔꽃받침이나

꽃부리의 일부가 길고 가늘게 뒤쪽으로 뻗어난 돌출부이 위로 향한다. 대개 몇 년 밖에 살지 못하지만 자연발아가 잘 일어나기 때문에 정원에서 사라질 걱정은 없다. 밝은 그늘과 비옥한 토양을 좋아한다.

A. ×hybrida 'Nora Barlow' 별매발톱꽃 '노라 발로'
☼ ◐ ↕70 ◎5~6
흰색, 분홍색, 빨간색이 단계적으로 번져 나가는 듯한 색의 겹꽃이 핀다. 야생의 느낌이라고는 전혀 없는 겹꽃이지만 어떤 야생정원에 심어도 잘 어울리며 파종으로도 쉽게 잘 자란다. '윌리엄 기네스'*A. vulgaris* 'William Guinness'와 '크리스타 발로'*A. vulgaris* 'Christa Barlow'도 키워 볼 만한 품종이다.

Aralia 두릅나무속, 두릅나무과

널리 알려진 두릅나무*A. elata* 외에는 안타깝게도 잘 알려지지 않았지만, 두릅나무속에 속하는 여러해살이풀도 있다. 잎은 마주나는 겹잎으로 딱총나무 잎을 닮았지만 더 매력적이고, 아이비 꽃처럼 원뿔모양으로 모여 핀다. 꽃이 진 후에는 검푸른색 열매를 맺는다. 반그늘에 비옥하고 수분이 마르지 않는 토양에서 가장 잘 자라며, 빛이 잘 들고 척박한 곳이나 가뭄도 잘 견뎌 내는 매우 강한 식물이다.

A. californica 아랄리아 칼리포르니카
☼ ◐ ↕300 ◎7~8
토양 조건이 좋은 곳에서라면 3미터 정도는 금세 자랄 수 있는 거대한 식물이다. 초록빛을 띤 흰색 꽃들이 원뿔모양꽃차례로 우아하게 고개를 기울이며 피어나고 꽃이 진 뒤에는 자줏빛 줄기에 검은 열매가 달린다. 추위에 강한 편이지만 야생의 경우 미국 남부 오리건 주의 시스키유*Siskiyou* 산맥 북쪽에서는 자라지 않는다. 그늘과 물을 좋아하는 또 다른 거대 식물인 다르메라 펠타타*Darmera peltata*와 함께 자라는데, 이 조합을 정원에도 사용하면 좋지 않을까?

A. continentalis 독활

☼ ☼ ↕200 ◎7~8

한국에서 자생하며, 아랄리아 칼리포르니카만큼 크게 자라지는 않지만 훨씬 더 아름답다. 잎은 여러 장이 모여 달리는 겹잎이고 1.2미터까지도 자란다. 초록빛을 띤 흰색 꽃이 원뿔모양꽃차례를 이루며 분홍색으로 물들고 뒤이어 자주색 열매가 거대한 포도송이처럼 달린다.

A. racemosa 미국땅두릅

☼ ☼ ↕100 ◎6~7

크기가 가장 작은 종으로 북미 동부에서 자생한다. 크림색 작은 꽃들이 솜털처럼 모여 피고 윤기 나는 검은 열매가 달린다. 다소 빛이 드는 그늘에서 꾸준히 번져 나간다.

Artemisia 쑥속, 국화과

이상하게도 옛 정원 서적에서는 거의 언급되지 않았기 때문에 인기가 없었던 식물이다. 최근에 들어서는 회색과 흰색, 회색과 노란색, 회색과 빨간색을 조합하여 화단을 만드는 다양한 유행에 따라 큰 변화가 일어났다. 그 결과 회색을 대표하는 쑥속은 빠질 수 없는 식물이 되었다. 앞으로도 유행에 상관없이 그 인기는 계속될 것이다. 다른 모든 색을 서로 엮어 주는 회색은 너무 매력적이라 사랑하지 않을 수 없기 때문이다. 흰꽃쑥*A. lactiflora*을 제외한 모든 종은 건조하고 물빠짐이 좋은 토양과 풍부한 햇빛을 좋아하며, 매우 습한 겨울은 잘 견디지 못한다.

A. alba 'Canescens' 아르테미시아 알바 '카네센스'

☼ ↕60 ◎ 해당 없음

실처럼 가는 회색 잎이 나고, 우아한 꽃대는 곧게 올라간다.

A. lactiflora 흰꽃쑥

☼ ☼ ↕175 ◎8~9

광택 있는 짙은 녹색 잎은 가장자리가 얕게 패어 들어가고, 크림색의 자잘한 꽃들이 원뿔모양으로 한가득 무리지어 피는 독특한 식물이다. 가뭄에 견딜 능력이 전혀 없기 때문에 수분이 늘 유지되는 촉촉한 토양이 필수 조건이다. 흰꽃쑥 귀조우 그룹Guizhou Group은 자주색 줄기에 자줏빛을 띤 어린잎이 나는 특징이 있고, 그중에 '로자 슐라이어Rosa Schleier'는 분홍색 꽃이 핀다.

A. ludoviciana var. *latiloba* 아르테미시아 루도비시아나 라틸로바

☼ ↕40 ◎ 해당 없음

잘 번지는 습성이 있는 식물로 투박한 느낌이다. 키 작은 관목 사이처럼 충분한 공간이 확보된다면 멋진 은백색으로 봉긋하게 올라와 무리를 이루며 자란다. 6월이면 회갈색 꽃이삭이 아름답지만 꽃이 피기 전에 전체를 바닥에서 20센티미터 높이로 자르기를 추천한다. 그렇게 해야 여름에 모든 줄기가 서로 뒤엉켜 형태가 무너지는 것을 방지할 수 있다.

Aruncus 눈개승마속, 장미과

☼ ☼ ↕120 ◎6~7

섬세함과 극적인 아름다움을 모두 갖춘 개성이 풍부한 식물이다. 매력적인 잎은 떨기를 이루며 꽃은 여름철 짧은 기간 동안 커다란 깃털 모양으로 무리지어 핀다. 특히 가볍게 그늘지는 곳에 부피감을 더하고 싶을 때 매우 유용하다.

A. 'Horatio' 눈개승마 '호라티오'

튼튼하고 익숙한 참눈개승마*A. dioicus*와 별다른 특징이 없는 한라개승마*A. aethusifolius* 사이의 교잡종으로 무척 아름다운 품종이다. 매력적인 잎은 여러 장의 작은잎으로 갈라지고 가을이면 아름답게 단풍이 든다. 적갈색 꽃대에 크림색의 우아한 꽃들이 자잘하게 모여 원뿔모양꽃차례로 피어난다.

A. 'Johannifest' 눈개승마 '요하니페스트'

거의 실처럼 보일 만큼 가느다란 꽃들이 무리 지어 피어나는데 마치 멋진 불꽃놀이를 보는 듯하다. 키는 90센티미터 정도로 자란다.

Aruncus 'Misty Lace'(왼쪽), 분산 식재된 *Sesleria autumnalis*와 *Kirengeshoma palmata*

Aruncus 'Horatio' | *Asarum canadense* | *Asclepias incarnata*

Aster macrophyllus 'Twilight'

Aster 'Little Carlow'

Aster oblongifolius 'October Skies'

Aster tataricus

Aster novae-angliae 'Nachtauge'

Aster amellus 'Sonora'

A. 'Misty Lace' 눈개승마 '미스티 레이스'

미국 조지아 주에서 활동하는 여러해살이풀 전문가 앨런 아미티지Allan Armitage가 선발한 품종으로 덥고 습한 여름 날씨에 잘 견딘다. 키는 90센티미터로 자란다.

A. 'Woldemar Meier' 눈개승마 '볼데마 마이어'

키가 60센티미터 정도로 작게 자라는 교잡종으로 붉은색 꽃대가 특징이다. 가을이면 잎이 불타오르듯이 붉게 물든다.

Asarum 족도리풀속, 쥐방울덩굴과

짙은 그늘에서 서서히 자라는 상록성 식물로 촉촉한 숲처럼 마르지 않는 토양이 필요하다. 세 장의 갈색 꽃잎이 달리는 독특한 꽃은 잎사귀 아래에 숨어 있기 때문에 무릎을 꿇어야 볼 수 있다.

A. canadense 캐나다족도리풀

☀ ☀ ↕25 ◎3~4
벨벳같이 부드러운 심장 모양의 초록색 잎은 폭이 15센티미터에 이른다.

A. europaeum 유럽족도리풀

☀ ☀ ↕15 ◎2~4
광택이 나는 초록색 잎은 콩팥 모양이고 연녹색의 잎맥이 두드러진다. 잎 폭은 10센티미터 정도다.

Asclepias 금관화속, 박주가리과

아주 복잡한 모양의 꽃들이 무리 지어 피는 식물이다. 특히 북미 정원사들과 자연을 사랑하는 사람들이 좋아하는데, 이들은 아스클레피아스의 희뿌연 수액 속에 들어 있는 독성물질에 영향을 받지 않는 단 하나의 곤충인 제왕나비의 애벌레를 보호하는 일을 지지하기 때문이다. 모든 종의 식물이 끝이 뾰족한 열매를 만든다. 열매가 여물면서 껍질이 열리면 흰 털이 달려 있는 씨앗들이 바람에 흩날리며 퍼져 나간다.

A. incarnata 자관백미꽃

☀ ↕120 ◎7~9
줄기가 위로 곧게 올라오며 그 꼭대기에서 분홍색 꽃이 핀다. 수명이 짧은 편이지만 축축하거나 물기로 젖어 있는 곳에서 잘 자라는 멋진 식물이다.

A. purpurascens 아스클레피아스 푸르푸라센스

☀ ↕120 ◎6~7
진분홍색 꽃이 촘촘히 무리 지어 피어나고 잎이 무성한, 튼튼해 보이는 식물이다. 다소 투박해 보인다고 표현하는 사람도 있지만 건조한 곳에 심을 수 있다는 장점이 있다.

A. speciosa 장관백미꽃

☀ ↕120 ◎6~7
회색빛 도는 커다란 잎에 연분홍색 꽃들이 동그랗게 모여 피어나 제법 이국적인 느낌을 주는 식물이다. 뿌리가 자리 잡은 후에는 기는줄기땅 위를 기듯이 뻗어 나가고 마디나 끝부분에서 뿌리가 나는 줄기로 번져 나가 여기저기 새싹이 올라오기 때문에 신경이 예민한 정원사에게는 불안감을 안겨 줄 수도 있다.

A. tuberosa 아스클레피아스 투베로사

☀ ↕80 ◎6~8
제왕나비를 위한 대표적인 식물이다. 주황색 꽃이 아주 돋보이기 때문에 초원 느낌의 식재를 할 때 효과가 좋다. 튼튼한 원뿌리로 자라는 특성 때문에 옮겨심기는 어렵지만 씨앗으로도 아주 쉽게 번식한다. 대체로 물빠짐이 좋은 토양을 선호한다고 알려져 있으며, 자생지에 따라 지역별로 다양한 특색을 보인다.

Aster 아스테르속, 국화과

종류가 수없이 다양한 식물이고 정말 아름다운 품종이 많음에도 불구하고 언제부터인지 모르지만 라일락 같은 보라색을 띠는 한 가지 종류의 아스테르만 집집마다 정원마다 지긋지긋하게 심고 있다. 아스테르는 빛이 잘 드는 곳이나 살짝 그늘이 지는 곳이라면 어디에서나 잘 자랄 정도로 강한 식물이다. 포기나누기도 너무 쉽기 때문에 거리마다 정원마다 한 가지 종류만 보이는지도 모른다. 번식하는 정도가 제각기 달라 어떤 종은 순식간에 퍼지며 자라는 반면, 어떤 종은 오랫동안 한 자리를 지킨다. 최근에 식물학자들이 아스테르의 학명을 변경하여 정원사와 자연주의자들의 화를 돋우기도 했다. '아스테르'라는 속명만으로는 과학적으로 한 속에 포함시키기 힘들 수도 있겠지만 새로 분류된 속명에서는 조금의 우아함이나 품위도 느껴지지 않아 받아들이는 데 시간이 걸린다. 특별한 언급이 없는 한 이 책에 수록된 모든 품종이 이제는 심피오트리쿰속Symphyotrichum으로 분류되고 있다.

A. amellus 아스테르 아멜루스

☀ ↕40~60 ◎7~10

비교적 커다란 멋진 꽃이 핀다. 잘 쓰러지는 편이지만 여기 소개하는 품종은 제법 강하게 버틴다.

'Rosa Erfüllung' 로자 에어뷜룽
노란색 중심 부분에 분홍색 혀꽃 국화과 식물에서 한 장의 꽃잎처럼 보이는 혀 모양의 꽃. 보통 중심부에 머리모양꽃차례로 통꽃이 촘촘히 모여 있고, 가장자리에 여러 혀꽃이 꽃잎처럼 달린다이 달린다.

'Sonora' 소노라
노란색 중심 부분에 짙은 보라색 혀꽃이 달린다.

A. cordifolius 아스테르 코르디폴리우스

☀ ↕100 ◎9~10

작은 관목처럼 덤불 형태로 자라며 늦가을이면 라일락빛 파란색 작은 꽃이 가득 피어난다. 가을에 피는 파란색 꽃 중에서 단연코 최고다. 아쉽게도 병에 걸리기 쉬워 아래 부분의 잎이 다 떨어지거나 때로는 몇몇 가지가 일찍 죽어 버리기도 한다. 하지만 키 큰 식물들 사이에 심어 눈에 띄지 않게 할 수 있으며, 꽃 핀 모습이 장관을 이루기 때문에 무시할 수 없는 종이다.

A. divaricatus 아스테르 디바리카투스

☀☀ ↕60 ◎7~9

유리비아 디바리카타Eurybia divaricata라고도 불리는데,

심한 가뭄과 그늘을 견딜 수 있는 우수한 종이다. 그늘진 곳에서 주변에 아무런 꽃도 보이지 않을 때 소박한 흰색 꽃을 피운다.

A. ericoides 'Blue Star' 아스테르 에리코이데스 '블루 스타'

☀ ↕60 ◎8~10

소형종으로 건조에 강하다. 헤더heather를 닮은 좁은 잎에 연한 파란색 꽃이 무성하게 핀다.

A. ×frikartii 'Mönch' 아스테르 프리카르티이 '뮌히'

☀ ↕70 ◎7~10

비교적 커다란 연보라색 꽃이 핀다. 가을이 깊어질 때까지 계속해서 피어나고 씨는 맺히지 않는다. 오래 전부터 익숙해진 품종이지만 무척 아름답기에 소개한다.

A. ×herveyi 아스테르 헤르베이이

☀☀ ↕100 ◎8~9

유리비아 헤르베이이Eurybia ×herveyi라고도 부른다. 전에는 아스테르 '트와일라이트'Aster 'Twilight'로 알려졌던 이 식물은 다른 종에 비해 넓은 잎에 멋진 진보라색 꽃이 핀다. 밝은 그늘이나 건조한 곳에서도 잘 자란다.

A. laevis 아스테르 레비스

☀ ↕160 ◎9~10

키가 크고 높게 올라온 가지에서 연보라색 꽃이 다발로 피어난다. 가장 매력적인 야생 아스테르 가운데 하나다.

A. lateriflorus 'Horizontalis' 아스테르 라테리플로루스 '호리존탈리스'

☀ ↕60 ◎8~10

작은 관목처럼 덤불 형태로 자란다. 어두운 색의 잎에 중심이 불그스름한 흰색 꽃이 가득 피어난다. 꽃이 없을 때는 잎의 색만으로도 매력을 유지한다. 매우 아름다운 품종이라서 처음에 언급한 것처럼 집집마다 정원마다 어디서나 보이는 또 다른 아스테르가 될지도 모르겠다. 생각만 해도 끔찍한 일이다.

Aster divaricatus

Aster ptarmicoides 'Mago'

Aster umbellatus

Aster novae-angliae 'Violetta'에 앉은 붉은까불나비

Aster amellus 'Rosa Erfüllung'

Aster spectabilis 'New Jersey Skies'

Astilbe thunbergii 'Prof. van der Wielen' | *Astilbe chinensis* var. *taquetii* 'Purpurlanze'

Astilbe chinensis var. *taquetii* 'Vision in Pink'(가운데 분홍색 꽃)

A. macrophyllus 아스테르 마크로필루스

☼ ☼ ↕80 ◎7~9

넓은 잎에 라일락색 꽃이 피는 다소 투박한 식물로
그늘과 건조에도 꽤 강한 편이다. 이 장점이 교잡종에
반영되었다(아마도 아스테르 아멜루스와 교잡?).
'**트와일라이트**Twilight'는 투박하지 않고 중심 부분이
노란색인 파란색 꽃이 오랫동안 피어난다.

A. novae-angliae 아스테르 노베앙글리에

☼ ↕160 ◎8~10

앞에서 언급한 끔찍한 아스테르가 바로 이 종이지만
진분홍색 꽃이 피는 '**안뎅켄 안 알마 푀치케**Andenken an
Alma Pötschke', 루비색 꽃이 피는 '**젭템버루빈**Septemberrubin',
진보라색 꽃이 피는 '**비올레타**Violetta' 같은 몇몇
사랑스러운 품종도 있다. 세 품종 모두 나비가 좋아한다.
'**나흐트아우게**Nachtauge'는 키가 170센티미터에 이르며,
꼿꼿한 줄기에 어두운 보라색 꽃이 핀다. '뉴 잉글랜드
데이지New England daisy'라 불리는 오래된 종들은 모두 잎이
떨어진 밑줄기를 가리기 위해 다른 여러해살이풀과 섞어
심어야 한다.

A. oblongifolius 'October Skies' 아스테르
오블롱기폴리우스 '옥토버 스카이스'

☼ ↕60 ◎9~10

곧게 줄기를 올리는 대다수의 아스테르 종류에 비해
적당한 크기의 파란색 꽃이 덤불 형태를 이룬다. 보다
건조한 곳에서도 견딜 수 있다.

A. ptarmicoides 'Mago' 아스테르 프타르미코이데스 '마고'

☼ ↕50 ◎8~9

솔리다고 프타르미코이데스Solidago ptarmicoides라고도
부른다. 식물학자들이 이 식물을 왜 미역취 종류로
분류했는지 의문이 든다. 흰색 꽃이 덤불을 이루며 피는
소형종으로, 건조하고 돌이 많은 토양에서 자란다.

A. spectabilis 'New Jersey Skies' 아스테르 스펙타빌리스
'뉴 저지 스카이스'

☼ ↕60 ◎8~10

유리비아 스펙타빌리스Eurybia spectabilis라고도 부른다.
건조에 잘 견디는 식물이면서도 라일락색 꽃이 오랫동안
피기 때문에 갈수록 인기가 높아지는 품종이다. 모래가
많이 섞인 토양에서 자생한다.

A. tataricus 'Jindai' 개미취 '진다이'

☼ ↕150 ◎9~10

다른 아스테르 종류와는 완전히 차이가 나지만 국화과에
속한다. 대부분의 아스테르는 북미가 원산지이지만 이
품종은 중국이 원산지다. 두드러진 큰 잎이 특징이며
풍부한 색감의 분홍빛을 띤 자주색 꽃은 첫서리가
내리기까지 오랫동안 피어난다.

A. umbellatus 아스테르 움벨라투스

☼ ☼ ↕200 ◎9~10

델링게리아 움벨라타Doellingeria umbellata라고도 부른다.
키가 크고 무질서하게 번지는 식물로, 크림색 꽃이 모여
편평한 우산 모양을 만드는 꽃차례가 독특하다. 첫눈에는
그다지 인상적이지 않지만 화단의 배경 식물로 중요한
역할을 한다. 무척 강하기 때문에 쐐기풀 사이에서도
살아남을 정도로 어느 곳에서나 잘 자란다. 겨울
실루엣이 아름답고 털 달린 씨앗이 하얗게 뭉쳐진 모습이
여느 품종보다 돋보인다.

ASTER HYBRIDS 아스테르 교잡종

'Anja's Choice' 안야스 초이스

☼ ↕120 ◎9~10

중심이 붉게 변하는 연분홍색 꽃이 오랫동안 풍성하게 무리
지어 피는 튼튼한 식물이다.

'Herfstweelde' 헤르프스트베일더

☼ ↕140 ◎9~11

아스테르 에리코이데스와 비슷하지만 키가 두 배는 더 크다.
밝은 파란색 꽃들이 모여 거대한 꽃차례를 이루고 그 무게
때문에 줄기가 아래로 휘어진다.

'Little Carlow' 리틀 칼로

☀ ↕120 ◎8~9

모두가 인정하는 최고의 품종으로 연한 파란색 꽃이
풍성하게 피며 서서히 덩치를 키운다. 특별한 관리가 필요
없고 신뢰할 수 있는 품종이다.

Astilbe 노루오줌속, 범의귀과

깃 모양으로 마주나는 아름다운 잎이 달리고, 조팝나무
꽃을 닮은 작은 꽃들이 모여 원뿔모양꽃차례로 핀다.
그래서 조팝나무라고 잘못 불리기도 하는데, 조팝나무는
관목이며 장미과에 속하는 다른 식물이다. 인기 있는
종류로는 선명한 흰색 또는 분홍색이나 빨간색 꽃이
피는 종이다. 하지만 정원에 심기에는 너무나 현란한
색이며 뿌리가 매우 얕기 때문에 수분이 조금만
부족해도 잎이 말리고 갈색으로 변한다.

A. chinensis var. *taquetii* 'Purpurlanze'
한라노루오줌 '푸르푸르란체'

☀☀ ↕100 ◎7~8

위로 곧게 올라오는 식물로 눈부신 자주색 꽃이
핀다. 꽃대가 가볍게 갈라지며 전체 꽃차례의 길이가
30센티미터에 달한다. 잘 번지는 편이지만 심한 정도는
아니다. 특히 구조가 잘 드러나는 식물이 필요할 때
좋고, 꽃이 진 후에도 튼튼하게 꽃대가 유지되기 때문에
겨울정원에도 잘 어울린다. 다른 종들보다 가뭄에 강한
편이다. '비전Vision' 시리즈는 보통 키가 50센티미터 정도
되는 아담한 소형종으로, 가뭄에 더 잘 견디도록 선발된
브랜드다. '비전 인 핑크Vision in Pink'는 분홍색 꽃에
단정한 잎이 나고, '비전 인 화이트Vision in White'는 새하얀
꽃, '비전 인 레드Vision in Red'는 적자색 꽃이 핀다.

A. simplicifolia 외잎승마

☀☀ ↕30~50 ◎7~8

앙증맞은 크기의 식물로 짙은 색 줄기에 달리는 윤기
나는 어두운 잎이 관상가치가 높다. 파스텔톤의 자잘한
꽃들이 느슨하게 무리 지어 핀다. 키 큰 식물들 사이에

그룹으로 모아 심으면 좋다.

'Dunkellachs' 둥켈락스

어두운 초록색의 윤기 나는 잎 위로 짙은 연어살색 꽃이 핀다.

'Sprite' 스프라이트

위의 품종과 비슷하지만 꽃의 분홍 색조가 더 진하다.

A. thunbergii 'Prof. van der Wielen' 일본숙은노루오줌
'프로페소르 판 데르 빌런'

☀ ↕120 ◎8~9

높이 자라며 우아하게 하늘거리는 흰색 꽃차례가
우아하다. 눈개승마와 비슷하지만 꽃은 훨씬 늦게 핀다.

Astilboides 개병풍속, 범의귀과

A. tabularis 개병풍

☀ ↕120 ◎6~7

로드게르시아 타불라리스*Rodgersia tabularis*라고도 부른다.
잎이 아름다운 식물로 잔털 달린 두툼한 줄기 위에
달리는 커다랗고 밝은 초록색 잎은 '쟁반'을 연상시킨다.
시선을 끄는 데에는 둘째가라면 서러울 식물인지라
건축적인 구조를 드러내는 식물이 필요할 경우 아주
적합하다. 높게 올라가는 꽃대에 자잘한 크림색 꽃들이
피어나는데 이 또한 매력을 더한다. 수분이 계속해서
유지되는 토양에서 자란다.

Astrantia 아스트란티아속, 산형과

옛날에 인기를 끌었다가 다시 당당하게 유행이 돌아온
아름다운 식물이다. 윤이 나고 가장자리가 얕게 갈라지는
잎이 매력적이다. '꽃'이라 부르는 부분은 사실 섬세하게
채색된 포엽꽃의 기부에 있는 잎과 같은 구조이고 (우산 모양
총포라고도 부른다) 중심에 진짜 꽃이 우산 모양으로 모여
핀다. 모든 종이 비옥하고 수분이 계속 유지되는 토양을
좋아한다.

Astrantia major 'Roma' | *Astrantia major* 'Claret'

Astrantia maxima | *Astrantia major* subsp. *involucrata* 'Shaggy'

Astrantia major 'Capri'

A. major 아스트란티아 마요르

☀–◐ ↕60 ◎5~9

총포꽃차례를 둘러싸고 있는 비늘조각의 집합체는 3센티미터 정도이며 가장자리가 매끄럽고 초록색과 분홍색이 번진듯한 흰색이다. 가장 중요한 품종은 다음과 같다.

'Capri' 카프리

아주 진한 분홍색 꽃이 핀다.

'Claret' 클라레

적자색 꽃이 핀다.

'Roma' 로마

은은한 분홍색 꽃이 핀다.

'Venice' 베니스

가장 최신 품종 가운데 하나로 신비로운 검붉은색 꽃이 핀다.

A. major subsp. involucrata 아스트란티아 마요르 인볼루크라타

☀–◐ ↕80 ◎5~9

모든 면에서 원종보다 크다. 총포조각총포를 구성하는 각각의 비늘조각은 미세하게 톱니처럼 찢어진 모양이다.

'Shaggy' 섀기

초록색과 흰색이 어우러진 꽃이 피며 '마저리 피시Margery Fish'라고도 부른다. 총포조각이 가늘고 길다.

A. maxima 아스트란티아 막시마

☀–◐ ↕80 ◎6~7

세 부분으로 갈라진 잎은 아스트란티아 마요르보다 크며, 다소 번지는 편이다. 총포조각은 연분홍색이면서 벨벳같이 부드러운, 한마디로 표현하기 어려울 정도로 아름다운 색이다. 점토질 토양이라면 심어 볼 만하다.

Baptisia 밥티시아속, 콩과

정말 환상적인 식물로 조금씩 알려지고 있다. 꽃은 루피너스와 거의 비슷하고 실제로 관련성도 있지만 커다란 덩치 때문에 존재감이 더 크다. 겨울철 지상부가 말라죽기는 하지만 거의 관목 형태로 자라는 식물이며, 회색빛이 도는 잎은 세 장으로 갈라진다.

플로리스트들에게 점점 인기를 얻고 있는 이 식물은 제대로 뿌리를 내리고 성숙하기까지 꽤 시간이 걸린다. 가을에는 식물 전체가 검게 변하고 통통하게 생긴 마른 열매도 멋지다.

B. australis 밥티시아 아우스트랄리스

☀ ↕120 ◎6

튼튼한 줄기에서 남색 꽃이 핀다. 꽃이 진 이후에는 회녹색의 통통한 꼬투리가 가을까지 남아 있어 아름답다. 건조한 기후와 햇빛이 잘 드는 곳을 좋아한다.

B. lactea 밥티시아 락테아

☀ ↕140 ◎6~7

회색 줄기가 아스파라거스처럼 땅에서 솟아오르고 회색의 꽃망울에서 흰색 꽃이 피어난다. 밥티시아 아우스트랄리스보다는 다소 축축한 토양에도 더 잘 견디며, 자라는 속도는 느린 편이다.

B. leucantha 밥티시아 류칸타

☀ ↕150 ◎6~7

높이 올라오는 검은 줄기에 피는 흰색 꽃은 북미 대초원에서 당당하게 자라나는 모습을 연상시킨다. 자리 잡을 때까지 시간이 너무 많이 걸리기 때문에 헌신적인 정원사에게만 추천할 수 있는 종이다.

BAPTISIA HYBRIDS 밥티시아 교잡종

'Carolina Moonlight' 캐롤라이나 문라이트

☀ ↕120 ◎5~6

키 큰 줄기에 흐린 노란색 꽃이 핀다.

'Lunar Eclipse' 루나 이클립스

☀ ↕90 ◎5~6

크림색 꽃이 점차 연보라색으로 변해 가면서 극적인 대조를 보인다. 시카고식물원에서 육종한 품종이다.

'Midnight Prairie Blues' 미드나이트 프레리 블루스

☀ ↕150 ◎5~7

청보라색 꽃이 피며 다른 품종보다 개화기가 좀 더 긴 편이다. '핑크 트러플스Pink Truffles'는 보랏빛을 띤 분홍색 꽃이 피는데

Baptisia australis | *Baptisia* 'Lunar Eclipse'

Baptisia 'Purple Smoke'

시카고식물원Chicago Botanic Garden에서 선발 육종한 밥티시아 종류

Baptisia 'Carolina Moonlight' | *Baptisia leucantha*

아주 사랑스럽다.

'Purple Smoke' 퍼플 스모크
☼ ↕100 ◎5~6

밥티시아 알바_B. alba_와 밥티시아 아우스트랄리스_B. australis_
사이에서 나온 교잡종이다. 보랏빛 도는 파란색 꽃이 피고
줄기는 검푸른 색으로 뿌옇게 덮여 있다.

Borago 보라고속, 지치과

B. pygmaea 보라고 피그메아
☼ ☼ ↕20 ◎7~10

보라고 락시플로라_B. laxiflora_라고도 부른다. 텃밭 허브로
흔히 알려진 한해살이풀인 보리지_B. officinalis_와는 아주
다른 식물이다. 거친 잔털이 달리고 표면이 울퉁불퉁한
잎이 로제트뿌리잎이 지면 위에 방사상으로 퍼진 형태를 이루고
그 안에서 길고 가느다란 줄기가 올라와 1.5센티미터
정도의 하늘색 별 모양 꽃이 활짝 핀다. 여름 내내 꽃이
벌어지기 때문에 계속해서 활짝 핀 꽃을 볼 수 있다.
여름이 끝날 무렵에는 줄기가 거의 1미터에 이를 정도로
길어지며, 주변의 식물들 사이를 비집고 요리조리 자리를
찾아 나간다. 된서리에는 취약하지만 자연발아가 잘 되는
편이다.

Calamintha 칼라민타속, 꿀풀과

타임이나 민트와 매우 밀접한 식물로, 향이 좋은
정원식물이다. 가장 눈여겨보아야 할 점은 긴 꽃대에
안개처럼 자잘한 꽃들이 피어나는 모습이다.

C. grandiflora 칼라민타 그란디플로라
☼ ☼ ↕35 ◎5~8

사투레야 그란디플로라_Satureja grandiflora_라고도 부른다.
중유럽이 원산지인 식물로, 자줏빛 분홍색 꽃은 입술
모양으로 크기가 비교적 큰 편이다. 여름 내내 계속해서
꽃이 핀다는 기특한 장점이 있고 다른 색과도 쉽게
조화를 이루는 중요한 정원식물이다.

C. nepeta subsp. nepeta 칼라민타 네페타 네페타
☼ ↕30 ◎7~10

칼라민타 네페토이데스_C. nepetoides_라고도 부른다.
페퍼민트와 똑같은 향이 나는 식물로, 자꾸만 만지고
싶은 충동이 든다. 햇빛이 잘 드는 곳에 심는 키 작은
식물로 안성맞춤이다. 청록색의 작은잎에 입술 모양의
연하늘색 꽃들이 '뭉게구름'처럼 계속 피어난다. 이름
끝에 '알바_Alba_'가 달리는 품종은 새하얀 꽃이 핀다.

Callirhoe 칼리레속, 아욱과

주로 건조한 미국 서부에서 자생하는 식물로, 아욱과
비슷하게 생겼으며 수명이 짧은 편이다.

C. involucrata 칼리레 인볼루크라타
☼ ↕30 ◎5~6

가장자리가 깊게 갈라진 잎들이 땅바닥을 덮듯이 빼곡히
나고 그 위로 매우 밝은 꽃분홍색 꽃이 핀다. 건조한
곳에서 잘 자라고 튼튼한 원뿌리가 땅속 깊이 내려가기
때문에 옮겨 심는 것은 좋지 않다. 자연발아도 잘 하는
편이다.

Campanula 초롱꽃속, 초롱꽃과

오래전부터 수십여 종이 정원식물로 사랑받아 왔는데
모두 아름다운 식물이다. 여기서는 가장 좋아하는
몇 가지를 소개한다.

C. glomerata 캄파눌라 글로메라타
☼ ↕60 ◎6~7

꽃이 촘촘히 모여 피는 종으로 천천히 떨기를 이루며
자란다. 건조한 석회질 토양을 좋아하는 편이지만
물빠짐만 좋다면 어느 곳에서나 잘 자란다. 연보라색
꽃이 피는 '캐럴라인_Caroline_'과 연한 파란색 꽃이 피는
'에메랄드_Emerald_' 두 가지 품종이 특히 좋다.

C. lactiflora 캄파눌라 락티플로라

☀ ◑ ↕150 ◎ 6~8

꽃이 수없이 피어나서 '꽃 잔치'를 벌이며, 청보라색에서
분홍색까지 꽃 색 또한 다양하다. 다른 종보다 개화기가
더 길고 쓰러지지도 않는다. 이런 특징은 야생종에서
잘 드러나지만 놀랍게도 정원식물로는 거의 이용되지
않았다. 왜성종을 포함한 수많은 품종이 만들어졌다.

'Loddon Anna' 로던 애나

아주 연한 분홍색 꽃이 피는 키 큰 품종이다. 씨앗이 발아하여
자라난 어린 식물은 야생종으로 돌아간다.

C. latiloba 캄파눌라 라틸로바

☀ ◑ ↕80 ◎ 6~7

캄파눌라 페르시시폴리아*C. persicifolia*와 비슷할 정도로
밀접한 관계가 있지만, 활짝 벌어진 별 모양의 꽃이
꼿꼿한 줄기에 바짝 붙어 피는 이삭꽃차례라는 점에서
차이가 있다. 꽃이 피는 모습은 라일락빛을 띤 파란색의
멋진 횃불을 연상시킨다. 계속해서 풍성하게 꽃이 피려면
몇 년마다 포기나누기를 해 주어야 한다.

'Alba' 알바

흰색 꽃이 핀다.

'Hidcote Amethyst' 히드코트 애미시스트

자줏빛 분홍색 꽃이 핀다.

CAMPANULA HYBRIDS 캄파눌라 교잡종

지나치게 번지는 아시아 종 초롱꽃*C. punctata*과 평범하게
생긴 섬초롱꽃*C. takesimana*, 그리고 자연발아가 잘 되는
몇몇 유럽 종들 사이에서 나온 여러 교잡종이 있다.
놀라운 결과를 보여 주는 이런 교잡종들은 크고 화려한
꽃이 피고, 무섭게 번지지도 않으며, 함부로 자연발아를
하지도 않는다. 게다가 늦여름에 다시 꽃이 핀다. 건조한
토양에서 잘 자란다.

'Burghaltii' 부르갈티이

☀ ↕50 ◎ 6~7

느슨한 줄기에 약간 지저분한 잎이 나지만 가지색 꽃망울이
매력적이다. 아래를 향해 대롱거리는 5센티미터의 기다란
꽃이 피어나는데, 그 색을 최대한 정확하게 묘사해 보자면

라일락빛을 띤 회색이라고 할 수 있다. 지지대를 세워 주어야
하지만 그만한 가치가 있는 식물이다.

'Kent Belle' 켄트 벨

☀ ◑ ↕100 ◎ 6~7

'부르갈티이'와 비슷하지만 짙은 청보라색 꽃이 피며,
지나치다고는 할 수 없지만 번져 나가는 경향이 있다.
엘리자베스 스트랭맨Elizabeth Strangman이 육종한 품종이다.

'Sarastro' 자라스트로

☀ ◑ ↕80 ◎ 6~7

크리스티안 크레스Christian Kress가 오스트리아에서 선발한
품종으로, 꽃 색깔은 '켄트 벨'처럼 짙은 청보라색이지만
'켄트 벨'보다 줄기가 더 튼튼하다.

Centaurea 수레국화속, 국화과

수백의 다양한 종이 있는 대규모 속으로, 특히 유럽
남부에 많이 분포한다. 꽃이 매우 아름다움에도 불구하고
뜻밖에 정원에서 쉽게 볼 수 없다. 모든 종의 꽃이 색에
상관없이 다 비슷해 보이기 때문에 별도로 자세히
묘사하기보다는 모두 수레국화라 부르기로 한다.

C. montana 센타우레아 몬타나

☀ ◑ ↕40 ◎ 5~6

수세기 동안 심어 온 정원식물로 회색 잎 위로 커다란
파란색 꽃이 얌전하게 핀다. 특히 주목할 만한 품종으로
'카르네아Carnea'가 있는데, 짙은 자주색 수술에 연한
자줏빛 분홍색 꽃이 황홀하게 핀다. 5월부터 6월 사이에
꽃이 피고 난 후, 여름이 끝날 때까지 계속해서 조금씩
피어난다.

C. pulcherrima 'Pulchra Major' 센타우레아 풀케리마 '풀크라 마요르'

☀ ↕120 ◎ 6~7

매우 인상적인 식물로, 회색빛이 도는 커다란 잎은
가장자리가 깊게 갈라진다. 키가 크고 단단한 줄기에서
자줏빛 분홍색 꽃이 피는데, 꽃은 종이 같은 느낌의 큰
포엽에 싸여 있다. 점토질 토양에서 잘 자라기는 하지만

Calamintha nepeta subsp. *nepeta* | *Campanula lactiflora*

Campanula 'Burghaltii' | *Campanula glomerata* 'Caroline'

Campanula lactiflora(왼쪽)와 *Stachys officinalis*(오른쪽) | *Cirsium rivulare* 'Atropurpureum'(위쪽 빨간색 꽃)과 *Geranium pratense*(아래쪽 보라색 꽃)

Cephalaria gigantea | *Ceratostigma plumbaginoides*

겨울에는 지나친 수분은 싫어하기 때문에 키우기가 쉽지 않은 편이다.

Cephalaria 세팔라리아속, 산토끼꽃과

C. dipsacoides 세팔라리아 딥사코이데스
☀ ↕180 ⚙ 7~8

세팔라리아 기간테아*C. gigantea*만큼 크지는 않고 꽃도 좀 더 늦게 핀다. 단추 모양의 작은 연노란색 꽃이 핀다.

C. gigantea 세팔라리아 기간테아
☀ ☀ ↕250 ⚙ 6~7

톱니가 있는 커다란 잎 위로 가볍게 갈라진 줄기가 올라오는 거대한 식물이며, 체꽃을 닮은 섬세한 레몬색 꽃이 한가득 핀다. 하늘하늘한 모습 때문에 화단에서 중간 정도 높이의 식물들 사이에 심기 좋다. 캅카스Kavkaz, 러시아 남부 카스피해와 흑해 사이의 지역지방의 야생에서는 캄파눌라 락티플로라*Campanula lactiflora*와 함께 자란다고 하는데, 그 조합은 정원에서도 환상적으로 잘 어울릴 것이다. 땅이 질척하지만 않으면 쓰러지지 않는다. 세팔라리아 알피나 '나나'*C. alpina* 'Nana'는 키가 더 작은 품종이라서 마찬가지로 잘 쓰러지지 않는다.

Ceratostigma 세라토스티그마속, 갯질경과

C. plumbaginoides 세라토스티그마 플룸바기노이데스
☀ ☀ ↕25 ⚙ 9~10

화단 앞쪽에 심기 좋은 아름다운 식물이다. 붓 끝을 연상시키는 붉은 꽃망울에서 다섯 장의 꽃잎이 규칙적으로 배치된 밝은 남색의 작은 꽃이 피어난다. 꽃이 필 무렵이면 잎도 붉게 물드는데, 그 모습이 비할 데 없이 아름답다.

Chamaenerion 카메네리온속
Epilobium 바늘꽃속 68쪽 참조

Chrysanthemum 국화속
Tanacetum 쑥국화속 146쪽 참조

Cimicifuga 승마속
Actaea 노루삼속 30쪽 참조

Cirsium 엉겅퀴속, 국화과

C. rivulare 'Atropurpureum' 시르시움 리불라레 '아트로푸르푸레움'
☀ ↕120 ⚙ 5~9

자줏빛을 띤 붉은색의 환상적인 꽃이 핀다. 튼튼한 엉겅퀴 종으로 가시가 없고, 매력적인 잎은 가장자리가 깊게 갈라진다. 오래된 식물로 거의 없어질 위기에 처해 있다가 네덜란드 동부에 위치한 민 라위스Mien Ruys, 네덜란드의 정원디자이너. 모던한 건축적 요소와 자연스러운 여러해살이풀을 조화롭게 절충시키는 디자인이 특징으로 아우돌프의 초기 디자인에 큰 영감을 주었다의 정원에서 살아남아 주목받으면서 다시 구할 수 있게 되었다. 오랫동안 계속 꽃이 피지만 씨앗을 맺지 못하는 탓에 수명을 늘리려면 두 해마다 포기나누기를 해야 한다. 유럽과 아시아의 건초 습지에서 자라는 야생종의 경우 가시가 없는 엉겅퀴 종류에 속하며, 눈길을 사로잡는 꽃이 주변을 환히 밝혀 준다. 시베리아붓꽃*Iris sibirica*과 함께 자라며, 이 둘의 조합은 정원에서도 멋지게 어울린다.

Clematis 으아리속, 미나리아재비과

널리 알려진 10여 종의 덩굴식물 외에도 줄기가 목질화하지 않고 해마다 봄이면 흙을 뚫고 새싹을 밀어내는 여러해살이풀도 존재한다. 하지만 덩굴식물의 속성이 그대로 드러나 제 힘으로 서 있지는 못하기 때문에 지지대가 필요하다. 더 좋은 방법으로는 옆에서 지지해 줄 작은 관목이나 튼튼한 식물과 함께 심어야 하지만 수고한 만큼 빼어나게 아름다운 모습을 보여 준다. 비옥한 석회질 토양을 선호한다.

C. heracleifolia 'China Purple' 병조희풀 '차이나 퍼플'

☼ ◐ ↕ 80 ◎ 6~7

튼튼하게 덤불을 이루며 향기로운 짙은 청보라색 꽃을 피우는데, 그 모습이 히아신스와 무척 비슷하다. 어두운 파란색 꽃이 피는 '카산드라Cassandra'도 좋은 품종이다.

C. integrifolia 클레마티스 인테그리폴리아

☼ ◐ ↕ 80 ◎ 6~7

매우 사랑스러운 종으로, 여러해살이풀들 틈에서 마음대로 자라도록 심으면 좋다. 그럴 경우 이웃 식물을 타고 올라가며 자란다. 달걀 모양의 아름다운 잎에 커다란 종 모양의 꽃이 살짝 아래를 향해 매달리듯 핀다. 짙은 푸른색 꽃의 중심은 크림색이며, 무엇보다 털 달린 씨앗들이 뭉쳐서 맺혀 있는 모습이 너무나 매력적이라서 처음 본 사람이라면 결코 잊지 못할 식물이다.

> **'Alba' 알바**
>
> 흰 꽃이 핀다.
>
> **'Rosea' 로세아**
>
> 분홍색 꽃이 핀다.

C. ×jouiniana 'Praecox' 클레마티스 요우이니아나 '프레콕스'

☼ ◐ ↕ 250 ◎ 7~9

목질화한 줄기로부터 해마다 기다란 새 줄기가 나오는데, 지지를 해 주어야 한다. 지피식물로도 사용할 수 있으며 연청색 꽃이 무수히 핀다.

C. recta 클레마티스 렉타

☼ ◐ ↕ 140 ◎ 6~8

작은 관목이나 투구꽃처럼 지지대 역할을 할 수 있는 키 큰 여러해살이풀이 반드시 필요하다. 그렇게 하지 않으면 주변을 아수라장으로 만들 것이다. 제대로만 심으면 겹잎으로 갈라지는 잎과 향기로운 크림색의 꽃들이 가득 피는 모습이 한없이 매력적이다. 꽃이 진 후에 씨앗에 '꼬리'처럼 달리는 털도 관상가치가 높다.

> **'Purpurea' 푸르푸레아**
>
> 원종보다 더 아름다운 식물로, 봄이면 잎과 줄기가 자주색을

띤다.

Coreopsis 기생초속, 국화과

C. tripteris 키다리금계국

☼ ↕ 250 ◎ 9~10

흔히 볼 수 있는 다소 뻣뻣해 보이는 꽃이지만 좀 더 야생적인 느낌의 공간에 적합한 매력적인 종이다. 큰 키에도 불구하고 쓰러지지 않는다. 좁은 잎이 로제트를 이루고 가느다란 줄기가 올라와 작은 해바라기처럼 중심이 갈색인 노란색 꽃들이 총상꽃차례를 이루며 핀다.

Crambe 꽃케일속, 십자화과

거대한 잎만큼이나 꽃도 풍성하게 피는 대형식물로, 모든 면에서 과도하기 때문에 최상급의 표현이 잘 어울리는 식물이다. 뿌리혹병 같은 전형적인 배추와 식물 병을 예방하려면 석회질 토양에 심는 것이 좋다. 배추흰나비의 애벌레가 꽃케일도 먹는다는 점을 보면 배추와 연관이 있다는 것을 알 수 있다.

C. cordifolia 꽃케일

☼ ↕ 180 ◎ 6

잎은 잔주름이 잡힌 거대한 심장 모양이며, 꽃잎이 네 장 달린 작은 흰색 꽃이 헤아릴 수 없이 한가득 피어난다. 꽃에서는 독특한 향이 나고 그 모습만으로도 정원에서 꼭 키워야 하는 식물 중 하나다. 하지만 눈감아 주어야 할 단점이 있다. 어떤 해에는 꽃이 피지 않아 화단에 커다랗게 빈자리를 만들거나, 꽃이 너무 풍성하게 피어 강한 바람에 쉽게 꺾일 수도 있다. 따라서 꽃이 피는 6월에 강풍 예보가 있으면 대나무 지지대로 미리 대비를 해야 한다.

C. maritima 해안꽃케일

☼ ↕ 50 ◎ 6

모래로 이루어진 해안가에서 자생하는 종으로, 모든 면에서 꽃케일에 비해 작고 바람에도 아주 강하다.

Clematis heracleifolia 'Cassandra'

Clematis heracleifolia 'China Purple'

Coreopsis tripteris

Clematis integrifolia

Clematis recta 'Purpurea'(왼쪽)와 *Hosta*(오른쪽)

Crambe maritima

Dalea purpurea

Delphinium elatum

Datisca cannabina

*Darmera peltata*의 꽃

*Darmera peltata*의 잎

청회색빛 잎은 다육성으로 주름져 있으며 아주 독특한
모습이다. 수백의 하얀색 꽃들이 나즈막한 반구형으로
모여 피며 전체 모양새를 이룬다. 태양이 내리쬐는 건조한
환경에서 자란다.

Dalea 달레아속, 콩과

D. purpurea 달레아 푸르푸레아
☼ ↕60 ◎6~8

페탈로스테뭄 푸르푸레움*Petalostemum purpureum*이라고도
부른다. 콩과 식물 중 가장 독특하고 화려한 종으로
선명한 자주색의 자잘한 꽃들이 줄기 끝에서 촘촘하게
모여 핀다. 가혹할 정도로 건조한 북미 대초원의 환경에
적응하기 위해 땅속 깊이 원뿌리를 내리며 생존한다.
따라서 자리잡기까지 오랜 시간이 걸리고 뿌리가
방해받는 것도 싫어한다.

Darmera 다르메라속, 범의귀과

D. peltata 다르메라 펠타타
☼ ☽ ↕60 ◎4~5

연못 근처나 축축한 토양 주변에서 볼 수 있는
식물로, 살짝 주름진 둥근 모양 큰 잎이 특징이다.
서양머위*Petasites hybridus*와 약간 닮았지만 지나치게
번지지는 않고 뿌리줄기땅속에서 수평으로 뻗어 나가는 줄기로
서서히 번져 나간다. 여름 동안 잎은 달팽이와
민달팽이로부터 안전하게 잘 견디며, 가을에 들어서는
멋진 붉은 색조로 물들며 저물어 간다. 봄이면 잎보다
먼저 단단한 꽃대가 올라와 작은 꽃들이 반원 모양으로
촘촘히 모여 핀다.

Datisca 다티스카속, 다티스카과

D. cannabina 다티스카 카나비나
☼ ↕180 ◎7~8

대마를 빼닮았지만 전혀 관련이 없고 마약 성분도 없다.
휘어지는 긴 줄기에 노란연두색 작은 꽃들이 모여 피며

전체적으로 호리호리한 느낌이다.

Delphinium 제비고깔속, 미나리아재비과

델피니움은 사실 이 책에 포함하기에 적당하지 않은
식물이다. 꽃들이 가득 달리는 꽃대는 너무 무거워서
쉽게 쓰러지고 눈에 튀는 색은 다른 식물과 조화를
이루기가 어렵기 때문이다. 그래서 더 자연스러운
느낌으로 정원을 가꾸려는 움직임에 잘 들어맞지 않는다.
지난 수년간 새로운 품종들이 소개되었지만 그것은
세기를 통틀어 계속 반복된 현상이다. 델피니움은 한
식물을 사방에서 떠받치곤 했던 빅토리아시대에 더
잘 어울린다. 건설 현장의 '비계 작업'처럼 사방으로
지지대를 설치하는 일이 단점으로 여겨지지 않았고,
당시에는 그런 일을 하는 데 비용도 거의 들지 않았다.
그렇다면 왜 델피니움을 수록했을까. 델피니움을 볼
때마다 그 카리스마 넘치는 푸른빛에 압도되고 무언가
아름다운 조합을 만들어 내기 위한 영감을 얻는다.
예를 들어 그래스와 함께 심거나 좀 더 은은한 꽃이
피는 식물과 조합한다. 유용한 팁을 하나 주자면, 꽃이
만개하기 전에 꽃대를 잘라 주면 다음에 올라오는
꽃대는 잘 쓰러지지 않고 더 꼿꼿하게 유지된다. 모든
델피니움 종들이 비옥한 점토질 토양에서 가장 잘
자라며, 매년 골분 비료를 뿌려 줄 필요가 있다. 종류가
너무나 많지만 개인적으로 더 선호하는 종을 여기서
소개한다.

D. elatum 델피니움 엘라툼
☼ ↕160 ◎6~7

야생종으로 중유럽의 산악지대에 이따금씩 분포하며
다른 재배종에 비해 튼튼하게 자란다. 늘씬한 꽃대에
파란색이나 보라색의 꽃들이 모여 핀다.

DELPHINIUM × BELLADONNA HYBRIDS
델피니움 벨라도나 교잡종

키는 중간 정도이며 시든 꽃을 잘라 주면 다시 조금 꽃이
핀다.

'Casa Blanca' 카사 블랑카

키는 80센티미터가 넘지 않으며 흰색 꽃이 핀다.

'Cliveden Beauty' 클리브든 뷰티

키가 120센티미터까지 자라며 커다란 하늘색 꽃이 핀다.

Dianthus 패랭이꽃속, 석죽과

많은 종이 풍부한 햇빛과 건조한 상태를 좋아하며, 그래스처럼 가느다란 잎에 파스텔 색상의 작은 꽃이 핀다. 지극 정성으로 월동 준비를 하며 관심을 기울이는 식물 애호가에게 적합한 종이 대부분이지만 여기서는 좀 더 튼튼한 종을 소개한다.

D. amurensis 디안투스 아무렌시스

☼ ↕30 ◎ 7~9

비교적 큰 꽃이 피는데 라일락빛을 띤 파란색이 패랭이꽃으로는 매우 독특한 색이다.

D. carthusianorum 카르투시아노룸패랭이꽃

☼ ↕60 ◎ 6~8

잎이 좁고 기다랗게 줄기가 올라와 자그마한 꽃들이 수염패랭이꽃처럼 송이송이 모여 핀다. 장수하는 식물로 건조한 석회질 토양에서는 풍성하게 자연발아 한다.

Dictamnus 백선속, 운향과

D. albus 딕탐누스 알부스

☼ ↕70 ◎ 6~7

천천히 자라지만 오래 사는 식물로 기이하게 생긴 꽃이 핀다. 자줏빛 줄무늬가 있는 연분홍색 꽃이 튼튼한 막대 같은 꽃대축을 따라 모여 달린다. 가시로 덮인 아름다운 씨앗을 맺고, 물빠짐이 좋은 토양과 더운 곳에서 가장 잘 자란다. 꽃과 씨앗 모두 휘발성 기름을 분비하여 뜨거운 여름날 불을 대면 폭죽처럼 탁탁 소리를 내며 타기도 한다. 예민한 피부에 닿을 경우 화상을 입을 수도 있으니 조심해야 한다. 습한 여름에는 달팽이와 민달팽이가 식물 전체를 게걸스럽게 먹어 치우지만 건조해지면 다시

자라기 시작한다. 옮겨 심을 경우 절대로 회복할 수 없다는 사실을 명심해야 한다.

'Albiflorus' 알비플로루스

새하얀 꽃이 핀다.

Digitalis 디기탈리스속, 현삼과

두해살이 혹은 짧게 사는 여러해살이식물로, 왕성하게 자연발아 한다. 첫 해에는 잎이 로제트를 이루며 자라다가 이듬해에 꽃대를 올리는데, 간혹 가지를 치기도 한다. 아래로 머리 숙인 골무 모양의 꽃이 빼곡하게 피며 대개 꽃이 진 후에는 죽어 버린다.

D. ferruginea 디기탈리스 페루기네아

☼☀ ↕100 ◎ 7~8

다소 갈라지는 긴 꽃대에 겉은 베이지색이고 속은 갈색 줄무늬가 있는 꽃이 빽빽하게 핀다. 정말 아름다우며 시각적 효과가 뛰어난 식물 중 하나로 손꼽힌다. 겨우내 녹색 잎이 로제트로 남아 있기 때문에 서리 내리는 시기가 길어질 경우 보호가 필요하다.

D. grandiflora 디기탈리스 그란디플로라

☼☀ ↕60 ◎ 7~8

디기탈리스 암비구아*D. ambigua*라고도 부른다. 가장 흔한 디기탈리스와 닮았지만 그만큼 높게 자라지는 않는다. 연노란색 꽃잎에는 갈색 줄무늬가 있고 잎에는 잔털이 훨씬 적게 달린다. 디기탈리스속을 통틀어서 가장 수명이 긴 종으로, 특히 석회질이 적은 토양에서 오래 산다.

D. lutea 디기탈리스 루테아

☼☀ ↕60 ◎ 7~8

수명이 짧으며 좁고 긴 초록색 잎은 털이 없고 광택이 난다. 기다란 꽃대 축에서 노란연두색 '골무' 같은 작은 꽃들이 총상꽃차례를 이루며 핀다. 왕성하게 자연발아 한다.

Dianthus amurensis | *Dianthus carthusianorum*

Dictamnus albus | *Digitalis ferruginea*

Digitalis parviflora | *Digitalis parviflora* 꽃의 클로즈업 이미지

D. ×mertonensis 디기탈리스 메르토넨시스

☼ ☼ ↕50 ◎7~8

평범한 디기탈리스의 개량종으로 볼 수 있다. 잎도 꽃도
큰 편으로 광택이 있고 잔털이 난 잎 위로 붉은빛을 띤
분홍 벨벳 느낌이 나는 미묘한 꽃이 피어난다. 겨우내
땅이 너무 축축해지지 않도록 대비해야 한다.

D. parviflora 디기탈리스 파르비플로라

☼ ☼ ↕60 ◎6~7

아주 작은 초콜릿색 도는 갈색 꽃이 위에서 아래까지
꽃대를 가득 덮어 버린다. 좀새풀*Deschampsia cespitosa*
사이에 심으면 환상적인 장면을 연출할 수 있다.

Echinacea 자주천인국속, 국화과

북미 대초원의 대표적인 식물로, 커다란 데이지 모양의
화려한 꽃이 핀다. 꽃의 한가운데에 '솔방울'처럼
볼록하게 올라온 부분이 독특하다. 햇빛이 잘 들고
물빠짐이 좋은 비옥한 토양에서 잘 자란다. 수명이
짧다는 평판이 있는데, 곰팡이병이나 민달팽이 피해도
잘 입고 주변식물과 잘 경쟁하지 못한다는 점 등이
이유가 될 수도 있을 것이다. 물론 자연 상태에서도
장수하는 식물은 아니다. 하지만 여름이 더운
기후대에서는 자연발아를 해서 쉽사리 생명을 이어 간다.
최근 수많은 원예종이 나오고 있는데, 특히 에키나세아
파라독사*E. paradoxa*로부터 노란색이 추가되었다. 축축한
토양을 싫어하는 에키나세아 파라독사의 특성상
육종으로 튼튼한 식물을 만들어 내지는 못했다. 최신
품종 가운데 몇몇 보기 흉한 겹꽃 종류는 헹크가 좋아할
리가 없기 때문에 언급하지 않을 것이다.

E. pallida 에키나세아 팔리다

☼ ↕100 ◎7~9

좁은 잎에 연한 자줏빛 분홍색의 좁다란 꽃잎이
우아하게 뒤로 젖혀진 꽃이 핀다. 꽤 오래 사는 종이다.

'Hula Dancer' 훌라 댄서
유난히 길고 좁은 아주 연한 분홍색 혀꽃이 특징이다.

E. paradoxa 에키나세아 파라독사

☼ ↕80 ◎7~9

좁은 모양의 노란색 꽃잎이 특징이며, 물빠짐이 좋은
토양에서 잘 자란다.

E. purpurea 에키나세아

☼ ↕80 ◎7~9

창 모양의 거친 잎이 달리고 크고 화려한 꽃이 피며
여느 교잡종보다 튼튼하다. 진분홍색 혀꽃이 솔방울처럼
볼록하게 올라온 황갈색 중심을 둘러싸며 피어난다.

'Fatal Attraction' 페이틀 어트랙션
여느 품종보다 작게 자라며 붉은빛 도는 분홍색 꽃이 핀다.

'Jade' 제이드
흰색 꽃잎에 중심은 초록색이다.

'Magnus' 마그누스
커다랗게 수평으로 꽃이 피는 품종이다.

'Rubinglow' 루빈글로
씨앗으로도 품종 특성이 이어진다. 꽃잎의 붉은 색조가 특히
아름답다.

'Rubinstern' 루빈슈테른
끝이 점차 가늘어지는 잎이 있고, 꽃잎은 '루빈글로'보다 더
붉은빛을 띤다.

'Vintage Wine' 빈티지 와인
꺾꽂이나 포기나누기 같은 영양번식이 필요하다. 꽃은
이름처럼 선명한 와인레드색이다.

'Virgin' 버진
흰색 꽃이 피고 튼튼한 최신 품종이다.

'White Lustre' 화이트 러스터
보통의 흰색 꽃처럼 보이지만 꽃잎이 아래로 젖혀진 모양이다.

Echinops 절굿대속, 국화과

품위가 느껴지는 식물로, 가장자리가 깊게 갈라진 잎에는
대체로 가시가 있다. 한 줄기로 올라오거나 가볍게
갈라지는 줄기의 끝에서 작은 꽃들이 공 모양으로 촘촘히
모여 핀다. 꿀벌과 호박벌, 그리고 나비까지 열렬히 꽃을
찾아온다. 토양이 건조하든 습하든, 척박하든 비옥하든,

Echinacea pallida 'Hula Dancer'

*Echinacea*의 겨울 모습 | *Echinacea purpurea* 'Vintage Wine' | *Echinacea purpurea* 'Virgin'

어떤 조건에서도 잘 자란다. 대부분의 종이 서로 닮은 편이라서 분류도 뒤죽박죽이다. 최선을 다해 정리해 보자.

E. bannaticus 에키놉스 바나티쿠스

☀ ☀ ↕160 ◎ 7~8

공 모양의 꽃차례는 지름이 8센티미터까지 커지며, 보랏빛을 띤 파란색 꽃이 피는 튼튼한 식물이다.

'Blue Glow' 블루 글로

더 진한 파란색 꽃이 핀다.

'Star Frost' 스타 프로스트

키는 100센티미터 정도로 비교적 작고 은백색 꽃이 핀다.

E. ritro 공절굿대

☀ ↕100 ◎ 7~8

가장자리가 뾰족뾰족한 잎이 나고 줄기와 잎의 아랫면이 은백색으로, 나머지 다른 부위와 기막히게 대비를 이룬다.

'Platinum Blue' 플래티넘 블루

선명한 하늘색 꽃이 핀다.

'Veitch's Blue' 비치스 블루

파란색 꽃이 피는 옛 품종이다.

E. sphaerocephalus 에키놉스 스페로세팔루스

☀ ☀ ↕200 ◎ 7~8

온갖 다양한 이름을 달고 가장 많이 보급된 종이다. 청회색 꽃이 피고 줄기가 여럿으로 갈라져 쉽게 쓰러지지만 자연발아는 아주 잘 되는 편이다. 야생정원에 딱 적합한 식물이다.

Epilobium 바늘꽃속, 바늘꽃과

E. angustifolium 분홍바늘꽃

☀ ☀ ↕150 ◎ 6~8

카메네리온 앙구스티폴리움*Chamaenerion angustifolium*이라고도 부른다. 무척 흔한 식물이라 실제로 얼마나 아름다운지 간과하기 쉽다. '알붐Album'은 야생종보다 더 새하얗고 풍성하게 꽃이 피고 '슈탈

로제Stahl Rose'는 연분홍색 꽃이 짙은 색 포엽에 감싸여 있다. 이 품종들은 특히 산성 토양에서 야생종만큼이나 번식력이 강하다. 뿌리줄기를 파내어 마늘 드레싱과 함께 먹는 방법도 있는데 아주 맛있다고 한다.

Epimedium 삼지구엽초속, 매자나무과

세 장의 작은잎으로 이루어진 겹잎이 매우 아름다운 지피식물로, 봄이면 꽃잎이 네 장인 자그마한 꽃이 핀다. 그 모습을 보려면 무릎을 꿇어야 하는데, 30분 정도는 숨죽이며 넋을 잃고 바라보아야 할 정도로 아름답다. 하지만 진정한 관상가치는 잎에 있다. 거의 모든 종이 겨우내 초록색으로 남아 있거나 매력적인 갈색 또는 구릿빛으로 변한다. 3월에 오래된 잎을 잘라 주지 않으면 꽃이 보이지 않을 수도 있어서 주의해야 한다. 꽃은 정말 빼어나게 아름답다.

Eryngium 에링기움속, 산형과

산형과 식물이지만 우산모양꽃차례로 꽃이 피지 않는 특이한 식물로, 자잘한 꽃들이 골무 모양으로 촘촘히 모여 핀다. 대부분 잎과 총포조각에 치아 모양의 톱니가 있고 가시가 있다. 식물의 모든 부분에서 회청색이 다양한 색조로 발현된다. 잘 알려진 해안에린지움*E. maritimum*도 에링기움속이다.

E. alpinum 에링기움 알피눔

☀ ↕70 ◎ 6~7

가장 유명한 고산식물 중 하나로, 모든 고산식물 책에 등장한다. 치아모양톱니가 있는 초록색 잎은 로제트를 이루고, 크고 기다란 모양의 꽃차례는 섬유조직의 실가닥이 풀린 듯한 느낌의 가늘고 뾰족한 회청색 총포조각으로 싸여 있다. 독립적으로 심어도 좋고, 여러 방향에서 감상할 수 있도록 화단의 앞에 심어도 좋다.

Echinops(왼쪽)와 *Phlox paniculata*(오른쪽 분홍색 꽃)　│　*Echinops sphaerocephalus*

Echinops bannaticus　│　*Epilobium angustifolium* 'Stahl Rose'

Epimedium grandiflorum

Eryngium bourgatii | *Eryngium*의 꽃

Eryngium ×tripartitum(아래쪽)과 *Helenium* 'Rubinzwerg'(위쪽 빨간색 꽃)

Eryngium alpinum

Eryngium yuccifolium

Eryngium zabelii 'Big Blue'

E. bourgatii 지중해에린지움

☼ ↕60 ◎6~7

피레네산맥에 사는 식물로 회녹색 잎은 가장자리가 깊게
갈라져 있으며 흰 줄무늬가 있다. 어두운 청록색 꽃들이
창 모양의 총포조각에 둘러싸여 있다. 꽃대도 파란색이다.

E. giganteum 큰에린지움

☼ ↕60 ◎6~8

넓은 은회색 잎이 나는 두해살이풀이다. 은청색 꽃들이
길쭉한 골무 모양으로 촘촘히 모여 핀다. 어디서나 잘
어울리는 식물이기 때문에 자연발아가 왕성한 점도
커다란 장점이다. 아름답게 꽃이 핀 후 흑갈색으로 마른
모습도 여전히 멋지다.

E. ×tripartitum 에링기움 트리파르티툼

☼ ↕60 ◎7~9

윤기 나는 어두운 초록색의 잎이 로제트를 이루며 나는
여러해살이풀이다. 풍성하게 갈라지는 꽃대에 금속
느낌이 나는 회청색 꽃송이가 무수히 달리며 볼록한
무더기를 이룬다.

E. yuccifolium 유카잎에린지움

☼ ↕100 ◎7~9

칼처럼 생긴 회녹색 잎은 상록성이라 겨울에도 로제트를
이루고, 유카처럼 잔가시로 덮여 있다. 늦여름에 가볍게
갈라지는 꽃대에 초록빛을 띤 흰색 꽃들이 송이송이
핀다. 그래스와 함께 심으면 매력적이다.

E. zabelii 'Big Blue' 에링기움 자벨리이 '빅 블루'

☼ ↕80 ◎7~9

파란색이 특히 인상적이며, 건조한 토양을 좋아한다.

Eupatorium 등골나물속, 국화과

거친 질감의 잎과 늦여름에 우산 모양으로 무리지어 피는
꽃이 특징인 대형식물이다. 모든 종이 수많은 나비와
벌을 끌어들인다. 축축하고 비옥한 토양에서 가장 잘

자라지만 최악의 조건이라야 생장이 느려질 정도로 아주
강한 식물이다. 심은 지 몇 년 후면 너무 몸집을 불려
바깥 쪽 줄기가 쓰러지기 쉬운데, 이를 막기 위해 가끔씩
포기나누기를 해 주어야 한다.

E. cannabinum 유파토리움 카나비눔

☼ ☀ ↕160 ◎7~9

거친 잎이 무성하게 달리는 식물이다. 대마처럼 갈라진
잎에 솜털 같은 연분홍색 꽃들이 우산 모양으로
무리지어 핀다. 지나치게 자연발아 하는 경향이 있다.

'Album' 알붐

흰색 꽃이 무척 아름답기 때문에 자연발아가 지나치게
일어나는 단점은 눈감아 줄 수밖에 없다.

'Plenum' 플레눔

겹꽃으로 피는 꽃은 은은한 분홍색 색조가 돋보인다. 씨를
맺지 못하기 때문에 자연발아가 일어나지 않는다.

E. hyssopifolium 유파토리움 히소피폴리움

☼ ↕110 ◎8~10

여느 등골나물 종보다 더 섬세한 모습이다. 잎은 가늘고
자잘한 흰색 꽃이 원반 모양으로 촘촘히 모여 핀다.
꽃망울도 관상가치가 높아서 꽃이 피기 전부터 오랫동안
아름다운 모습을 보여 준다. 건조한 곳에서 잘 자란다.

E. maculatum 점등골나물

☼ ☀ ↕160~250 ◎7~9

야생종은 매력이 없다고 할 수는 없지만 그 이상은
아니다. 하지만 재배종 가운데는 몇몇 멋진 품종이 있다.
모든 품종이 비슷하게 탁한 자줏빛 분홍색이지만
나비의 날개 색으로 뒤덮인 모습을 흔히 볼 수 있다.

'Riesenschirm' 리젠쉬름

자주색 줄기에 자줏빛 분홍색의 자잘한 꽃들이 커다란 우산
모양으로 무리지어 핀다. 그 무게가 너무 무거워서 줄기가
구부러지기도 하지만 꽤 괜찮은 식물이다.

'Snowball' 스노볼

키가 180센티미터에 달하는 긴 줄기에 자잘한 흰색 꽃들이
송이송이 모여 핀다.

Eupatorium rugosum 'Chocolate' | *Eupatorium maculatum* 'Riesenschirm'

Eupatorium maculatum 'Snowball' | *Eupatorium hyssopifolium*

E. perfoliatum 유파토리움 페르폴리아툼

☼ ↕120 ◎8~9

독특한 질감의 잎이 줄기를 감싸기 때문에 '페르폴리아툼'이라는 종소명이 붙었다. 흰색 꽃들이 둥글게 모여 피며, 잘 자라기 위해서는 비옥한 토양이 필요하다.

E. rugosum 서양등골나물

☼ ◐ ↕120 ◎8~9

아게라티나 루고사*Ageratina rugosa*라고도 부른다. 꽃이 피기 전까지는 서양쐐기풀 같이 거친 잎이 별 볼일 없어 보인다. 하지만 회백색의 꽃들이 솜털처럼 피면서 섬세한 오라를 뿜어낸다. 오래도록 꽃이 피며, 꽃이 늦게 피는 투구꽃 종류와 함께 심으면 아주 사랑스럽다.

* 우리나라에서 서양등골나물은 환경부에서 지정한 생태계교란식물 중 하나다.

'Chocolate' 초콜릿

이름에서도 짐작할 수 있듯이 초콜릿 색 잎 덕분에 꽃이 피기 전에도 흥미로운 품종이다.

Euphorbia 대극속, 대극과

콜럼버스가 아메리카대륙을 발견하기 전 구대륙을 대표하는, 수천 개의 종으로 구성된 대규모 속이다. 알프스산맥에 사는 아주 작은 한해살이풀이나 왜성 식물부터 선인장처럼 무시무시하게 가시가 돋은 병 모양의 관목이나 덩치가 큰 나무에 이르기까지 많은 종이 포함된다. 이 모든 식물에게는 공통적으로 두 가지 특징이 있다. 눈에 잘 띄지 않는 진짜 꽃보다 화려한 색의 포엽이 더 매력적이라는 점, 그리고 줄기 안에 강한 독성을 지닌 액체가 흐르는데 만약 눈에 닿기라도 한다면 매우 위험할 수 있다는 점이다. 대부분의 종은 열대 기후와 아열대 기후에서 자라기 때문에 다른 기후대의 추위에는 약하다. 하지만 추위에 강한 종 가운데 아주 매력적인 종들이 있다.

E. amygdaloides var. robbiae 유포르비아 아미그달로이데스 로비에

☼◐ ↕30 ◎3~5

유포르비아 로비에*E. robbiae*라고도 부른다. 뿌리줄기로 넓게 번지며 덩치를 키운다. 상록성 잎이 로제트를 이루며 노란연두색 꽃이 핀다. 아주 척박한 토양에서도 자라지만 추위가 매우 심하면 얼어 버린다.

E. corallioides 유포르비아 코랄리오이데스

☼◐ ↕60 ◎6~8

기다란 초록색 잎은 중앙에 선명한 흰 줄무늬가 있고 줄기에 촘촘하게 붙어 난다. 여름 내내 밝은 초록색 꽃들이 우산 모양으로 무리지어 넓게 펼쳐진다. 수명이 짧지만 자연발아가 잘 된다.

E. corollata 유포르비아 코롤라타

☼ ↕90 ◎7~9

곧게 자라는 줄기에 회색빛 잎이 나고 그 위로 자그마한 흰색 꽃이 피는데, 그 모습이 대극속 중에서도 무척 독특하다. 척박하고 건조한 토양에서 살아남기 위해 땅속으로 깊이 뻗어 가는 원뿌리를 내기 때문에 옮겨심기는 어렵다.

E. cyparissias 'Fens Ruby' 유포르비아 시파리시아스 '펜스 루비'

☼ ↕20 ◎4~6

매우 잘 번지는 종으로 바늘 같은 잎에 노란색 꽃들이 작은 우산 모양으로 무리지어 핀다. 봄이면 예쁜 자주색 싹이 올라오고, 아주 건조한 곳에서도 잘 자라기 때문에 유용한 식물이며, 가을 단풍도 아름답다. 뿌리를 멀리 뻗어 여기저기 새싹을 내는 탓에 예민한 성격의 정원사에게는 불안감을 안겨 주기도 한다. 하지만 긍정적으로 보자면 빈틈을 채우는 데 유용한 식물이다. 기는줄기를 내는 대부분의 식물이 늘 이리저리 떠돌아다니는 성질이 있기 마련이다. 그래서 자리 잡고 몇 년이 지나면 사라져 버린다.

*Euphorbia schillingii*의 잎 | *Euphorbia schillingii*의 꽃

Euphorbia corollata

Euphorbia cyparissias 'Fens Ruby'

Euphorbia griffithii 'Dixter' | *Euphorbia corallioides*(노란색 꽃)와 *Geranium sanguineum* 'Album'(흰색 꽃)

E. griffithii 'Dixter' 유포르비아 그리피티이 '딕스터'

☀ ↕80 ◎5~6

창 모양의 붉은 잎들 위로 밝은 주황색 꽃들이 모여 피는 모습이 환상적인 식물이다. 지나치게 번지는 원종에 비해 좀 더 단정하게 자라며 축축한 토양이 필수적이다.

E. palustris 유포르비아 팔루스트리스

☀ ☀ ↕120 ◎4~5

키가 큰 습지식물로, 봄에 연노란색 꽃이 커다랗게 무리를 이루며 피는 튼튼한 식물이다. 수분이 마르지 않는 보통 토양에서 잘 자라며 개화도 잘 된다. 가을이 되면 줄기는 붉은색으로, 잎은 주황색으로 물든다.

E. schillingii 유포르비아 스킬링기이

☀ ☀ ↕120 ◎6~9

높이 자라는 튼튼한 식물로 올리브그린색 좁은 잎이 난다. 잎 중앙에는 흰 잎맥이 있으며 노란연두색의 꽃이 끊임없이 피어난다.

Filipendula 터리풀속, 장미과

깃 모양으로 마주나는 잎이 매력적인 식물로, 제일 위쪽 잎이 아래쪽 잎들보다 더 크다. 수많은 자잘한 꽃들이 몽글몽글 거품이 인 듯한 불규칙한 모양의 꽃차례를 이루며 핀다. 모든 종이 비옥하고 부식질이 풍부하며 수분이 절대 마를 일 없는 토양에서 자란다.

F. camtschatica 큰터리풀

☀ ☀ ↕250 ◎6~7

크림색 꽃들이 커다란 깃털 모양을 이루며 피는 대형종이다. 정원에서 가장 야생의 느낌이 나는 공간에 어울린다.

F. purpurea 자주터리풀

☀ ☀ ↕80 ◎7~8

자잘한 꽃들이 모여 솜사탕처럼 하늘거리며 줄기 위에 둥둥 떠 있는 듯하다. 색은 눈에 튀는 꽃분홍색이다.

F. rubra 'Venusta' 서양붉은터리풀 '베누스타'

☀ ☀ ↕180 ◎7~8

북미에서 초원의 여왕이라 부를 정도로 무척이나 거대한 식물이다. 밝은 분홍색 꽃들은 나중에 밤색으로 변한다. 꽃의 무게로 줄기가 아래로 쳐지는데 꽃이 지고 나면 다시 일어서고, 겨우내 그 모습이 아름답게 남아 있다.

Foeniculum 회향속, 산형과

F. vulgare 회향

☀ ↕160 ◎7~9

남유럽 풍경에서 흔히 볼 수 있는 연노란색 꽃들이 우산 모양으로 모여 피는 산형과 식물 중 하나다. 잎은 바늘처럼 곱게 갈라지며 특유의 향이 남부 지역의 특성을 잘 드러낸다. 강추위에 약하다는 점 또한 남부의 특성을 나타내지만 자연발아가 잘 일어난다. 토양을 가리는 편은 아니라지만 건조하고 척박한 토양에서 향도 가장 진해지고 잘 자란다. 미국에서는 생태계 교란을 일으키는 침입성 식물로 간주한다.

'Giant Bronze' 자이언트 브론즈

짙은 구릿빛 잎이 나며, 매력적인 정원식물로 손꼽힌다.

Galega 갈레가속, 콩과

벳지vetch를 닮은 식물로, 잎은 깃 모양으로 마주나며 나비 모양의 꽃들이 가득 핀다. 오래전부터 널리 알려진 갈레가 오피시날리스*G. officinalis*는 무척이나 골치 아픈 식물이다. 어떤 곳에서는 전혀 자라지 않고 어떤 곳에서는 너무 잘 자라 제거하기 어렵기 때문이다. 훨씬 뛰어난 종은 갈레가 오리엔탈리스다.

G. orientalis 갈레가 오리엔탈리스

☀ ↕100 ◎5~7

밝은 파란색 꽃들이 긴 총상꽃차례를 이루며, 자이언트 벳지giant vetch를 닮았다. 기는줄기로 다소 번지는 습성이 있지만 꽃에 생식 능력이 없어 씨를 만들지 못한다. 대신 오랫동안 꽃이 핀다.

Filipendula rubra 'Venusta'

Galega orientalis

Gaura lindheimeri 'Whirling Butterflies'

Gentiana 'True Blue'

Gentiana andrewsii

Gentiana asclepiadea

Gaura 가우라속, 바늘꽃과

G. lindheimeri 가우라

☼　↕100　◎7~10

빽빽하지 않게 자라는 아름다운 식물로, 긴 꽃대에
나비처럼 보이는 흰색 꽃들이 풍성하게 핀다. 첫서리가
내릴 때까지 개화가 지속되지만 수명이 짧은 편이라서
화단을 처음 만들 때나 성숙해진 화단에서 빈 공간을
채울 때 쓰기 좋다.

> **'Siskiyou Pink'** 시스키유 핑크
> 분홍색 꽃이 핀다.

> **'Whirling Butterflies'** 휠링 버터플라이스
> 원종보다 튼튼하고 꽃도 더 풍성하게 핀다.

Gentiana 용담속, 용담과

주로 고산식물로 잘 알려진 속으로, 종 모양의 꽃은
이름처럼 밝은 남색gentian blue이다. 대부분의 종이 키우기
까다롭고 저지대에서는 꽃이 제대로 안 피기 때문에
진정한 애호가를 위한 식물이다. 여기서는 그에 해당되지
않는 예외 종을 소개한다.

G. andrewsii 앤드루스용담

☼☼　↕60　◎9~10

짙은 파란색 꽃이 피는 종으로 꽃이 완전하게 벌어지는
경우가 결코 없다. 서늘하고 습기가 많은 환경에서 가장
잘 자라며, 시간이 갈수록 커다란 떨기를 이룬다. 이런
식으로 덩치가 커지는 용담은 자리 잡는 데까지 여러
해가 걸린다.

G. asclepiadea 버들용담

☼☼　↕60　◎8

중유럽 석회암 산맥 지대에서 숲의 비옥한 토양이나
개울가에 자생하는 종이다. 약간 휘어지는 줄기에 버들잎
같은 잎이 달리며, 용담 특유의 밝은 남색 꽃들이 꽃대를
완전히 덮으며 피어난다. 자생지처럼 수분이 마르지 않는
석회질 토양에서 자랄 경우 자기 자리를 당당히 지킨다.

> **'Alba'** 알바
> 초록빛을 띤 흰색 꽃이 핀다.

G. makinoi 'Royal Blue' 마키노용담 '로열 블루'

☼☼　↕120　◎8~10

단단한 줄기에서 파란색 꽃이 풍성하게 핀다.
꽃꽂이용으로 육종된 품종이라 개화기가 무척 길다.
줄기가 기세 좋게 꼿꼿이 올라오며 튼튼한 떨기를
이루지만 제대로 자리 잡을 때까지 몇 년의 시간이 걸릴
것이다. 다소 빛이 들어오는 촉촉하고 물빠짐이 좋은
산성토양의 그늘 아래에서 가장 잘 자란다.

G. 'True Blue' 용담 '트루 블루'

☼☼　↕70　◎9

진정한 의미의 파란색 꽃이 핀다. 자라는 조건은 위의
종과 같다.

Geranium 쥐손이풀속, 쥐손이풀과

키우기 쉬운 식물로, 매력적인 둥근 잎은 가장자리가
얕게 갈라지거나 손바닥 모양으로 깊게 갈라지기도 한다.
다섯 장의 꽃잎이 달린 사랑스러운 꽃에서는 독특한
향이 난다. 크레인스빌cranesbill이라는 영어 이름은 열매가
학의 부리와 무척 닮았기 때문에 붙여졌다. 그 종류가
수백 가지에 이르는데 모두 아름답다. 전부 언급할 수
없기 때문에 여기서는 최신 품종 위주로 소개한다.

G. ×*cantabrigiense* 게라니움 칸타브리기엔세

☼☼　↕25　◎6~7

야생에서 볼 수 있는 게라니움 달마티쿰*G. dalmaticum*과
게라니움 마크로리줌*G. macrorrhizum*의 교잡종이다.
번식력이 왕성하지만 게라니움 마크로리줌만큼 강하지는
않다. 지피식물로 좋다.

> **'Biokovo'** 비오코보
> 붉은색 줄기에 흰색 꽃이 핀다.

> **'Cambridge'** 케임브리지
> 진분홍색 꽃이 피고 생장이 빠르다.

G. clarkei 'Kashmir White' 게라니움 클라르케이 '카슈미르 화이트'

☀ ☀ ↕40 ◎5~7

깊숙하게 갈라지는 섬세한 잎에 라일락색 줄무늬가 있는 흰색 꽃이 한아름 피어난다. 사랑스러운 품종이지만 잘 번지는 편이다. '카슈미르 핑크Kashmir Pink'는 연분홍색이고 '카슈미르 퍼플Kashmir Purple'은 짙은 보라색이다.

G. macrorrhizum 게라니움 마크로리줌

☀ ☀ ↕35 ◎5~6

튼튼한 지피식물로 매력적인 잎에서 강한 냄새가 난다. 분홍색 꽃은 검붉은색 포엽에 싸여 있다. 어느 곳에서나 번성할 만큼 강하다. 잎이 겨우내 주홍색으로 변한 채 남아 있다.

> **'Album' 알붐**
> 흰색 꽃이 핀다.
>
> **'Czakor' 차코르**
> 강렬한 꽃분홍색 꽃이 피며 다른 종보다 키가 큰 편이다.

G. maculatum 게라니움 마쿨라툼

☀ ☀ ↕50 ◎4~6

일찍 개화하는 미국 종으로 잎이 깊게 갈라지며 언한 라일락색 꽃이 긴 줄기에서 핀다. 식물 전체에서 우아함이 느껴지는 가장 아름다운 종 가운데 하나다.

G. nodosum 게라니움 노도숨

☀ ☀ ↕35 ◎5~10

소박한 종으로 어두운 초록색의 광택 있는 잎이 달리고 연보라색 꽃이 핀다. 개화기가 무척 길며 자작나무 밑동 주변처럼 자라기 힘든 곳에서도 오래 꽃이 핀다는 특징이 있다. 하지만 한번 심으면 영영 제거할 수 없기 때문에 심기 전에 신중하게 생각해야 한다.

> **'Whiteleaf' 화이트리프**
> 이름처럼 흰색 잎이 나는 것은 아니고, 진한 자주색 꽃잎의 가장자리가 흰색이다. 원종만큼 강하거나 그만큼 공격적으로 번지지는 않는다.

G. ×oxonianum 게라니움 옥소니아눔

게라니움 엔드레시이G. endressii와 게라니움 베르시콜로르G. versicolor 사이의 수많은 교잡종을 포괄하는 학명이다. 그중 소개할 품종은 다음과 같다.

> **'Claridge Druce' 클래리지 드루스**
> ☀ ☀ ↕50 ◎6~10
> 매우 튼튼하고 커다랗게 자라는 식물로 분홍색 꽃이 오랫동안 핀다. 분홍색 꽃이 피는 다른 종들보다 자연발아가 더 활발하게 일어나 왕성하게 퍼져 나간다. 척박한 곳에서 매우 유용하지만 예의바른 식물들 사이에서 이름난 불량배 역할을 하는 셈이다.
>
> **'Rebecca Moss' 리베카 모스**
> ☀ ☀ ↕30 ◎6~9
> 회분홍색 꽃이 핀다.
>
> **'Rose Clair' 로즈 클레어**
> ☀ ☀ ↕30 ◎6~9
> 꽃분홍색에서 연분홍색으로 변한다.
>
> **'Thurstonianum' 투르스토니아눔**
> ☀ ☀ ↕50 ◎6~9
> 별 탈 없이 잘 자란다. 진분홍색 꽃잎이 마치 작은 벌레처럼 좁고 긴데 그 모양이 흥미롭다.
>
> **'Wageningen' 바헤닝언**
> ☀ ☀ ↕30 ◎6~9
> 연어살색 꽃이 핀다.

G. palustre 게라니움 팔루스트레

☀ ↕40 ◎5~6

진분홍색 꽃잎은 가장자리가 물결 모양으로 얕게 패인 평범한 느낌이지만 습지에서도 잘 자란다는 점이 독특하다. 연못 주변에 마음대로 자라도록 두기에 적합하다.

G. phaeum 게라니움 페움

☀ ☀ ↕60~90 ◎5~7

남편의 죽음을 애도하는 여인을 연상시키는 진한 자주색 꽃이 기다란 줄기에서 아래를 보며 피어난다. 자연발아가 왕성하기 때문에 야생정원에서 쉽게 자리를 차지한다.

Geranium phaeum 'Raven'(검붉은색 꽃)과 *Veronicastrum*(왼쪽) | *Geranium phaeum* 'Springtime'

Geranium nodosum 'Whiteleaf' | *Geranium psilostemon*

Geranium 'Rozanne'

Geranium macrorrhizum

Geranium renardii 'Philippe Vapelle'

Geranium sylvaticum 'Amy Doncaster'

수많은 품종 가운데 가장 중요한 품종은 다음과 같다.

'Album' 알붐
연녹색 잎이 나며, 원종에 비해 좀 더 위를 향해 희고
윤기 나는 꽃을 피운다.

'Lily Lovell' 릴리 러벌
청보라색 꽃이 피고 키가 크다.

'Raven' 레이븐
밝은 초록색 잎에 매우 짙은 보라색 꽃이 핀다.

'Samobor' 사모보르
잎에 뚜렷한 검은 얼룩이 있다.

'Springtime' 스프링타임
노란색 무늬가 있는 아름다운 잎은 꽃을 돋보이게 하고
가을이면 붉게 물든다.

G. pratense 게라니움 프라텐세
☼ ◐ ↕80 ◎6~7

파란색 꽃이 피는 흔한 종으로 쓰러지는 경향이 있기
때문에 키 큰 그래스 사이에 심는 것이 좋다. 이 특징이
품종에도 동일하게 적용되는데, 꽃잎에 줄무늬가 있는
'미시즈 켄들 클라크Mrs. Kendall Clark', 아주 연한 파란색
꽃잎과 검은색 수술이 돋보이는 **'실버 퀸Silver Queen'**을
들 수 있다.

'Victor Reiter' 빅터 라이터
☼ ◐ ↕40 ◎6
붉은 빛을 띤 갈색 잎에 청보라색 꽃이 피며 쓰러지지 않는다.

'White Lady' 화이트 레이디
☼ ◐ ↕60 ◎6~7
흰색 꽃이 피며 잘 쓰러지지 않는다.

G. psilostemon 게라니움 프실로스테몬
☼ ◐ ↕80 ◎6~8

게라니움 아르메눔*G. armenum*이라고도 부른다.
아르메니아에서 자생하는 크고 튼튼한 종으로, 중심이
검은색인 꽃분홍색 꽃이 피는데 그 모습이 정말
아름답다. 눈에 튀는 색이면서도 모든 식물들과 잘
어우러진다. 자연발아는 적당히 일어나는 편이다.

G. renardii 게라니움 레나르디이
☼ ↕35 ◎6~7

흰 털로 뒤덮인 잎은 가장자리가 깊게 갈라지는데,
그 우아한 모습이 이 식물의 주된 매력이다. 그렇다고
자주색 줄무늬가 있는 흰색 꽃이 예쁘지 않다는 것은
아니다. 꽃이 매우 아름답지만 아쉽게도 수명이 짧은
편이다. 겨울이 온화하면 잎은 겨우내 달려 있다.

'Philippe Vapelle' 필립 바펠
다른 종보다 크게 자라며 청보라색 꽃 또한 더 풍성하게
핀다.

G. sanguineum 피뿌리쥐손이
☼ ↕25~50 ◎6~9

햇빛만 충분하다면 정말 튼튼하게 자라는 식물이다.
여름 내내 선명한 진분홍색 꽃이 핀다.

'Album' 알붐
흰색 꽃이 피며 키가 크다.

'Ankum's Pride' 앙쿰스 프라이드
따뜻한 느낌의 분홍색 꽃이 피며, 꽃잎 가장자리에 골이 져
있다. 키는 25센티미터까지 자란다.

'Khan' 칸
꽃분홍색 꽃이 피고 50센티미터까지 높게 자란다.

G. sanguineum var. *striatum* 줄무늬피뿌리쥐손이
☼ ↕20 ◎6~8

진분홍색 줄무늬가 있는 연분홍색 꽃이 핀다.

G. soboliferum 삼쥐손이
☼ ↕50 ◎7~9

여름 내내 자줏빛 분홍색 꽃이 피는 아담한 종이다.
노랗거나 주황빛으로 붉게 물드는 가을의 색이
환상적이다.

G. sylvaticum 'Amy Doncaster' 숲제라늄 '에이미 동커스터'
☼ ◐ ↕60 ◎5~7

잎의 가장자리는 얕게 갈라지며, 진한 파란색의 작은

꽃은 가운데가 흰색이다. 키우기 쉬운 품종이다.

G. wallichianum 'Buxton's Variety' 게라니움 왈리키아눔 '벅스턴스 버라이어티'

☼ ↕35 ◉7~11

주변으로 번져 나가면서 다른 식물에 기대어 올라가도록 두어야 한다. 가운데가 흰 청보라색 꽃이 7월부터 계속 피며 가을로 접어들수록 더 많은 꽃이 피고 잎은 점차 붉게 물든다.

G. wlassovianum 우단쥐손이

☼☼ ↕35 ◉6~9

주황색과 분홍색이 어우러진 봄의 어린잎과 비교적 늦게 피는 라일락색 꽃이 특징이다.

GERANIUM HYBRIDS 게라니움 교잡종

'Ann Folkard' 앤 포카드

☼☼ ↕35 ◉6~9

봄이면 황금색 어린잎이 돋아난다. 빽빽하지 않게 자라는 줄기는 I미터까지 자라고, 가운데가 검정인 자주색 꽃이 계속해서 피어난다. 이른 시기에 꽃이 지고 나면 볼거리가 없어지는 식물들 사이에 심어 새롭게 눈길을 끌게 하는 역할을 하기에 좋다.

'Brookside' 브룩사이드

☼☼ ↕60 ◉6~7

진정한 의미의 파란색에 가까운 커다란 꽃이 피는 '존슨스 블루Johnson's Blue'의 개량된 품종으로 튼튼하고 꽃이 더 오래도록 핀다.

'Dilys' 딜리스

☼☼ ↕30 ◉7~11

넓은 면적에 심을 경우, 늦여름까지는 볼거리가 없기 때문에 이른 시기에 꽃이 핀 후 사라지는 오리엔탈양귀비 같은 식물들과 함께 심으면 좋다. 자줏빛 분홍색 꽃이 핀다.

'Ivan' 이반

☼☼ ↕50 ◉7

'퍼트리샤Patricia'와 같은 계열로 중심부가 검은 밝은 분홍색 꽃이 핀다. 새빨간 가을 색도 멋지다.

'Orion' 오리온

☼☼ ↕50 ◉7~8

청보라색 커다란 꽃이 점차 덩치를 키우며 피어나고 붉게 물드는 가을 색이 좋다.

'Patricia' 퍼트리샤

☼☼ ↕50 ◉7

게라니움 프실로스테몬과 닮은 꽃이 피는데, 굳이 비교를 하자면 키우는 재미는 같지만 작은 정원에서 관리하기에 훨씬 편리한 품종이다.

'Rozanne' 로잰

☼☼ ↕30 ◉8~9

가운데가 연한 파란색 꽃이 다른 품종보다 늦게 피기 때문에 아주 유용하다. 또 다른 장점은 뿌리의 중심부에서 줄기가 촘촘히 나와 I제곱미터 정도 떨기를 이루며 자라기 때문에 지나치게 땅을 차지하지 않는다는 것이다. 유연한 줄기는 관목들 틈에서 기어오르도록 유도해서 마치 덩굴성 식물인양 연출할 수도 있다.

'Sirak' 지라크

☼☼ ↕50 ◉6~7

캅카스 지방에서 발견한 품종이다. 자줏빛 분홍색 커다란 꽃의 촘촘한 줄무늬는 마치 빛을 내뿜는 듯하다.

Geum 뱀무속, 장미과

차분한 매력을 지닌 식물로, 땅바닥을 감싸듯 촘촘한 떨기를 이루며 자란다. 꽃에서 드러나는 색조는 가장 따뜻한 느낌이 드는 쪽이다.

G. 'Flames of Passion' 뱀무 '플레임스 오브 패션'

☼☼ ↕40 ◉5~9

반겹의 분홍색 꽃이 몇 달에 걸쳐 계속해서 피어난다. 개화기가 특별히 긴 첫 품종에 속한다.

G. rivale 게움 리발레

☼☼ ↕30 ◉4~6

그늘진 곳에서 자라는 섬세한 식물이다. 잎은 깃 모양으로 마주나며, 끝에 달리는 잎은 크고 둥글다.

Geranium sanguineum 'Album'

Geranium 'Sirak'

Geranium ×*oxonianum* 'Thurstonianum'

Geranium maculatum

Geum rivale 'Tales of Hex'

Geum rivale 'Beech House Apricot' | *Geum* 'Flames of Passion'

Geum triflorum | *Geum rivale* 'Leonard'

봄이면 아래로 고개 숙인 꽃이 핀다. 꽃은 베이지색 줄무늬가 있는 갈색이다. 야생에서는 주로 개울이나 샘 주변부에서 서식하지만, 정원에서도 아주 쉽게 자란다. 지나치게 번지는 경향이 있고, 운이 좋으면 가을에 다시 꽃필 수도 있다.

'Beech House Apricot' 비치 하우스 에이프리캇

살구색 꽃이 핀다.

'Leonard' 레너드

벨벳처럼 부드러운 갈색 포엽으로 둘러싸인 분홍색 꽃이 핀다.

'Tales of Hex' 테일스 오브 헥스

키는 50센티미터고 연노란색 꽃이 핀다.

G. triflorum 삼화뱀무

☼ ☼ ↕ 40 ◎ 5

작은 종 모양의 분홍색 꽃이 핀다. 이후에 맺히는 털 달린 씨앗들 덕분에 '초원의 연기prairie smoke'라는 이름으로 불린다. 건조한 초원지대 식물로, 느리지만 꾸준하게 지면을 덮으며 자란다.

Gillenia 길레니아속, 장미과

G. trifoliata 길레니아 트리폴리아타

☼ ☼ ↕ 100 ◎ 6~7

오랜 시간 재배된 식물이지만 여전히 잘 알려져 있지 않다. 때문에 이 좋은 식물의 장점을 다시 한번 널리 알리고 싶다. 붉은 꽃대에 붉은 포엽이 있는 수많은 흰색 꽃들이 오래도록 피어나는 튼튼한 식물이다. 모든 책에서 토양 수분이 잘 유지되는 곳을 좋아한다고 하는데, 경험해 본 결과 건조한 반그늘에서도 잘 자란다. 우리끼리 말인데 거의 어디서나 잘 자랄 것이다. **'핑크 프러퓨전**Pink Profusion**'**은 연분홍색 꽃이 핀다.

Glycyrrhiza 감초속, 콩과

G. yunnanensis 글리시리자 유나넨시스

☼ ↕ 220 ◎ 8~9

자줏빛 줄기에 잎은 깃 모양으로 마주나는 반관목관목과 초본의 중간에 있는 식물으로 중국에 자생한다. 잎겨드랑이에서 벳지를 닮은 보라색 꽃이 무리지어 핀다. 꽃이 진 뒤에는 갈색 털로 덮인 까끌까끌한 마른 열매가 겨우내 남아 관상가치를 더한다.

Helenium 헬레니움속, 국화과

구식이라는 느낌을 주는 정원식물이다. 동그랗고 통통한 갈색 원통 모양의 중심부에, 가장자리가 찢어진 선명한 색감의 꽃잎이 화관처럼 돌아나며 핀다. 늦여름에 구조감과 색을 더하려고 옛날에는 모든 정원에 헬레니움을 심었다. 하지만 노란색, 갈색, 주황색은 하나만 심어도, 함께 섞어 심어도 너무 튀는 색이고, 꽃 역시 지나치게 생기 넘치는 모습이기 때문에 인기가 떨어져 버렸다. 그럼에도 불구하고 델피니움에 이끌렸듯이 이 놀라운 꽃으로도 무언가 멋진 시도를 해 보고 싶은 유혹을 느낀다. 제대로 창의력을 발휘한다면 헬레니움으로 흥미로운 정원을 만들 수 있다. 기억에서 사라진 옛 품종 몇 종류를 여기서 소개한다.

H. autumnale **'Die Blonde'** 헬레니움 아우툼날레 **'디 블론데'**

☼ ↕ 160 ◎ 7~9

다른 종에 비해 거친 느낌이 덜하다. 비교적 작은 꽃은 선명한 노란색이다.

HELENIUM HYBRIDS AND CULTIVARS 헬레니움 교잡종과 품종

'Kupferzwerg' 쿠퍼츠베르크

☼ ↕ 120 ◎ 8~9

주황빛을 띤 짙은 갈색 꽃은 가운데가 검다.

Gillenia trifoliata

Glycyrrhiza yunnanensis

Helenium 'Rubinzwerg'

가을의 *Gillenia trifoliata*

Helenium 'Loysder Wieck'

Helenium 'Moerheim Beauty' | *Helenium* 'Kupferzwerg'

Helianthus 'Lemon Queen' | *Helleborus* ×*hybridus*

'Loysder Wieck' 로이스더 비크

☀ ↕100 ◎8~9

가장자리가 말려들어 간 꽃잎이 개성 있는 모습을 연출한다.

'Moerheim Beauty' 무어하임 뷰티

☀ ↕100 ◎8~9

네덜란드에서 육종된 옛 품종으로 많은 사랑을 받았다. 갈색빛이 감도는 꽃은 여전히 키워 볼 만한 가치가 있다. 하지만 같은 이름으로 팔리는 다른 식물들이 너무나 많아 정확한 품종을 구하기가 어려운 것이 문제다.

'Red Jewel' 레드 쥬얼

☀ ↕80 ◎8~9

비교적 작은 키에 진한 빨간색 꽃이 피며, 정원에서 유용하게 쓸 수 있다.

'Rubinkuppel' 루빈쿠펠

☀ ↕160 ◎8~9

밝은 적갈색 꽃이 피며 **무어하임 뷰티**보다 튼튼하다.

'Rubinzwerg' 루빈츠베르크

☀ ↕100 ◎8~9

키가 좀 더 작고 밝은 적갈색 꽃이 핀다. 관상용 그래스 사이에 심으면 환상적이다.

Helianthus 해바라기속, 국화과

북미 대초원에서 자라는 너무나 익숙한 대형 식물로, 가을이면 샛노란 꽃이 핀다. 정원에서는 평범한 꽃이 피는 헬리안투스 레티플로루스*H. ×laetiflorus*가 주로 보이는데, 주체할 수 없이 번진다. 그보다 훨씬 더 나은 종을 살펴보자.

H. 'Lemon Queen' 헬리안투스 '레몬 퀸'

☀ ↕250 ◎10~11

관목처럼 덤불 형태로 자라는 튼튼한 식물로, 꿀벌과 나비 떼가 섬세한 느낌의 레몬색 꽃을 찾아 든다. 토양 물빠짐만 좋다면 쉽게 잘 자라며 지나치게 번지지도 않는다.

H. salicifolius 버들잎해바라기

☀ ↕180 ◎7~9

가느다란 줄기에 연녹색 실 같은 잎이 축 늘어지며, 잎이 달린 모습이 매우 관상가치가 있다. 줄기의 윗부분은 마치 연녹색 대걸레를 뒤집은 것 같다. 작은 꽃은 여름이 끝날 무렵에 꼭대기에서 피기 때문에 잠깐이라도 보려면 꽤 힘을 들여야 한다.

Helleborus 헬레보루스속, 미나리아재비과

헬레보루스는 겨울정원에서 매우 소중한 식물이다. 광택이 있고 아름답게 갈라진 상록의 잎 위로 커다란 종 모양의 꽃이 12월부터 계속 피어나며 정원을 장식한다. '꽃'으로 보이는 부분은 사실 꽃이 아니라 매력적인 색의 포엽이다. 작은 비늘처럼 보이는 꿀샘을 지닌 진짜 꽃이 포엽에 싸여 있고, 꽃이 진 후에는 포엽이 꼬투리 같은 커다란 씨앗을 둘러싼 채로 오랫동안 달려 있다. 모든 종이 비옥한 토양을 좋아한다. 정원 흙이 비옥하지 않을 경우 다음과 같은 방법을 시도해 보면 좋다. 큰 구덩이를 파고 곱게 빻은 벽돌 조각들과 잘 숙성된 퇴비를 섞어서 채운다. 그렇게 해 주면 꽃이 풍성하게 필 것이다.

H. argutifolius 헬레보루스 아르구티폴리우스

☀◑ ↕50 ◎3~4

헬레보루스 리비두스 코르시쿠스*H. lividus* subsp. *corsicus*라고도 부른다. 심은 지 몇 년이 지나면 관목처럼 큰 떨기를 이룬다. 아름다운 암녹색 잎은 셋으로 갈라지고 광택이 나며, 잎의 가장자리에는 톱니가 있다. 밝은 연두색 꽃은 큰 다발을 이루며 피어난다. 꽃이 한창일 때 다음 해를 위한 새 꽃대가 중심에서 올라와 개화 중인 꽃대를 서서히 밀어내며 자리 잡는다. 튼튼한 종이지만 가벼운 서리에도 꽃이 피해를 입을 수 있으므로, 겨울에는 반드시 보호를 해 주어야 한다.

H. atrorubens 헬레보루스 아트로루벤스

☀◑ ↕25 ◎2~4

크로아티아에서 자생한다. 초록빛이 감도는 중심에

자그마한 자주색 꽃이 피는 작은 보석 같은 식물이다.

H. foetidus 헬레보루스 페티두스
☼☀　↕40　◎12~3
깊이 갈라진 암녹색의 잎에 종 모양의 연녹색 꽃이
피는데, 꽃잎 끝 부분은 자주색이다. 가을이면 짙은
색 잎의 덤불 사이로 기다란 연두색 새잎이 올라오고
12월이면 꽃이 무리지어 피기 시작한다. 내한성이
강하여 서리가 내리면 지상부가 설강화처럼 땅바닥에
움츠러들었다가 기온이 올라가면 다시 생기를 되찾는다.
왕성한 개화력 때문에 에너지를 많이 소모해서 몇 년
후면 사라져 버린다. 하지만 크게 문제되지 않는다.
이치대로라면 어디선가 이미 자연발아한 새싹이 올라올
것이기 때문이다.

H. ×hybridus 헬레보루스 히브리두스
☼☀　↕30~50　◎2~4
내한성도 강하고 키우기 쉬운 헬레보루스 오리엔탈리스
*H. orientalis*의 다양한 교잡종으로 잎이 다섯 개에서
일곱 개로 갈라진다. 커다란 꽃은 흰색, 크림색, 초록색,
분홍색, 자주색, 거의 검정색에 가까운 색까지 매우
다양하다. 복잡한 교잡의 결과, 흰색 꽃에 초록색
줄무늬나 붉은 반점, 분홍색 꽃에 초록색 줄무늬,
초록색 꽃에 자주색 반점이 들어가는 등 다양한
형태가 나타났다. 계속해서 더 이국적인 색채와 특징을
지닌 종자를 만들어 내기 위해 심혈을 기울이고 있다.
자연발아도 일어나지만 붉은 색조의 품종이 두드러지며,
가장 왕성하게 자라고 수명도 길다.

> **'Early Purple' 얼리 퍼플**
> 12월부터 일찍 개화하는 품종으로 자주색 꽃이 핀다.

Hemerocallis 원추리속, 원추리과

여러 세기에 걸쳐 재배된 관상식물로, 잎은 그래스처럼
아치 모양으로 아름답게 휘어지며 백합을 닮은 큰 꽃이
핀다. 꽃은 하루 만에 져 버리지만 수많은 꽃줄기마다
여러 개의 꽃이 피어나기 때문에 몇 주 동안이나 꽃을
감상할 수 있다. 강철같이 튼튼하여 어디서나 잘 자란다.
헤아릴 수 없이 많은 품종이 있으며, 대부분 커다랗고
지나치게 화려한 색상의 꽃이 핀다. 몸값도 상당하여
거액의 비용이 든다. 여기서는 색상도 덜 화려하고 가격도
합리적인 종으로 살펴본다.

H. altissima 헤메로칼리스 알티시마
☼　↕160　◎6~7
큰 키에 비해서 꽃은 작은 편으로, 밝은 노란색의 꽃이
기다란 줄기 끝에서 핀다.

H. citrina 헤메로칼리스 시트리나
☼　↕100　◎6~7
개화기가 빠르고 우아한 종으로, 기다란 줄기에서 레몬색
꽃이 피고 달콤한 향기가 난다.

H. citrina ×ochroleuca 헤메로칼리스 시트리나
오크롤류카
☼　↕100　◎6~7
헤메로칼리스 시트리나보다 살짝 더 연한 노란색 꽃이
피고 향기는 더 진하다.

HEMEROCALLIS HYBRIDS AND CULTIVARS
원추리 교잡종과 품종
☼　↕50~80　◎6~7

> **'Corky' 코르키**
> 레몬색 작은 꽃이 피는 옛 품종이다. 꽃잎 바깥 면의 적갈색
> 줄무늬가 특징이다.
>
> **'Gentle Shepherd' 젠틀 셰퍼드**
> 크림색이 도는 흰색 꽃에 중심부가 초록색이다.
>
> **'Green Flutter' 그린 플러터**
> 중심부가 초록색에 연노란색 꽃이 핀다.
>
> **'Joan Senior' 존 시니어**
> 아주 연한 노란색 꽃이 아름다운 모양으로 핀다.
>
> **'Little Grapette' 리틀 그라페트**
> 작은 꽃은 진한 포도색이고 중심부는 초록색이다.

Helleborus foetidus | *Hemerocallis citrina ×ochroleuca*

Hemerocallis 'Pardon Me' | *Hemerocallis* 'Gentle Shepherd'

'Nugget' 너깃

주황색 꽃이 피는데 끝까지 활짝 벌어지지 않는다. 그 모습이
실망스러울지도 모르지만 실제로는 무척 매력적이다.

'Pardon Me' 파든 미

중심부가 노란연두색인 붉은색의 작은 꽃이 핀다.

Heuchera 휴케라속, 범의귀과

H. **'Frosted Violet'** 휴케라 '프로스티드 바이올렛'

☼ ☼　↕40　◎5~7

최근 미국에서 육종된 교잡종으로 여러 면에서 다른
종들보다 우수하다. 은회색이 감도는 어두운 자주색 잎이
아주 매력적이다.

H. micrantha **'Palace Purple'** 휴케라 미크란타
'팰리스 퍼플'

☼ ☼　↕40　◎5~7

손바닥 모양으로 갈라진 매력적인 잎은 로제트를 이루고
기다란 줄기에 자잘한 흰색 꽃이 피는 음지식물이다. 잎
색이 두드러지는 품종은 일반 종보다 더 햇빛이 필요해서
그늘이 질 경우에는 아름다운 잎 색이 전부 사라진다.
'팰리스 퍼플'은 짙은 자주색 잎이 나는 초기 품종이고
그 뒤를 이어 은회색, 목탄색, 암녹색, 분홍 줄무늬 등
다양한 색과 형태의 재배종들이 줄줄이 나왔다. 일일이
나열하기에는 종류가 너무나 많고 상당수가 오래 살지
못하기 때문에 포기나누기를 해서 수명을 연장해 주어야
한다. 햇빛이 잘 드는 곳을 좋아하고 부식질이 풍부하고
촉촉한 토양에서 잘 자란다.

H. villosa 털휴케라

☼ ☼　↕40　◎8~9

잎 색이 두드러지는 품종들과는 달리 원뿔모양꽃차례를
이루는 크림색 꽃과 초록색 잎이 싱그럽고 좋다.
시간이 지나면서 촘촘한 떨기를 이루고 안정적으로
오래 산다. 여름이 덥고 습한 지역에서도 잘 자란다.
'앰버 웨이브스Amber Waves', '브라우니스Brownies',
'시트로넬Citronelle' 품종도 좋다.

Hosta 비비추속, 비비추과

일본에서 들어와 널리 알려진 속으로 잎이 멋진 식물이다.
잎은 크기도 다양하고, 원 모양, 달걀 모양, 창 모양,
뚜렷한 잎맥 등 특징도 다양하다. 형태미를 드러내기에
이상적인 식물로, 그늘진 정원에서 아름다운 잎을 뽐내며
공간에 부피감을 더한다. 보기 흉한 장소를 감추거나
특히 색다른 공간을 좀 더 부각시킬 때 유용하다.
부식질이 풍부하고 촉촉하되 물빠짐이 좋은 토양, 그늘이
가볍게 드리우는 장소가 가장 적합하다. 하지만 흙이
마르지 않는다면 오래 해가 드는 곳도 견뎌 낼 수 있다.
심지어 어떤 종들은 햇빛을 선호한다. 매우 어둡거나
양분과 토양수분이 지나친 부적절한 환경에서는 잎이
너무 크고 얇아져서 달팽이 밥이 되기 딱 좋다. 힘든
조건에서는 스스로 맞는 환경을 만들어 내는데, 오래된
식물은 잎이 매우 촘촘하게 나서 햇빛이 흙 표면까지
닿지 않아 토양 속 수분이 금세 마르는 걸 방지한다.
야생종 외에도 잎에 청회색이나 흰색 또는 노란색 무늬가
들어간 다양한 품종이 있다.

H. clausa 주걱비비추

☼　↕40　◎7~8

좁은 초록색 잎에 활짝 피지 않는 보라색 꽃이 달리는
지피식물이다. 참비비추var. *normalis*는 꽃이 활짝
벌어지지만 많이 피지는 않는다.

H. plantaginea var. grandiflora 호스타 플란타기네아
그란디플로라

☼　↕50　◎8~9

일본이 아니라 중국에서 온 유일한 종이다. 잎의 크기는
평균 이상으로 매력적이지만 이 종을 소개하는 주된
이유는 매우 향기로운 흰색 꽃이 커다랗게 무리지어
피어나기 때문이다.

H. sieboldiana 큰비비추

☼　↕60　◎7~8

연보라색 꽃이 피며, 크고 주름진 잎은 컵을 받쳐 든 것

Heuchera villosa

Heuchera villosa 'Brownies'

Heuchera micrantha 'Palace Purple'

Hosta ×tardiana 'Halcyon'

Hosta 'Blue Angel'

Inula magnifica 'Sonnenstrahl'

같은 모습이고 깊게 패인 잎맥이 돋보인다.

'Elegans' 엘레간스

서리가 내린 듯한 느낌을 주는 청회색 잎에 흰색 꽃이 핀다.
옛 품종이지만 여전히 뛰어나다.

'Frances Williams' 프랜시스 윌리엄스

청록색 넓은 잎 가장자리는 노란연두색이다.

H. ×*tardiana* 호스타 타르디아나

☀ ↕40 ◎7~8

잎이 작다.

'Blue Moon' 블루 문

타르디아나 교잡종 가운데 가장 작은 품종으로 넓적한
청회색 잎은 끝이 뾰족하다. 연보라색 꽃이 핀다.

'Halcyon' 핼시언

큰비비추 '엘레간스'를 닮았지만 크기는 더 작고 잎맥이
뚜렷하지 않다. 짙은 회색이 도는 잎들은 우아하게 서로
겹친다. 라일락색 꽃이 핀다.

H. tokudama 'Hadspen Blue' 호스타 토쿠다마 '하스펜 블루'

☀ ↕70 ◎7~8

호스타 시에볼디아나 포르투네이 '하스펜 블루'
H. sieboldiana var. *fortunei* 'Hadspen Blue'라고도 부른다.
작고 두툼한 회녹색 잎에 라벤더빛을 띤 파란색 꽃이
핀다.

HOSTA HYBRIDS AND CULTIVARS 호스타 교잡종과 품종

'Blue Angel' 블루 에인절

☀ ↕100 ◎7~8

아주 커다란 파란색 잎과 두드러지게 짧은 줄기에
라일락빛을 띤 흰색 꽃이 핀다. 꽃이 정말 오래도록 핀다.

'Blue Impression' 블루 임프레션

☀ ↕45 ◎7~8

중간 크기의 청회색 잎에 라일락색 꽃이 풍성하게 피는데
구름 낀 날은 파란색으로 보인다.

'Krossa Regal' 크로사 리걸

☀ ↕100 ◎7~8

좁다란 청회색 잎이 하늘을 향하며, 매우 긴 줄기에 라일락색
꽃이 피는 거대 식물이다. 충분한 공간이 필요한 품종이다.

'Sum and Substance' 섬 앤드 서브스턴스

☀ ↕120 ◎7~8

거대한 밝은 초록색 잎은 무척 두꺼워 달팽이가 먹을
엄두조차 내지 못한다.

'White Triumphator' 화이트 트라이엄페이터

☀ ↕120 ◎7~8

잎보다 꽃이 더 특징적인 품종으로, 긴 줄기에서 커다랗고
하얀 꽃이 피어난다.

Inula 금불초속, 국화과

잎도 평범하고 데이지 같은 노란색 꽃도 평범한 대규모
속의 식물이다. 그중 아래의 종이 두드러진다.

I. hookeri 이눌라 호케리

☀ ☀ ↕60 ◎8~10

가는 줄기에 잎이 무성하게 달리는 식물로 번식력이
왕성하다. 잔털 달린 매력적인 총포조각에서 기다랗고
샛노란 수많은 혀꽃이 꼬물거리듯 피어나는 모습이 매우
흥미롭다.

I. magnifica 대왕금불초

☀ ↕220 ◎7~8

단단한 줄기에 큰 잎이 달리는 거대한 식물이다. 줄기
윗부분이 갈라져서 폭이 좁고 긴 노란색 혀꽃이 가득
달린 데이지 모양의 커다란 꽃이 핀다.

'Sonnenstrahl' 조넨슈트랄

독일의 육묘업자 에른스트 파겔스Ernst Pagels가 퇴비더미에서
우연히 발견한 품종이다. 꽃잎의 길이가 더 길어서 아래로
처지는 모습이 매력적이다.

Iris 붓꽃속, 붓꽃과

익숙한 속으로 너무나 많은 종이 있다. 개화기가 짧지만 꽃이 아름다워 대단위로 재배된다. 제대로 설명하기에는 종이 한 장으로도 부족하고, 누구나 그 생김새를 잘 알기 때문에 상세한 묘사는 생략한다. 칼 모양의 잎이 특징으로, 꽃이 진 후에도 여름 내내 아름답게 남아 있다.

I. chrysographes 이리스 크리소그라페스
☼　↕70　◎6

아주 드문 아이리스로 검푸른 자주색에 벨벳 질감이 나는 기이한 꽃이 핀다. 수분이 유지되는 토양이 꼭 필요하다. 변수가 많은 종이지만 '어라운드 미드나이트Around Midnight'는 검은색이 확실히 보장되는 품종이다.

I. cristata 이리스 크리스타타
☼☀　↕20　◎5

다소 빛이 드는 그늘에서 빠른 속도로 번져 군락을 이루는 튼튼한 종이다. 토양이 마르지만 않는다면 양지에서도 마찬가지로 번진다. 숲 속의 흙처럼 부식질이 풍부한 토양에서 잘 자란다. 키가 더 작은 '테네시 화이트Tennessee White'는 흰색이고, '파우더 블루 자이언트Powder Blue Giant'는 연한 파란색 꽃이 핀다. 두 종류 모두 원종보다 더 왕성하게 번지는 습성이 있다.

I. foetidissima 동청붓꽃
☼　↕60　◎6~7

다른 종과는 달리 상록성이며 그늘에서 자란다. 유별나게 구운 고기 냄새가 나서 영국에서는 로스트비프 플랜트roast beef plant라고 부르기도 한다. 꽃은 평범한 라일락색이지만 가을에 큼지막한 마른 열매가 열리면 환한 주황색 씨앗들이 모습을 드러내며 인상적인 풍경을 연출한다.

I. fulva 이리스 풀바
☼　↕100　◎6

구릿빛 꽃이 단연코 돋보이는 종이다. 루이지애나의 습지에서 자생하는 식물로, 토양이 너무 건조하지만 않으면 쉽게 기를 수 있다.

I. sibirica 시베리아붓꽃
☼☀　↕100　◎6

원종의 유전자를 공유하는 품종과 교잡종을 통틀어 시베리아붓꽃으로 간주한다. 모든 품종이 우수한 정원식물이다. 초여름에는 파란색이나 보라색 꽃이 피고 겨울까지 밤색의 마른 열매로 남아 있다. 가늘고 긴 잎은 다른 여러해살이풀의 잎과 대조를 이루어 신선한 느낌을 준다. 습한 지역에서 잘 자라지만 굳이 그런 곳이 아니어도 잘 견디며 수명도 길다. '셜리 포프Shirley Pope'는 진한 청보라색 큰 꽃이 피고, '페리스 블루Perry's Blue'는 더 연한색, '스티브 워너Steve Warner'는 푸른빛이 도는 아름다운 연한 청보라색 꽃이 핀다.

I. versicolor 북방푸른꽃창포
☼　↕80　◎6

북미 자생종이다. 시베리아붓꽃의 대용으로 선택할 수 있지만 그만큼 화려하지는 못하다. 물가에서 가장 잘 자란다.

Kalimeris 쑥부쟁이속, 국화과

대부분의 사람들이 '아 이것도 들국화 아니야?'라고 생각하는 속 중 하나다. 적당한 크기의 데이지 같은 꽃이 풍성하게 핀다. 키가 작은 품종은 비교적 단정하게 자라지만 그 외에는 어정쩡한 모습으로 자라기 때문에 다른 식물들과 섞어 심어야 한다.

K. incisa 가새쑥부쟁이
☼　↕90　◎7~9

아주 연한 보라색 꽃이 한여름에서 늦여름까지 몇 달 동안 풍성하게 핀다.

Iris chrysographes | *Iris fulva*

Iris sibirica 'Shirley Pope'

Kirengeshoma palmata

Knautia drymeia ｜ *Eryngium giganteum*(왼쪽), *Glaucium corniculatum*(위쪽 주황색 꽃), *Knautia macedonica*(가운데 검붉은색 꽃)

'Alba' 알바

원종과 비슷하지만 흰색 꽃이 핀다.

Kirengeshoma 나도승마속, 수국과

K. palmata 일본나도승마

☼ ☼ ↕100 ◎9~10

플라타너스처럼 들쑥날쑥한 잎이 멋진 음지식물이다. 봄에 잎이 나오는 모습이 장관인데, 통통한 잎눈은 물론이고 가장자리가 바깥쪽을 향하여 일정하게 갈라지는 잎이 서서히 펼쳐지는 모습이 정말 사랑스럽다. 여름에 연노란색 꽃망울이 달려서 아주 천천히 자라다가 늦여름에 들어서면 밀랍 같은 커다란 종 모양의 꽃이 피어난다. 꽃이 진 후에는 세 개의 바늘이 달린 열매가 오래 남아 매력을 뽐낸다. 습도가 유지되는 토양이라면 어느 곳에서나 자라고 개화한다. 햇빛이 하나도 비치지 않는 곳에서조차 꽃이 피는 몇 안 되는 식물 중 하나다.

Knautia 크나우티아속, 산토끼꽃과

크나우티아와 체꽃*Scabiosa*은 얼핏 보면 두 개의 물방울처럼 아주 닮았다. 차이라면 기술적인 부분인데 밀짚 같은 비늘의 유무다. 이 차이는 오로지 꽃을 해부해서 현미경으로 보아야만 알 수 있다. 일반적으로 크나우티아 종류가 체꽃 종류보다 더 튼튼하다. 하지만 나비들이야 그런 사실을 상관할 바가 아니라서 둘 다 좋아한다.

K. dipsacifolia 크나우티아 딥사시폴리아

☼ ☼ ↕120 ◎6~8

덩치가 크고 가지가 많이 갈라져 쉽게 쓰러진다. 잎은 비교적 거칠고 꽃대 위에서부터 아래까지 자주색 꽃이 핀다. 곤충들이 정말 좋아한다. 정원에서는 관목과 키 큰 그래스 사이, 좀 더 야생적인 느낌을 주는 장소에 가장 잘 어울린다.

K. drymeia 크나우티아 드리메이아

☼ ↕35 ◎6~8

크나우티아 딥사시폴리아와 닮았지만 키가 훨씬 작고 자줏빛 도는 분홍색 꽃이 핀다.

K. macedonica 크나우티아 마세도니카

☼ ↕60 ◎7~9

여름 내내 아름다운 검붉은색 꽃이 핀다. 씨앗을 흩뿌리며 자연발아 하는 경향이 있지만 정원에서는 많을수록 좋은 식물이기 때문에 큰 문제가 되지 않는다.

Lamium 광대수염속, 꿀풀과

아주 익숙한 식물로 입술 모양 꽃들이 돌려나며, 걷잡을 수 없이 자라는 식물이다. 하지만 번지지 않는 종들도 있다.

L. maculatum 라미움 마쿨라툼

☼ ☼ ↕15 ◎4~9

자줏빛 분홍색 꽃이 피고 아주 잘 번지는 흔한 종이지만 다음의 두 품종은 예외다.

'Pink Pewter' 핑크 퓨터

날카로운 톱니가 있는 흰색 잎은 가장자리가 초록색이다. 꽃은 연분홍색이다.

'White Nancy' 화이트 낸시

은백색 잎에 흰색 꽃이 핀다.

L. orvala 라미움 오르발라

☼ ☼ ↕50 ◎4~5

중유럽이 원산인 종으로 기는줄기가 나지 않아 이웃 식물의 영역을 침범하지 않는다. 이른 봄에 어두운 초록색의 주름진 잎이 나오고 잎의 뒷면은 자줏빛을 띤 붉은색이다. 다른 종에 비해 꽃이 더 크고, 갈색빛을 띤 분홍색 꽃잎에는 짙은 반점이나 줄무늬가 있다.

'Album' 알붐

흐릿한 흰색 꽃에 밝은 초록색 잎이 난다.

Lamium orvala

Lamium orvala 'Album' | *Laserpitium siler*

Laserpitium 라세르피티움속, 산형과

산형과에 속하는 대부분의 식물이 두해살이거나 수명이
짧은 편인데, 라세르피티움속은 수명이 매우 긴 식물이다.
하지만 제대로 자리 잡고 꽃이 필 수 있을 정도로
자라기까지 몇 년이 걸리며, 옮겨지는 것 또한 싫어하는
몇 안 되는 여러해살이풀 중 하나다. 가히 산형과의
귀족이라 말할 수 있으며, 잎이 특히 아름답다.

L. siler 라세르피티움 실레르
☼ ↕80 ◎6~7
회색빛이 살짝 돌며 우아하고 단정하게 갈라지는 잎에
흰색 전호를 닮은 꽃이 핀다.

Lavatera 라바테라속, 아욱과

아욱속*Malva*과 밀접한 관계가 있는 식물로, 전문
식물학자조차 구분하기 어려울 만큼 서로 닮았다. 관목의
특성을 보이는 종도 있고 대체로 아욱보다 화려하다.
전형적인 손바닥 모양의 잎에 가장자리가 물결 모양인
다섯 장의 꽃잎으로 이루어졌다. 수술이 촘촘한 다발을
이루며 자란다. 가장 널리 알려진 목본성 식물은 라바테라
올비아*L. olbia*로, '반슬리*Barnsley*'와 '버건디 와인*Burgundy
Wine*' 같은 품종이 있는데, 추위에 약하고 색이나 모양의
질이 떨어지는 곁줄기가 나오는 끔찍한 습성이 있다.

L. cachemiriana 라바테라 카케미리아나
☼ ↕160 ◎7~9
겨울이면 지상부가 죽어 버리는 여러해살이풀이다.
연분홍색 꽃이 오랫동안 계속해서 피는데 꽃잎이 유독
좁아서인지 밝은 초록색의 꽃받침이 잘 보인다. 겨울
추위에 강한 매우 아름다운 종이다.

L. cachemiriana ×*L. thuringiaca*
라바테라 카케미리아나 라바테라 투링기아카
☼ ↕160 ◎7~9
다음의 교잡종은 꽃잎이 겹쳐 나고 겨울 추위에

상대적으로 강한 편이다.

'Summer Kisses' 서머 키시스
진분홍색 꽃에 키는 140센티미터다.
'Sweet Dreams' 스위트 드림스
분홍색 꽃이 핀다.
'White Satin' 화이트 새틴
흰색 겹꽃이 핀다.

키가 더 작은 교잡종:
☼ ↕120 ◎7~9

'Duet' 듀엣
하나의 식물에서 흰색과 분홍색 꽃이 함께 핀다!
'White Angel' 화이트 에인절
윤기나는 흰색 꽃이 핀다.

Liatris 리아트리스속, 국화과

그래스처럼 가느다란 잎과 곤봉 모양의 꼿꼿한
꽃차례가 특징인 익숙한 식물로 다소 뻣뻣하게 느껴진다.
엉겅퀴를 닮은 붉은 자주색 꽃들이 꽃대의 윗부분에서
아래쪽으로 내려가면서 핀다. 절화용으로도 인기가 많다.
관상용 그래스 사이에 심으면 뻣뻣한 느낌이 완전히
사라진다. 비옥하고 수분이 유지되는 토양에서 가장 잘
자란다.

L. aspera 리아트리스 아스페라
☼ ↕100 ◎7~8
관상가치가 가장 높은 품종이다. 꽃은 꽃대축에
다닥다닥 붙어 있지 않고 띄엄띄엄 달린다. 꽃이삭은
아래쪽으로 갈수록 더 넓어진다.

L. ligulistylis 리아트리스 리굴리스틸리스
☼ ↕100 ◎7~8
호리호리하게 자라는 종으로, 아주 작은 양배추를
연상시키는 보라색 꽃망울이 달린다. 기다란 꽃이삭은
위쪽으로 갈수록 좁아진다.

Lavatera cachemiriana ×*L. thuringiaca* 'White Satin' | *Lavatera cachemiriana* 'Duet'

Liatris ligulistylis | *Liatris pycnostachya* | *Ligularia japonica*

L. pycnostachya 리아트리스 피크노스타키아

☀ ↕120 ◎7~8

리아트리스 스피카타*L. spicata*와 아주 비슷하지만 꽃차례가 길어서 전체적으로 더 늘씬해 보이는 키가 큰 종이다.

L. spicata 리아트리스 스피카타

☀ ↕100 ◎7~8

줄기를 나선형으로 둘러싸는 잎과 곤봉 모양의 꽃차례가 특징인 가장 익숙한 종이다.

'Alba' 알바

흰색 꽃이 핀다.

Ligularia 곰취속, 국화과

잎이 무성하게 달리는 큼지막한 식물이다. 데이지처럼 생긴 노란색 꽃들이 매력적인 총상꽃차례를 이룬다. 춥고 건조한 겨울과 덥고 습한 여름이 특징인 동아시아 식물상의 대표적인 식물이다. 비가 많이 내리는 경우에는 양지에서도 잘 견딜 수 있다. 여름에는 토양이 말라서는 안 되고 겨울에는 물빠짐이 좋아야 한다. 몇 가지 단점도 있다. 식물에게 익숙한 환경이 아니면 잎은 달팽이의 먹잇감이 되기 쉽다. 게다가 무더운 날에는 잎이 축 처지는데, 이는 열기로부터 스스로를 보호하고자 대처하는 고유의 방식이다.

L. japonica 무산곰취

☀ ☀ ↕150 ◎6~7

광택이 있는 잎은 가장자리가 깊게 갈라진다. 긴 꽃대에 꽃이 가득 달리는 건 아니지만 주황빛을 띤 노란색의 커다란 꽃이 핀다. 씨가 맺힌 모습도 아름답다.

L. macrophylla 리굴라리아 마크로필라

☀ ↕120 ◎7~8

보기 드문 품종이다. 달걀 모양의 잎은 가장자리에 치아모양톱니가 있으며, 밀랍을 바른 듯하다. 마치 거대한 앵초 잎처럼 보인다. 밝은 노란색의 꽃들이 긴 꽃대축에 촘촘히 모여 핀다. 캅카스산맥과 알타이산맥에서 자라는

식물로 다른 종들보다 더 건조한 환경에 강하다.

L. veitchiana 비치곰취

☀ ☀ ↕120 ◎8~9

심장 모양의 거대한 잎과 황금색 꽃이 가득 달린 하늘하늘한 꽃차례가 특징인 종이다. 꽃이 진 후의 마른 꽃대도 관상가치가 높다.

Limonium 갯질경속, 갯질경과

L. latifolium 리모니움 라티폴리움

☀ ↕40 ◎7~8

러시아 스텝지대에서 자라는 종으로 광택이 있는 창 모양의 잎들이 로제트를 이룬다. 겨울에는 잎이 적갈색으로 변한다. 여름에는 여럿으로 갈라져 나온 줄기에서 꽃대축을 따라 수백 개의 종이 같은 라벤더색 꽃들이 무리지어 핀다. 정원에 심으면 공간을 훨씬 적게 차지하면서도 안개꽃과 같은 효과를 준다. 스텝지대에 자생하는 식물이라 덥고 건조한 곳에서 잘 자란다.

Linaria 해란초속, 현삼과

두 개의 입술 모양으로 독특한 꽃이 피는 대규모 속 식물이다. 아래쪽 꽃잎이 굴곡을 이루며 '마스크'처럼 생긴 부분을 닫아 주는데, 그 틈새에 암술과 수술이 있다. 마스크 부분은 보통 꽃의 다른 부분과는 색깔이 다르다. 대부분이 한해살이거나 수명이 짧다. 일부 품종만이 정원에 심기 적합하다.

L. purpurea 자주해란초

☀ ↕80 ◎6~9

청록색 좁은 잎에 금어초를 닮은 자그마한 자주색 꽃들이 긴 꽃대축에 촘촘히 모여 피는 두해살이풀 또는 수명이 짧은 여러해살이풀이다. 자연발아가 잘 일어난다.

'Canon J. Went' 캐넌 제이 웬트

꽃은 분홍색이다.

'Springside White' 스프링사이드 화이트

꽃은 흰색이다.

Limonium latifolium

Linaria purpurea 'Canon J. Went' | *Lindelofia* | *Liriope* 'Ingwersen'

Lindelofia 린델로피아속, 지치과

L. anchusoides 린델로피아 앙쿠소이데스

☀ ↕80 ◎6~7

아델로카리움 앙쿠소이데스*Adelocaryum anchusoides*라고도
부른다. 회녹색의 잎은 로제트를 이루고 그 위로 길고
튼튼한 줄기가 자란다. 줄기 끝에서 물망초와 비슷한
꽃들이 달리는데, 꽃대의 제일 위에 있는 꽃망울이
먼저 열린 후 주위의 나머지 꽃들이 피어난다. 색상은
비취색부터 밝은 남색까지 놀랄 만큼 다양하다.
히말라야가 원산지로 내한성이 아주 좋은 종이다.

Liriope 맥문동속, 아스파라거스과

그래스를 닮은 상록성의 튼튼한 식물로, 어두운
초록색의 가느다란 잎들이 카펫처럼 땅 표면을 덮으며
단정하게 자란다. 여름이 습한 기후의 그늘정원에서
지피식물로 사용하면 딱 좋다. 여름이 서늘한 기후에서는
생장속도가 느릴 수 있지만 여전히 가치 있는 식물이다.
여름에는 키가 큰 여러해살이풀들이 만들어 내는
그늘에서 견디고 있겠지만 겨울에 주변 식물들을
정리하면 더 돋보이게 된다.

L. 'Big Blue' 맥문동 '빅 블루'

☀ ☀ ↕50 ◎8~9

파란빛이 도는 보라색 꽃이 피고, 커다란 떨기를
뚜렷하게 이룬다. 꽃은 봄에 개화하는 무스카리 꽃을
닮았고 검정색 열매는 겨울까지 남아 있다.

L. 'Ingwersen' 맥문동 '잉베르젠'

☀ ☀ ↕50 ◎8~9

보라색 꽃이 피고 더 잘 번지는 습성이 있다.

Lobelia 숫잔대속, 초롱꽃과

대부분이 열대지방에서 자라는 대규모 속이다.
초롱꽃과에 속하지만 꽃이 초롱꽃과는 다르다. 꽃은
입술을 닮은 두 장의 꽃잎으로 이루어져 있으며, 아래쪽
꽃잎은 세 갈래로 갈라지는 게 특징이다. 익숙한
한해살이풀 외에 정원에 사용하기 좋은 북미 원산의 종도
있는데 겨울이 너무 춥지 않으면 여러 해를 산다. 수명은
길지 않지만 자연발아가 잘 되기 때문에 정원에서 완전히
사라지지는 않을 것이다. 수분이 충분히 유지되는 토양이
필수적이다.

L. siphilitica 태청숫잔대

☀ ☀ ↕100 ◎7~9

잎은 밝은 초록색이고 곧은 줄기에 연한 파란색 꽃이
달린다. 학명은 이 식물이 매독을 치료해 줄 수 있다는
오해에서 유래되었다.

'Alba' 알바
흰색 꽃이 핀다.

L. ×*speciosa* 까치숫잔대

☀ ↕100 ◎7~9

붉은숫잔대*L. cardinalis*와 태청숫잔대*L. siphilitica* 사이의
교잡종이다. 광택이 있는 초록색 잎은 창 모양으로 나고
2센티미터 내외의 큰 꽃들이 길게 꽃이삭을 이루며 핀다.

'Vedrariensis' 베드라리엔시스
파란빛이 감도는 보라색 꽃이 핀다. '하스펜 퍼플Hadspen
Purple'은 모습이 흡사하지만 자주색 꽃이 핀다. 20세기 후반
영국에서 유명했던 정원에서 이름이 유래되었고 안타깝게도
지금은 남아 있지 않다.

Lunaria 루나리아속, 십자화과

L. rediviva 루나리아 레디비바

☀ ☀ ↕80 ◎4~6

여러해살이 루나리아로, 심장 모양의 어두운 초록색
어린잎이 매력적이다. 꽃냉이를 닮은 라일락색 꽃들이
총상꽃차례를 이루며 피며, 꽃에는 깃주홍나비가 자주
찾아온다. 편평하고 속이 비치는 은빛 열매는 한겨울까지
남아 있지만 보통의 루나리아 열매에 비해 더 길쭉하다.
루나리아 아누아*L. annua*보다는 자연발아가 덜 일어난다.

Lobelia ×*speciosa* 'Hadspen Purple'   *Lobelia* ×*speciosa* 'Vedrariensis'

Lobelia siphilitica   *Lunaria rediviva*

Lychnis 동자꽃속, 석죽과

L. chalcedonica 리크니스 칼세도니카

☼ ↕140 ◎ 6~7

익숙하고 튼튼한 식물로, 잎은 초록색이다. 카네이션을
닮은 꽃들이 줄기 끝에 동그랗게 모여 피며 납작한
반구형을 이룬다. 꽃잎은 가장자리가 물결 모양이다.
비옥하고 수분이 유지되는 토양 조건이 중요하다. 건조한
토양에서도 자라긴 하지만 잎이 금방 말려들어 가고
누렇게 변할 수 있다.

'Alba' 알바

흰색 꽃이 핀다.

'Carnea' 카르네아

베이비핑크색 꽃이 너무나 매혹적이다.

'Rosea' 로세아

연어살색 꽃이 돋보인다.

Lysimachia 참좁쌀풀속, 앵초과

축축한 곳에서 잘 자라는 익숙한 식물이다. 다섯 장의
꽃잎이 규칙적으로 배열된 매력적인 꽃이 핀다. 바닥을
기는 종류와 높이 자라며 마구잡이로 번지는 종류가
모두 이 속에 포함되는데, 여기서는 잘 알려지지 않은
두 종을 소개한다.

L. ciliata 털좁쌀풀

☼ ◐ ↕90 ◎ 6~8

왕성하게 번지는 식물이다. 자주색 어린잎이 펼쳐지는
모습이 매력적이고 잎겨드랑이에 달리는 레몬색 꽃이
가볍게 고개를 숙이며 핀다. 널리 알려진 점좁쌀풀
*L. punctata*만큼이나 빨리 자라지만 훨씬 더 우아한
느낌이다. 기는줄기가 땅속 깊이 들어가지 않고 봄에 일찍
잎이 나오기 때문에 지나치게 번지는 상황을 쉽게 조절할
수 있다. 축축한 토양에서 가장 잘 자라지만 건조한
토양에서도 자랄 수 있으며, 그 경우 번지는 습성은
약해진다.

'Alexander' 알렉산더

잎에 무늬가 있다(점좁쌀풀 품종으로 부르기도 한다).

'Firecracker' 파이어크래커

잎이 자주색이다.

L. ephemerum 리시마키아 에페메룸

☼ ↕90 ◎ 7~9

좁은 잎은 회녹색이고 별 모양의 자잘한 흰색 꽃들이
긴 꽃이삭을 이루며 핀다. 프랑스와 스페인의 강기슭에
자생하는 식물로, 정원에서는 물빠짐이 좋고 토양 수분이
잘 유지되어야 한다. 소박한 아름다움을 지닌 식물이다.
수수한 꽃이 화단에서 주변 식물들을 조화롭게 엮어
주는 역할을 한다. 오래 이어지는 된서리에 약하다.

Lythrum 부처꽃속, 부처꽃과

선명한 꽃색이 돋보이는 습지식물로, 일반적인 정원
토양에서도 잘 자란다. 오랫동안 꽃이 피기 때문에
가치가 있다. **털부처꽃***L. salicaria*과 **리트룸 비르가툼**
*L. virgatum*은 북미에서 침입종으로 분류되기 때문에
사용하지 않는 것이 좋다.

L. alatum 날개부처꽃

☼ ↕100 ◎ 7~8

붉은빛을 띤 분홍색 꽃은 꽃대축을 따라 한꺼번에 피기
보다 조금씩 무리를 이루며 핀다. 가을 단풍이 아주
매력적인 미국 자생의 우아한 종이다.

Mertensia 갯지치속, 지치과

숲에서 자라며 봄에 꽃이 피는 식물이다. 잎은
가장자리가 매끈한 달걀 모양이고 사랑스러운 꽃은
하늘색 종 모양으로 줄기 끝에 모여 달린다. 비옥한
토양에서 가장 잘 자란다.

Lychnis chalcedonica 'Rosea'

Lysimachia ephemerum(왼쪽 아래 흰색 꽃), *Echinacea paradoxa*(가운데 노란색 꽃),
Amsonia hubrichtii(오른쪽 아래), *Panicum virgatum* 'Cloud Nine'(왼쪽 그래스), *P.v.* 'Rehbraun'(가운데 그래스)

Lychnis chalcedonica 'Alba' | *Lythrum alatum* | *Mertensia virginica*

M. sibirica 시베리아갯지치

☀ ☀ ↕40 ⊚3~4

봄의 그늘정원에서 피는 하늘색 꽃은 여럿 있지만 이처럼 회청색 잎에 효과적으로 번지는 습성을 지닌 식물이 어디 있겠는가? 매우 아름다운 종이다.

M. virginica 버지니아갯지치

☀ ☀ ↕50 ⊚3~4

시베리아갯지치보다 더 일찍 꽃이 피는데 그렇게 일찍 꽃이 피는 식물치고는 몸집이 아주 크다. 꽃은 하늘색이지만 꽃망울은 분홍색이다. 시베리아갯지치와 마찬가지로 꽃이 진 뒤에는 땅 속으로 사라지고 이듬해 봄이 와야 다시 올라온다.

Molopospermum 몰로포스페르뭄속, 산형과

M. peloponnesiacum 몰로포스페르뭄 펠로포네시아쿰

☀ ☀ ↕120 ⊚5~6

남유럽 원산의 인상적인 산형과 식물이며, 학명처럼 펠로폰네소스 반도에서 온 것은 아니다. 늦게 싹이 나며 깊게 갈라진 밝은 초록색의 큰 잎이 난다. 크림색을 띤 노란색 꽃들이 커다란 우산 모양으로 피고 나면 완전히 사라진다. 이러한 생활사가 해마다 반복된다. 내한성이 좋다.

Monarda 모나르다속, 현삼과

의심의 여지없이 정원식물 중에서 가장 중요한 속 중 하나다. 모나르다의 모든 부위가 매력적이다. 줄기는 튼튼해서 쓰러지지 않으며 잎에서는 기분 좋은 향이 난다. 꽃은 오랫동안 풍성하게 핀다. 꽃차례를 살펴보면 꽃받침 위로 자잘한 꽃망울들이 모여 있고 거기서 올라오는 입술 모양의 꽃이 아래에서부터 위쪽으로 계속해서 피어난다. 꽃차례 아래쪽의 포엽은 이 식물의 기막힌 아름다움을 드러내는 가장 중요한 부분이다. 그 대미를 장식하는 것은 꽃이 피었을 때 몰려드는 나비 떼다. 몇 가지 사소한 결점이 있기는 하다. 이 책에서는

다루지 않지만 일부 오래된 품종들은 흰가루병에 시달려 꽃이 피기 전에도 쓰러지기 때문에 활용도가 낮다. 여기서는 곰팡이에 비교적 강하거나 쓰러지더라도 꽃이 핀 후에 쓰러지는 새로운 종들을 다루고자 한다. 한편으로 병든 식물을 매력적으로 바라보는 시도를 해볼 수도 있는데, 가을정원에 불현듯 나타난 회색 잎의 식물로 간주하는 것이다! 병든 잎을 그대로 두어도 결코 생명에 지장을 받지 않고 이듬해 봄이면 다시 올라온다. 몇 년의 시간이 흐르면 뿌리가 나누어지면서 상태가 나빠지기도 한다. 그런 경우에는 파내어 포기나누기를 해 준다. 뿌리 중에 오래된 중심부는 버리고 바깥 부분을 새로 심으면 된다. 끝으로 중요한 점은 토양의 물빠짐이 좋아야 한다는 것이다. 그렇지 않은 점토질 토양에서는 잘 자라지 못한다.

M. bradburiana 모나르다 브라드부리아나

☀ ☀ ↕60 ⊚5~6

비교적 아담한 크기로 연분홍색 꽃이 핀다. 일찍 꽃이 피며 오래된 품종들에 비해 더 촘촘하게 떨기를 이루며 자란다.

MONARDA HYBRIDS 모나르다 교잡종

☀ ↕120~140 ⊚7~8

이용할 수 있는 품종은 아주 많지만 거의 모든 품종이 곰팡이에 취약하다. 다행히 전통적인 화단보다는 자연스러운 식재를 했을 때 이 문제를 감추기가 더 쉽다. 가장 괜찮은 품종들만 소개해 본다.

'Aquarius' 아쿠아리우스

짙은 색 포엽 위로 연보라색 꽃이 달리는 키 큰 품종이다. 첫 번째 꽃차례 위로 두 번째 꽃차례가 만들어지기도 한다.

'Balance' 밸런스

포엽이 적갈색이며 선명한 분홍색 꽃이 핀다.

'Beauty of Cobham' 뷰티 오브 코범

포엽이 검붉은색이며 분홍색 꽃이 피는 오래된 품종이다. 곰팡이로부터 완전히 자유롭지는 않지만 무시하기에는 너무 아름다운 품종이다.

Molopospermum peloponnesiacum

Monarda bradburiana

Monarda 'Scorpion'

Monarda 'Oudolf's Charm'

Monarda 'Neon'

Monarda 'Talud'

Mukdenia rossii | *Nepeta govaniana*

Origanum laevigatum 'Herrenhausen'

'Mohawk' 모호크
진한 자줏빛 분홍색 꽃과 더 짙은 색상의 포엽이 두드러지며
140센티미터까지 자라는 대형종이다.

'Neon' 네온
밝은 분홍색 꽃에 포엽은 더 짙은 색이다. 키가
100센티미터까지 자라는 상대적으로 작은 품종이다.

'Oudolf's Charm' 아우돌프스 참
자주색 줄기에 연분홍색 꽃이 피며, 포엽은 검붉은색이다.
80센티미터까지 자라는 소형종이다.

'Scorpion' 스콜피언
자주색 꽃과 더 짙은 색상의 포엽이 특징인 품종으로 키가
크고 꽃이 오래 지속된다.

'Snow Queen' 스노 퀸
라일락빛이 살짝 감도는 흰색 꽃이 핀다.

'Talud' 탈루트
아주 선명한 붉은 빛을 띤 진분홍색 꽃이 오래 피어나는
품종이다.

Mukdenia 돌단풍속, 범위귀과

M. rossii 돌단풍
☀ ◐ ↕50 ◎5

아름다운 잎을 보려고 키우는 식물로, 휴케라의 친척이라
할 수 있다. 가장자리가 여러 갈래로 갈라지는 잎은
계절에 따라 붉게 물들다가 화려한 단풍으로 끝을
맺는다. 크림색 꽃은 원뿔 모양으로 달리고 봄 정원에
차분한 볼거리를 더해 준다. 밝은 그늘에서 가장 잘
자라고 생육환경이 좋으면 서서히 번져 나간다.

Nepeta 개박하속, 꿀풀과

곰팡이 핀 레몬 냄새 같은 불쾌한 향이 나는 익숙한
정원식물이다. 고양이들은 그 향이 정말 좋은지, 주변에서
몸을 쭉 뻗고 드러눕곤 한다. 여기서는 비교적 알려지지
않은 몇몇 종을 소개하는데, 실제로 고양이들이 그다지
좋아하지는 않는다.

N. govaniana 네페타 고바니아나
☀ ◐ ↕100 ◎7~9

늦은 봄에 올라오는 종으로 건조한 여름을 좋아하지
않는다. 히말라야 원산의 사랑스러운 식물로 입술 모양의
비교적 커다란 연노란색 꽃들이 가늘고 긴 줄기에 달린다.
식물은 연약하지만 주변의 튼튼한 식물에 잘 기대기
때문에 화단에 가볍게 하늘거리는 느낌을 더해 준다.

N. latifolia 네페타 라티폴리아
☀ ↕140 ◎7~9

꽃차례는 배초향처럼 꼿꼿한 모습이지만 꽃대축이 여러
갈래로 나누어져 회청색 꽃이삭으로 피어난다. 아름다운
종이다!

N. sibirica 네페타 시비리카
☀ ↕100 ◎7~9

드라코세팔룸 시비리쿰*Dracocephalum sibiricum*이라고도
부른다. 아름답기로 손꼽히는 정원식물 중 하나로 입술
모양의 커다란 파란색 꽃이 기둥처럼 길게 달리지만
관리하기가 쉽지는 않다. 너무 지나치게 번지고 꽃이
피면 쓰러지기 십상이다. 적절한 시기에 지상부를 잘라
주거나 지지대를 꼼꼼히 설치하면 쓰러지는 현상을
방지하거나 줄일 수 있다. 해마다 봄이면 몇 미터씩 자란
땅속 기는줄기를 제거해 주어야 한다. 그렇지 않으면
정원 전체를 뒤덮어 버릴 것이다. 냄새도 아주 숨 막히기
때문에 이 식물들 사이에서 일하는 것은 결코 쉽지가
않다. 그럼에도 위에서 말했듯이 아주 멋진 식물이기
때문에 '아름다움에는 대가가 따른다'라는 표현이 딱
들어맞는 식물이다. 점토질 토양에서는 덜 번진다.

'Souvenir d'André Chaudron' 수브니르 당드레 쇼드롱
키가 70센티미터 정도로 다른 종들보다 훨씬 작기 때문에
잘 쓰러지지 않는다.

N. subsessilis 좀개박하
☀ ◐ ↕70 ◎6~9

일본 원산의 독특한 식물로, 넓은 잎에는 광택이 있다.
입술 모양의 파란색 꽃들이 꽃대축을 따라 가득 달린다.

잎을 으깨면 옛날 가스공장 냄새가 풍긴다. 토양 수분이
잘 유지되는 곳에서 잘 자란다.

'Sweet Dreams' 스위트 드림스
분홍색 꽃이 피는 품종이다.

Origanum 오리가눔속, 꿀풀과

기분 좋은 허브 향이 나는 식물로 잎은 끝이 좁아지는
달걀 모양이고 관목처럼 자란다. 건조한 석회질 토양을
좋아하고 많은 곤충을 끌어들인다.

O. laevigatum 오리가눔 레비가툼
☼　↕40　◎8~10

청회색 잎들이 매력적이고 선명한 라일락빛을 띤
자주색의 자잘한 꽃들이 가볍게 무리 지어 핀다.
된서리가 올 때는 대비책이 필요하다.

'Herrenhausen' 헤렌하우젠
짙은 색 꽃받침 위로 라일락색 꽃들이 편평한 꽃차례를
이루며 가득 모여 핀다.

'Hopleys' 호플리스
모든 부위가 원종보다 두 배 정도 크다.

O. vulgare 오레가노
☼　↕50　◎7~9

관목처럼 자라는 식물로 탁한 초록색 잎에 줄기가 여러
갈래로 갈라지며 꽃차례를 이룬다. 꽃색은 흰색에서
진한 라일락색까지 다양하다. 건조하고, 햇빛이 잘 들며,
석회질이 풍부한 토양처럼 적합한 환경에서는 곤충을
아주 잘 끌어들이는데, 나비들은 가장 짙은 색상의
꽃을 선호한다. 자연발아가 너무 잘 되기 때문에 게으른
정원사에게는 적합하지 않은 식물이다.

'Rosenkuppel' 로젠쿠펠
진분홍색 꽃들이 커다란 꽃차례를 이루는 건장한 대형
품종이다. 나비들에게는 잔칫상이 차려진 듯 보일 것이다.

Oxalis 괭이밥속, 괭이밥과

O. acetosella 애기괭이밥
☼　↕10　◎4

전형적인 클로버 같은 세 장의 잎이 있고, 각각의 잎은
가장자리가 깊게 패어 들어간 모양이다. 춥고 습한
날씨에서는 잎이 닫힌다. 흰색 꽃이 피는 야생종은
오래된 숲에서 쉽게 볼 수 있다. 지금까지 정원에서 자주
사용되지 않은 점이 유감인데, 다른 식물들이 전혀 살지
못하는 아주 어두운 곳에서 잘 자라기 때문이다. 그런
곳에서 여름은 물론 겨울에도 초록색 잎들이 섬세한
융단처럼 퍼져 나간다. 4월 초에 선명한 녹색 싹이
돋아나기 시작해서 흰색 꽃들이 아주 짧은 기간 동안
장관을 이루다 사라진다. 다섯 장으로 이루어진 꽃잎에는
분홍색 줄무늬가 있다.

Pachysandra 수호초속, 회양목과

엄밀하게 말하면 관목에 속하고 상록성 지피식물로
사용하면 효과가 좋다. 수호초 *P. terminalis* 가 남용되어 왔기
때문에 특이한 식물을 키우며 잘난 체하는 사람들이
업신여겨 온 식물이다.

P. procumbens 미국수호초
☼☼　↕30

미국 자생종으로 수호초보다 잎은 더 우아하다. 왕성하게
자라지는 않기 때문에 여러 면에서 오히려 좋을 수 있다!

Papaver 양귀비속, 양귀비과

따로 설명할 필요가 없을 정도로 익숙한 식물이다. 꽃은
크레이프지쪼글쪼글한 잔주름이 있는 종이 같은 꽃잎 네 장으로
이루어지고, 중앙에는 두터운 수술이 있다. 길쭉한
잎은 가장자리가 불규칙하게 갈라진다. 대다수 종들이
한해살이지만 여기서는 여러해살이만을 소개한다.

Pachysandra procumbens

Papaver orientale 'Queen Alexandra'

Papaver orientale 'Matador'

Papaver orientale 'Karine'

P. orientale 오리엔탈양귀비

☼ ↕60~80 ◎5~7

빨간색과 주황색의 커다란 꽃이 달리는 양귀비로,
수많은 집의 앞 정원을 장식해 준 (또는 미관을 해쳤거나)
매우 익숙한 종이다. 세찬 소나기가 내린 다음에는 절반
정도 썩은 꽃들이 땅에 엎드린 채 뒤엉킨 모습도 너무나
익숙하다. 다행히도 잘 쓰러지지 않고 색도 부드러운
신품종들이 나왔다. 겨울 이전에 잎이 로제트를 이루다가
꽃이 핀 후에는 땅속으로 사라진다. 초여름에 자연스럽게
흩어 심기에 좋고, 꽃이 진 뒤 지저분하게 남아 있는
부분은 키가 더 큰 여러해살이풀로 가려 준다.

'Flamingo' 플라밍고
가장자리가 주황색인 커다란 흰색 꽃은 주름이 잡혀 있는데,
그 모습이 무척 아름답고 발랄한 느낌이다.

'Juliane' 율리아네
튼튼한 줄기에 커다랗고 주름 잡힌 꽃잎이 페티코트 느낌을
주는 연분홍색 꽃이 핀다.

'Karine' 카리네
분홍색 꽃은 편평한 접시 모양이며 중심부는 검붉은 색이다.

'Lilac Girl' 라일락 걸
크레이프지로 만든 꽃 같은 느낌을 주는 중형종이다. 꽃은
라일락빛 분홍색이고 수채화 그림처럼 얼룩이 있다.

'Matador' 마타도어
반겹으로 된 새빨간 꽃 중심에는 어두운 반점이 있다.

'Mrs. Perry' 미시즈 페리
사랑스러운 연분홍색 꽃이 피고 꽃잎의 중심에 어두운 반점이
있다.

'Papilion' 파필리온
꽃은 진분홍색이다.

'Perry's White' 페리스 화이트
흰색 꽃잎의 중심에 거무스름한 자주색 반점이 있는 오래된
품종이다.

'Queen Alexandra' 퀸 알렉산드라
꽃은 연어살색이다.

'Royal Wedding' 로열 웨딩
꽃은 흰색이지만 중심부가 검은색이라 극적인 인상을 준다.

Parthenium 돼지풀아재비속, 국화과

P. integrifolium 파르테니움 인테그리폴리움

☼ ↕100 ◎6~8

흰색 꽃송이가 줄기 끝에 빼곡하게 무리지어 달리고
잎도 무성하게 나는 튼튼한 식물이다. 마치 플라스틱으로
만들어진 듯한 인상을 주기도 하는데, 혹시라도
그 때문에 흥미가 떨어지지 않기를 바란다. 꽃이 진
이후에도 오랫동안 형태가 유지된다.

Penstemon 펜스테몬속, 현삼과

북미 원산의 다양한 종으로 이루어진 식물이다.
잎이 좁고 대부분 이삭꽃차례로 모여 피는 꽃들이
디기탈리스를 닮았다. 색색의 꽃들이 아주 환상적이지만
대다수 종들이 겨울 추위에 약하기 때문에 여러
기후대에서 키우기가 매우 어렵다. 아래에서 소개하는
종들은 비옥한 토양, 특히 물빠짐이 좋은 토양에서 잘
자랄 수 있다.

P. digitalis 'Husker Red' 펜스테몬 디기탈리스 '허스커 레드'

☼ ↕80 ◎6~8

짙은 자주색 잎에 분홍빛이 감도는 흰색 꽃이 핀다.

P. hirsutus 펜스테몬 히르수투스

☼ ↕50 ◎5~7

잔털이 난 짙은 색 줄기에 연보라색 꽃들이 풍성하게
달리고, 입술 모양의 꽃잎 아랫부분은 흰색이다.

Perovskia 페로브스키아속, 꿀풀과

P. abrotanoides 'Little Spire' 페로브스키아 아브로타노이데스 '리틀 스파이어'

☼ ↕120 ◎8~9

풀이 거의 자라지 않는 중앙아시아의 반사막지대에
자생하는 키 작은 관목이지만 여러해살이풀로 취급한다.

Penstemon digitalis 'Husker Red' | *Penstemon hirsutus* | *Perovskia abrotanoides* 'Little Spire'

Persicaria amplexicaulis 'Alba' | *Persicaria campanulata*

Persicaria polymorpha(왼쪽)와 *Pimpinella*(오른쪽 아래) | *Persicaria filiformis*

Persicaria amplexicaulis 'Orange Field'

Persicaria amplexicaulis 'Firedance'(가운데 빨간색 꽃)와 *Phlox paniculata* 'Düsterlohe'(아래쪽 진분홍색 꽃)

Persicaria bistorta 'Hohe Tatra'

Peucedanum verticillare

봄에 지면까지 바짝 잘라 주면 새 줄기가 나와서
꽃이 핀다. 우아한 느낌의 가지에는 자잘한 회색빛
잎이 달리고, 입술 모양의 청보라색 꽃들이 섬세한
원뿔모양꽃차례를 이룬다. 다른 어떤 정원식물들보다
극단적인 기후 조건에 잘 견딜 수 있다.
'블루 스프리처Blue Spritzer'는 가지가 더 많이 달리지만,
'리틀 스파이어'는 60센티미터 정도까지만 자란다.
미국의 어느 육묘장 카탈로그에서 '개들이 짓밟는
경우에만 쓰러진다'라고 소개할 정도로 튼튼하다.

Persicaria 여뀌속, 마디풀과

마디풀속*Polygonum*이라고도 부른다. 대부분의 종이
성가신 들판의 풀이거나 걷잡을 수 없이 자라기 때문에
정원에서 사용하기에는 적합하지 않다. 공통적인
특성으로는 줄기에 마디가 많고, 잎은 거친 느낌이며,
매듭 모양의 미세한 꽃들은 흰색, 분홍색, 빨간색 등
다양한 색으로 원뿔모양꽃차례나 이삭꽃차례를 이룬다.
얌전한 품종들은 비옥한 토양에서 무궁무진하게
활용도가 높다.

P. amplexicaulis 페르시카리아 암플렉시카울리스
☀·☀ ↕120 ◎7~10

와인레드색 꽃들이 가느다란 이삭꽃차례로 피는
대형종으로 키우기 쉬운 편이다. 줄기가 갈라져서 나오기
때문에 아주 효과적으로 떨기를 이루며 자라고 서서히
번져 나간다. 첫서리가 내릴 때까지는 꽃이 계속해서 피며
색은 갈수록 짙어진다.

'Alba' 알바
호리호리한 느낌의 흰색 꽃이삭이 돋보인다. 때로는 꽃대의
끝부분이 둘로 갈라지기도 한다. 외관상 다른 품종들보다
훨씬 더 우아한 느낌을 주는데, 마치 꽃이삭들이 허공에서
춤추는 듯한 모습을 연출한다.

'Black Field' 블랙 필드
키가 약간 더 큰 편이고 매우 어두운 색의 꽃이삭이 특징이다.

'Fat Domino' 팻 도미노
자라는 힘은 다소 약하지만 빨간색 꽃들이 가득 모여 통통한

꽃이삭을 이룬다. 시각적 효과가 뛰어난 품종이다.

'Firedance' 파이어댄스
붉게 빛나는 꽃이삭이 매우 아름답고 잎은 연한 초록색이다.

'Firetail' 파이어테일
와인레드색 꽃이 핀다.

'Orange Field' 오렌지 필드
꽃이삭은 산호색이다. 벨기에 북부 지역의 육묘업자인 크리스
히셀런Chris Ghyselen이 개량한 새로운 품종들 중 하나다.

'Rosea' 로세아
아주 연한 분홍색 꽃이 핀다.

P. bistorta 'Hohe Tatra' 페르시카리아 비스토르타 '호에 타트라'
☀·☀ ↕50 ◎6

페르시카리아 팔레아세움*P. paleaceum*이라고도 부른다.
히말라야가 원산이고 걷잡을 수 없이 자라는 익숙한
식물인 페르시카리아 비스토르타*P. bistorta*의 아종으로,
지나치게 번지지 않는다. 분홍색 꽃이삭이 원통 모양으로
달린다. 6월경 꽃으로 가득한 모습은 누가 보아도
장관이다. 가을에 다시 개화할 때는 꽃이 드문드문
피지만 더 오래 지속된다.

P. campanulata 페르시카리아 캄파눌라타
☀·☀ ↕100 ◎8~10

왕성한 생장력을 지닌 식물로, 거친 질감의 잎에 꽃은
느슨하게 무리지어 달린다. 분홍색 꽃들이 하늘거리는
모습이 매력적이다. 촉촉한 토양을 좋아하고 무성하게
자라는 식물들 틈이나 심지어 자생식물들 사이에서도
제자리를 지킬 수 있다. 겨울 추위에 늘 강하지는 않다.

P. milletii 페르시카리아 밀레티이
☀·☀ ↕30 ◎5~7

가늘고 곧게 자라는 튼튼한 식물이다. 잎은 폭이 좁고
길쭉하며, 짙은 선홍색 꽃은 짧은 이삭꽃차례를 이룬다.
자라는 속도가 느리고 건조한 토양을 싫어한다.

P. polymorpha 대왕여뀌

☼ ☀ ↕250 ◎6~9

아코노고논 '요하니스볼케'*Aconogonon* 'Johanniswolke'라고도 부른다. 무성한 잎이 나는 거대한 식물로, 마구 번지는 습성은 없다. 크림색 꽃들은 여름 내내 원뿔모양꽃차례로 크게 피었다가 점점 적갈색으로 변한다.

P. virginiana 버지니아이삭여뀌

☼ ☀ ↕80 ◎7~9

이삭여뀌*P. filiformis*라고도 부른다. 거친 질감의 잎이 특징이며, 잎 중간에 있는 검은색 무늬와 실 같은 꽃이삭에 달리는 아주 작은 꽃들이 매력적이다. 사람들의 눈길을 끌기 위해서는 화단의 앞부분에 심는 것이 좋은데, 그만큼 눈에 잘 띄지 않기 때문이다.

'Painter's Palette' 페인터스 팔레트
잎의 노란색이 짙은 색 무늬를 더 돋보이게 한다.

Petrorhagia 페트로라기아속, 석죽과

P. saxifraga 페트로라기아 삭시프라가

☼ ↕25 ◎6~9

투니카 삭시프라가*Tunica saxifraga*라고도 부른다. 잎은 헤더와 비슷하고 가느다란 줄기들이 거미줄처럼 얽혀 있다. 연분홍색 자잘한 꽃들이 구름처럼 풍성하게 핀다. 척박하고 건조한 곳에서 자라는 전형적인 식물이다. 돌이나 자갈 틈새, 그리고 돌담 사이에서도 자연발아 한다.

Peucedanum 기름나물속, 산형과

P. verticillare 퓨세다눔 베르티실라레

☼ ☀ ↕250 ◎7~8

자주색 줄기에 마주나는 회녹색 겹잎이 매력적인 산형과의 두해살이풀이다. 연둣빛이 도는 자그마한 흰색 꽃들이 납작한 우산 모양으로 층층이 핀다. 자연발아는 적당히 하는 편이고 겨울에 남아 있는 마른 꽃대는 실로 장엄한 느낌을 연출한다.

Phlomis 속단속, 꿀풀과

사랑스러운 잎과 입술 모양의 큰 꽃들이 견고한 줄기에 동그랗게 돌아가며 달리는, 품위가 느껴지는 식물이다. 꽃잎의 윗부분은 아래를 향해 고개숙인 모습이다. 모든 종이 꽃이 진 뒤에도 매력적인 형태를 잘 유지한다. 비옥하고 물빠짐이 좋은 토양과 더운 곳을 좋아한다.

P. russeliana 터키세이지

☼ ↕80 ◎6~7

심장 모양의 상록성 잎에는 회색의 잔털이 있고 아주 커다랗게 로제트를 이룬다. 연노란색 꽃이 튼튼한 줄기에 달리는데, 꽃이 진 뒤에도 꽃대가 마른 채로 꼿꼿하게 서 있다. 흐트러져 보이는 날이 하루도 없을 정도로 아주 튼튼한 식물이다.

P. tuberosa 'Amazone' 뿌리속단 '아마존'

☼ ↕175 ◎6~7

긴 줄기에 골이 파인 잎과 자줏빛 분홍색의 커다란 입술 모양 꽃들이 화환처럼 달린다. 초여름에 화단 뒤쪽에서 멋진 장면을 연출한다. '프리마 돈나Prima Donna'는 키가 120센티미터로 비교적 작은 편이라 활용도가 매우 높다.

Phlox 풀협죽도속, 꽃고비과

오래 전에 칼 푀르스터는 '플록스가 없는 인생은 잘못된 인생이다'라고 말한 적이 있다. 이 말은 그 이후로도 정원 서적에서 계속 언급되었는데, 우리 책도 예외가 아니다. 사실 칼 푀르스터는 우리에게 익숙하고 기분 좋은 향기가 나는 풀협죽도*P. paniculata* 품종들을 염두에 두고 그런 말을 했다. 하지만 다른 플록스 종들도 소개할 만한 가치가 있다. 모든 종의 꽃에는 뚜렷한 특징이 있다. 꽃망울은 돌돌 말려져 있고 다섯 장의 꽃잎은 규칙적으로 배열되어 있으며, 중심의 작은 구멍에 수술과 암술이 있다.

Phlomis tuberosa 'Amazone' | *Phlox paniculata* 'Dixter'

Phlox paniculata 'Düsterlohe' | *Tellima grandiflora*(왼쪽)와 *Phlox divaricata*(가운데 아래쪽)

Phlox paniculata 'Lichtspel'(왼쪽), *Veronicastrum virginicum* 'Roseum'(오른쪽 가운데 뒤쪽), *Lavatera cachemiriana*(오른쪽 가운데 연분홍색 꽃)

Phlox divaricata 'May Breeze'

Phlox paniculata 'Lavendelwolke'

Platycodon grandiflorus 'Perlmutterschale'

Phlox paniculata 'Sweet Laura'

Pimpinella major var. *rosea*

Platycodon grandiflorus

P. divaricata 플록스 디바리카타

☀ ◐ ↕ 40 ◎ 5~6

키가 작고 달콤한 향기가 나는 품종이다. 꽃은 5월에 풍성하게 피어나며 6월 초까지 계속된다. 반그늘에서 잘 자라고, 건강하게 자라게 하려면 토양 수분이 마르지 않도록 신경 써야 한다.

'Clouds of Perfume' 클라우즈 오브 퍼퓸
연한 파란색 꽃들이 구름처럼 풍성하게 핀다.

'May Breeze' 메이 브리즈
꽃은 흰색이지만 꽃망울은 연한 파란색이다. 저녁 빛을 받으면 흰색 꽃이 옅은 라일락색으로 변한다.

P. maculata 플록스 마쿨라타

☀ ↕ 100 ◎ 7~9

꼿꼿이 곧게 서는 식물로 좁다란 초록색 잎이 나고 꽃은 호리호리한 이삭모양꽃차례를 이룬다. 풀협죽도보다는 조금 더 일찍 꽃이 피지만 가을이 깊어질 때까지는 새로운 꽃대가 이따금씩 계속 만들어진다.

'Delta' 델타
흰색 꽃이 피고 중심부는 분홍색이다. 커다랗게 무리지어 심으면 1960년대 팝아트 작품을 보는 듯한 느낌을 자아낸다 (로이 리히텐슈타인Roy Lichtenstein의 '피아노를 치는 소녀Girl at the Piano'처럼). 매력적인 품종으로 '렌 뒤 주르Reine du Jour'가 있는데 역시 중심부가 분홍빛인 흰색 꽃이 핀다.

P. paniculata 풀협죽도

☀ ◐ ↕ 150 ◎ 7~9

설명이 필요 없을 정도로 우리에게 익숙한 식물이다. 물빠짐이 나쁜 점토질 토양이나 불안정한 사질 토양을 제외하고 거의 모든 장소에서 자란다. 습한 여름에 부식질이 풍부하고 수분이 충분히 유지되는 토양에서 가장 매력적인 모습을 보여 준다. 우리 생각에는 야생에서 쉽게 볼 수 있는 평범한 형태가 가장 사랑스러운 것 같다. 비교적 작은 꽃들이 커다란 원뿔모양꽃차례를 이룬다. 꽃은 자줏빛 분홍색이지만, 저녁 즈음에는 파란색으로 변한다. 품종은 수백 가지가 있는데, 대부분이 병해에 시달리기 때문에 여기에서는

튼튼한 품종들만 골랐고 꽃 색깔 전체를 아우를 수 있도록 두루 소개한다.

'Alba' 알바
☀ ◐ ↕ 150 ◎ 7~9
분홍빛이 감도는 야생종에서 선발한 흰색 꽃이 피는 품종이다.

'Blue Boy' 블루 보이
☀ ◐ ↕ 100 ◎ 7~8
파란빛을 띤 보라색 꽃이 커다랗게 무리 지어 핀다.

'Blue Paradise' 블루 패러다이스
☀ ◐ ↕ 100 ◎ 7~9
청보라색 꽃이 특히 아름답고 오랫동안 핀다.

'Dixter' 딕스터
☀ ◐ ↕ 160 ◎ 7~8
연한 라일락색 꽃이 활짝 피는 튼튼한 품종이다.

'Düsterlohe' 뒤스터로에
☀ ◐ ↕ 120 ◎ 7~8
너무나 눈에 튀어 당황스러울 정도로 짙은 익숙한 꽃분홍색은 플록스를 흉하게 보이게 하는 동시에 더할 나위 없이 아름답게 보이게도 한다. 심기 전에 신중하게 생각해 볼 필요가 있고, 심기로 했다면 과감하게 실천할 것!

'Hesperis' 헤스페리스
☀ ◐ ↕ 140 ◎ 7~8
연한 자줏빛 분홍색 작은 꽃들이 피라미드가 연상되는 원뿔모양꽃차례를 이룬다. 네덜란드의 육묘업자 쿤 얀선Coen Jansen이 선발했다. 스위트 로켓sweet rocket과 비슷하다.

'Lavendelwolke' 라벤델볼케
☀ ◐ ↕ 160 ◎ 7~8
꽃은 라일락빛이 희미하게 도는 흰색이고 중심은 색이 더 진하다.

'Lichtspel' 리흐트스펠
☀ ◐ ↕ 160 ◎ 7~9
자전거 거치용 플록스라는 별명이 있는데, 자전거를 세워 놓을 수 있을 정도로 견고한 품종이기 때문이다. 게다가 깊숙하게 그늘진 곳에서도 잘 견딘다. 연분홍색 꽃 중심에는 진분홍색 무늬가 있다.

'Rosa Pastell' 로자 파스텔

☼ ☀ ↕100 ◎7~8

커다란 꽃은 분홍빛이 감도는 흰색으로 피고, 꽃 중심은
진분홍색으로 작게 물들어 있다.

'Sweet Laura' 스위트 로라

☼ ☀ ↕100 ◎7~8

연분홍색 꽃이 피며, 중심은 더 진한 색이다.

'Utopia' 유토피아

☼ ☀ ↕180 ◎7~8

쿤 얀선이 개량한 품종으로 유별나게 키가 크다. 연분홍색
꽃도 커다랗게 무리지어 핀다. 키가 무척 크지만 잘 쓰러지지
않는다.

Pimpinella 참나물속, 산형과

P. major var. *rosea* 핌피넬라 마요르 로세아

☼ ↕120 ◎6~7

위로 곧게 자라는 동안 분홍색 꽃들이 우산모양꽃차례로
풍성하게 피어나며, 높이는 씨가 맺힐 무렵 최고에
이른다. 자연발아가 왕성하게 일어나지만 무척 섬세한
느낌이기 때문에 어디에서나 잘 어울린다.

Platycodon 도라지속, 초롱꽃과

P. grandiflorus 도라지

☼ ↕40 ◎7~8

싹이 늦게 올라오기 때문에 꽃이 일찍 핀 후 사라져
버리는 식물과 함께 심으면 좋다. 견고한 줄기에 풍선
같은 꽃망울이 달리고, 점점 부풀어 오르다가 툭
열리면서 청보라색 큰 꽃이 탐스럽게 핀다.

Podophyllum 포도필룸속, 매자나무과

부식질이 풍부한 숲에서 잘 자라는 식물이다. 두툼한
줄기에 큰 잎이 달린다. 뿌리와 잎에는 강한 독성이
있고, 열매는 조금은 먹어도 상관없지만 딱히 식용으로
적합하지는 않다.

P. hexandrum **'Majus'** 포도필룸 헥산드룸 '마유스'

☼ ☀ ↕60 ◎5~6

잎이 매우 아름다운 품종이다. 역삼각형으로 깊이 갈라진
잎이 봄에 나오기 시작할 때는 적갈색 무늬가 보인다.
연분홍색 꽃은 잎보다 먼저 달리고 꽃은 하루 동안만
핀다. 8월경 꽃이 있던 자리에는 달걀 크기의 새빨간
열매가 달린다.

P. peltatum 포도필룸 펠타툼

☼ ☀ ↕30 ◎5~6

주름진 초록색 잎이 긴 줄기에 달리고 흰색 꽃은 잎
아래에 숨어서 핀다. 자두처럼 생긴 노란색 열매가 몇 주
동안 매달려 있다.

Polemonium 꽃고비속, 꽃고비과

플록스와 같은 꽃고비과에 속한다는 사실은 이름만
보아도 분명히 드러난다. 우리에게 익숙한 꽃고비는
자연발아가 너무 심하게 일어나 골치 아프게 하는데,
여기서는 덜 성가신 품종들을 소개한다. 모든 종이 같은
특징이 나타나는데, 잎은 깃 모양으로 마주 나서 위에서
보면 마치 긴 사다리 같고 꽃은 비교적 큰 편이다.

P. carneum 폴레모니움 카르네움

☼ ☀ ↕45 ◎5~6

비단처럼 반들거리는 연분홍색 꽃이 피는 소형종이다.
보통 늦여름에 한 번 더 꽃이 핀다.

P. **'Heaven Scent'** 꽃고비 '헤븐 센트'

☼ ☀ ↕45 ◎5~6

어두운 색 잎들이 나지막한 덤불을 이루고, 연한
청보라색 꽃이 핀다. 단정한 모습으로 오랫동안 풍성하게
꽃이 핀다.

P. **'Lambrook Mauve'** 꽃고비 '램브룩 모브'

☼ ☀ ↕45 ◎5~6

개화기간은 짧지만 일단 꽃이 피면 수많은 연한 자줏빛

Podophyllum hexandrum 'Majus' | *Polygonatum ×hybridum* 'Weihenstephan'

Polygonatum ×hybridum 'Betberg'

Potentilla thurberi

Potentilla ×hopwoodiana | *Potentilla nepalensis*

분홍색 꽃들이 무수히 모여 덤불을 이룬다.

P. *yezoense* 'Purple Rain' 히다카꽃고비 '퍼플 레인'

☼ ☀ ↕45 ◎5~6

잎은 어두운 색이고 꽃은 밝은 보라색이다. 자연발아를
했을 때도 어린 모종 대부분이 어두운 색으로 나온다.

Polygonatum 둥굴레속, 백합과

매우 강한 음지식물로, 거의 모든 토양조건에서 잘
자란다. 짧은 뿌리줄기를 이용해 서서히 퍼져 나간다.
각각의 뿌리 끝에서 해마다 싹이 올라오는데, 달걀
모양의 잎은 위쪽을 향하고 잎맥이 깊게 나 있다. 종
모양의 흰색 꽃들이 잎 아래에서 작은 송이로 매달리고
열매는 서리가 내린 것처럼 희뿌연 파란빛이 감돈다.

P. ×*hybridum* 'Betberg' 폴리고나툼 히브리둠
'베트베르크'

☼ ☀ ↕60 ◎5~6

어두운 색의 잎이 아주 사랑스러운 품종이다.

P. ×*hybridum* 'Weihenstephan' 폴리고나툼 히브리둠
'바이엔슈테판'

☼ ☀ ↕100 ◎5~6

폴리고나툼 물티플로룸*P. multiflorum*과 비슷하지만 모든
면에서 더 크다. 씨를 맺지 못하는 교잡종이기 때문에
열매가 달리지 않는다.

P. *multiflorum* 폴리고나툼 물티플로룸

☼ ☀ ↕60 ◎5~6

가장 척박한 사질 토양에서도 자랄 수 있기에 토양
조건을 가리지 않는다는 둥굴레속의 특징을 잘 보여
주는 품종이다.

P. *verticillatum* 폴리고나툼 베르티실라툼

☼ ☀ ↕100 ◎5~6

뾰족한 창 모양의 잎들이 줄기를 감싸며 화환처럼 달리는

독특한 품종이다. 숲에서 자라는 다른 음지식물들보다
더 비옥한 토양이 필요하다.

Potentilla 양지꽃속, 장미과

딸기와 아주 밀접한 관계에 있다. 두 식물 모두 키가
작고 석 장 내지 다섯 장의 작은잎이 손바닥 모양으로
모여 난다. 잎맥은 선명하고 잎 가장자리에는 톱니가
있다. 수백 종이 있지만 대부분 고산지대에서 자라고
정원식물로 적합한 종은 극히 일부다.

P. *atrosanguinea* 히말라야양지꽃

☼ ↕60 ◎6~7

주홍색의 꽃이 피고 덤불을 이루며 자란다.

P. ×*hopwoodiana* 호프우드양지꽃

☼ ↕100 ◎7~9

꽃은 복숭아색이고 중심부는 붉은색이다. 줄기가
느슨하기 때문에 이웃하는 식물에 의지해야만 위로 자랄
수 있다.

P. *nepalensis* 네팔양지꽃

☼ ↕40 ◎6~7

지피식물로 적합한 품종이다. 특히 붉은빛을 띤 분홍색
'론 맥비스Ron McBeath'와 진분홍색 '미스 윌모트Miss
Willmott'가 아주 좋은데, 꽃 중심부가 더 짙은 색이다.

P. *thurberi* 붉은양지꽃

☼ ↕40 ◎6~8

덤불 형태로 자라는 식물로, 작은잎 다섯 장이 손바닥
모양으로 난다. 검붉은색에 가까운 작은 꽃들이 무리지어
피며, 자연발아가 잘 일어난다.

Pulmonaria 풀모나리아속, 지치과

매력적인 정원식물이다. 이른 봄에 꽃이 풍성하게
피었다가 여름에는 잎으로 매력을 뽐낸다. 달걀 모양의

잎은 끝으로 갈수록 점점 좁아지고 흰색 무늬가
돋보인다. 잎이 사람의 폐를 약간 닮아서인지 몰라도
예전에는 이 식물이 폐질환을 일부 치료할 수 있다고
믿었다. 식물의 특성을 치료와 결부시킨 약징주의Doctrine
of Signatures에서는 식물의 형태와 색이 인간의 신체
기관과 비슷한 경우 이를 해당 기관의 질병 치료에
활용할 수 있다고 생각했다. 물론 이러한 학설은 전혀
과학적이지 않지만 놀랍게도 간혹 효과가 있었다.
하지만 풀모나리아에 관한 한 이는 사실이 아니고 그저
정원식물로서 가치가 있을 뿐이다.

P. longifolia 긴잎풀모나리아
☼ ☼ ↕40 ⚙4~6
좁다란 창 모양으로 나는 어두운 초록색의 멋진 잎은
흰색 무늬가 돋보인다. 꽃은 연한 청보라색인데 다른
종들보다 늦은 시기에 핀다.

PULMONARIA HYBRIDS 풀모나리아 교잡종
풀모나리아는 재배의 역사가 길고, 특히 식물 대다수가
비슷하게 생겼기 때문에 그 혈통을 정확히 파악하기란
거의 불가능하다.

'Blaues Meer' 블라우에스 메어
☼ ☼ ↕25 ⚙2~4
개화기가 빠르고 꽃 색이 밝은 남색이라는 점에서 모체가
키 작은 좁은잎풀모나리아P. angustifolia일 가능성이 높지만
잎에 난 무늬를 보면 교잡종이라는 사실을 알 수 있다.

'Blue Ensign' 블루 엔선
☼ ☼ ↕25 ⚙3~5
어두운 초록색 잎에는 무늬가 없고 꽃은 밝은 남색으로 크게
핀다.

'Cambridge Blue' 케임브리지 블루
☼ ☼ ↕25 ⚙3~5
꽃은 연한 파란색이지만 꽃망울은 분홍색이다. 잎에는 얼룩
대신에 반점이 있다.

'Dora Bielefeld' 도라 빌레펠트
☼ ↕25 ⚙4~5
밝은 초록색 잎에는 반점이 있고 꽃은 순수한 분홍색이다.

'Majesté' 마제스테
☼ ☼ ↕25 ⚙3~5
파란색 꽃이 핀다. 잎에는 얼룩이 있지만 한 해의 하반기로
접어들면서 잎 전체가 은색으로 변한다.

'Sissinghurst White' 시싱허스트 화이트
☼ ☼ ↕25 ⚙2~5
꽃은 흰색이고 가끔은 2월 말에 꽃피기도 한다. 잎에는
순백의 얼룩무늬가 있다.

Pycnanthemum 피크난테뭄속, 꿀풀과
향이 진하게 나고, 포엽이 두드러지며, 번져 나가는
습성이 있다는 점에서 모나르다속과 관계가 깊다. 독특한
포엽 덕분에 오랫동안 정원에 흥미를 더해 준다. 벌이나
그 밖의 꽃가루 매개 곤충들이 아주 좋아하는 식물이다.
대부분의 토양에서 왕성하게 번져 나가지만 쉽게 관리할
수 있다. 유럽에서 키우는 사람들의 말로는 미국의
뜨거운 여름을 그리워하는 것 같다고들 한다.

P. flexuosum 피크난테뭄 플렉수오숨
☼ ☼ ↕90 ⚙8~9
은백색 포엽 달린 꽃들이 둥글게 무리지어 핀다.

P. muticum 피크난테뭄 무티쿰
☼ ☼ ↕90 ⚙8~9
은색의 커다란 포엽 때문에 인기가 많은 품종이다.

P. tenuifolium 피크난테뭄 테누이폴리움
☼ ☼ ↕90 ⚙8~9
잎이 아주 가늘고 흰색의 작은 꽃들이 모여서 핀다.

Ranunculus 미나리아재비속, 미나리아재비과
전 세계적으로 수백 종이 있는 대규모 속이다. 키가 작은
것부터 대형종까지 아주 다양하다. 정원에서 잘 기르지
않는 이유는 아마도 너무나 평범한 모습이기 때문일
것이다. 그럼에도 아름다운 식물이다. 들쭉날쭉한 손바닥

Echinacea(왼쪽)와 *Pycnanthemum muticum*(오른쪽 중간 아래)

Rodgersia pinnata 'Superba'(가운데)와 *Melica uniflora* f. *albiflora*(위쪽) | *Rodgersia pinnata* 'Die Anmutige'

모양의 잎이 아주 멋지고 꽃잎이 규칙적으로 배열되는 매력적인 꽃은 꿀이 흘러 윤기가 돈다. 그래서 영어 이름buttercup에 '버터'가 붙었다.

R. aconitifolius 라눙쿨루스 아코니티폴리우스

☀ ◑ ↕90 ⚙4~5

모든 면에서 애기미나리아재비와 비슷하지만 꽃은 흰색이고 잎이 더 어두운 초록색이라는 점에서 차이가 난다. 꽃이 진 후에는 형체가 거의 없어지기 때문에 뒤늦게 올라오는 식물들 옆에 심으면 가장 좋다. 비옥하고 토양 수분이 잘 유지되는 반그늘에서 가장 아름답게 자란다. 야생에서는 봄에 침수되는 초지에서 자란다.

Rhazya 라지야속
***Amsonia* 정향풀속 37쪽 참조**

Rodgersia 도깨비부채속, 범의귀과

잎이 환상적인 식물로 그늘정원에 제격이다. 긴 줄기에 칠엽수처럼 생긴 커다란 잎이 달리고 작은 흰색 꽃들은 원뿔모양꽃차례로 핀다. 대부분의 종이 구릿빛을 띤 초록색으로 멋지게 올라온다. 처음에는 생장속도가 느리지만 몇 년만 지나면 큰 무리를 이루어 수 제곱미터에 달하게 된다. 건조에는 약하지만 잎이 큰 여러 음지식물처럼 자신만의 환경을 만들어 낸다. 큰 잎들이 덮개처럼 햇빛을 가려 주기 때문에 흙이 빨리 마르지는 않는다. 여러 종들이 너무 비슷하기 때문에 식물 분류에도 혼란이 따르지만 최대한 정확하게 설명해 보겠다.

R. aesculifolia 칠엽도깨비부채

☀ ◑ ↕100 ⚙6~7

잎이 칠엽수 잎과 가장 비슷한 품종이다. 더 믿을만한 특성을 들자면 갈라진 잎들이 모두 수평으로 달린다는 점이다. 잎과 줄기는 갈색으로 잔털이 있다. 꽃은 크림색으로 핀다.

R. pinnata 깃도깨비부채

☀ ◑ ↕80 ⚙6~7

잎은 다섯 장에서 아홉 장으로 갈라지고 가운데 잎은 잎자루가 더 길다. 흰색 꽃은 적갈색 꽃받침으로 둘러싸인다. 꽃이 진 후에도 원뿔모양꽃차례가 매력적으로 남아 있다.

'Die Anmutige' 디 안무티게
봄부터 달리는 잎은 구릿빛을 띤 갈색이다. 크림색 꽃들은 아래로 갈수록 넓어지는 원뿔 모양을 이루며 느슨하고 우아하게 핀다.

'Die Schöne' 디 쇠네
90센티미터 높이로 자라며 연분홍색 꽃들이 호리호리한 느낌의 꽃차례를 이룬다.

'Die Stolze' 디 슈톨체
초록색의 넓은 잎은 윤기가 난다. 아주 연한 분홍색 꽃들은 원뿔모양꽃차례를 이루지만 좀 더 넓고 납작한 느낌이다.

'Maurice Mason' 모리스 메이슨
붉은색 꽃에 꽃대는 적갈색이다.

'Saarbrücken' 자르브뤼켄
어린잎이 초콜릿색이다.

'Superba' 수페르바
헨리도깨비부채*R. henrici*라고도 부른다. 윤기가 나는 잎은 갈색빛이 돌고, 꽃은 밝은 분홍색이다. 다른 종과 비교할 때 원뿔모양꽃차례를 이루는 것은 동일하지만 꽃차례의 크기가 더 크다.

R. podophylla 도깨비부채

☀ ◑ ↕80 ⚙6~7

세 개에서 다섯 개 정도 있는 잎맥을 따라 가장자리가 움푹 들어가는데, 상상력을 조금 보태자면 그 모습이 오리의 물갈퀴와 닮았다고 볼 수도 있다. 잎은 연녹색이고 흰색 꽃이 눈길을 끈다.

'Rotlaub' 로트라우프
어린잎은 붉은빛이 난다. 햇빛이 잘 드는 곳에서는 잎이 붉은색으로 유지되지만 그늘에서는 초록색으로 변한다.

Rudbeckia subtomentosa 'Henry Eilers' | *Rudbeckia subtomentosa*

Ruellia humilis

R. sambucifolia 덧도깨비부채

☀ ◐ ↕100 ◎6~7

창 모양의 잎이 줄기 양쪽에 달리고 끝에는 세 장이 모여
달린다. 연분홍색 꽃들이 길쭉하고 곧게 서는 꽃대에
한가득 달리는데 꽃은 나중에 흰색으로 바랜다.

'Kupferschein' 쿠퍼샤인

구릿빛이 감도는 적갈색 어린잎이 아주 매력적인 품종이다.

Rudbeckia 원추천인국속, 국화과

거친 질감이 느껴지는 익숙한 속이다. 잎은 별다른
특색이 없고 데이지를 닮은 커다란 꽃은 중심이 뭉툭한
원뿔 모양이다. 노란색 혀꽃이 떨어져야 비로소 흥미로운
장면을 연출한다. 하지만 여기서 소개하는 종들은
예외다.

R. maxima 큰루드베키아

☀ ↕150 ◎8~9

비비추처럼 반질반질하고 커다란 잎이 달리는 환상적인
식물이다. 검은색 중심부는 높고 볼록하게 올라오고,
흐트러져 보이는 노란색 꽃잎들은 그리 돋보이지는
않는다. 여유 있게 간격을 두고 꽃대가 올라오는 습성을
고려하면 화단 앞쪽으로 심는 게 좋다. 질 좋은 토양과
햇빛이 잘 드는 곳에서 키울 것을 권장한다.

R. subtomentosa 'Henry Eilers' 잔털루드베키아
'헨리 아일러스'

☀ ↕140 ◎7~9

북미 대초원에서 발견된 최고의 야생 루드베키아다.
안으로 돌돌 말린 꽃잎이 매력적이라 느지막하게
정원에서 피어나는 수많은 데이지 같은 노란색 꽃
중에서 단연코 두드러진다. '리틀 헨리Little Henry'는
90센티미터까지 자라는 소형종이다.

Ruellia 루엘리아속, 쥐꼬리망초과

R. humilis 루엘리아 후밀리스

☀ ↕45 ◎6~9

긴 잎과 줄기에는 털이 있고, 라벤더색 꽃은 페튜니아를
닮았으며, 키우기 쉬운 식물이다.

Salvia 배암차즈기속, 꿀풀과

네덜란드에서는 세이지sage라는 단어가 따분한 중산층의
느낌으로 받아들여진다. 네덜란드에서 Jan Salie라는 이름은 따분한
인상을 풍기는 이름이라고 한다. 이 Salie라는 성을 영어로 옮기면 Sage가
된다. 하지만 그것과는 무방하게 보헤미안처럼 자유로운
모습을 지닌 흥미로운 식물이다. 대부분의 종에서 나는
향기도 전혀 지루하지 않다. 톡 쏘는 향이 자극적이라고
할 수도 있지만 그런 설명으로는 부족하다. 많은
사람들이 방향제로 찾는 경향이 있다는 사실이 오히려
더 좋은 설명이 될 것이다. 여러 종류의 세이지 꽃들은
전체적으로 입술 모양을 이루고, 윗입술은 곧게 서는
동시에 비스듬히 굽은 두건 모양이라는 특징이 있다.

S. argentea 실버세이지

☀ ↕45 ◎6~9

은회색 삼각형 잎에는 털이 있고, 흰색 꽃들은 커다란
피라미드 모양의 꽃차례로 달리는 두해살이풀이다.

S. azurea 살비아 아주레아

☀ ↕160 ◎6~9

회색 잎이 장관을 이루는 북미 원산의 종이다.
한 해의 하반기에 접어들 무렵에 하늘색 꽃들이 기다란
총상꽃차례를 이루며 핀다. 반드시 햇빛이 잘 드는 곳에
심어야 하는데, 그렇지 않으면 꽃이 너무 늦게 핀다.
줄기가 연약하기 때문에 지지대를 세워 주어야 할 수도
있다. 토양에 수분이 충분하면 반복해서 꽃이 핀다.
'네칸Nekan'은 더 개량된 품종이다.

Salvia glutinosa | *Salvia nemorosa* 'Pink Delight'

Salvia nemorosa 'Dear Anja'

Salvia nemorosa 'Serenade' | *Salvia verticillata* 'Purple Rain'

S. glutinosa 끈끈이세이지

☀ ↕100 ◎10~11

세이지의 일반적인 특성에서 벗어나는 예외적인 식물이다. 중유럽에서 자생하는 종으로 석회질 토양의 그늘지고 축축한 곳에서 자라기 때문이다. 갈색빛을 띤 노란색의 평범한 꽃이 피어 투박한 느낌을 준다. 하지만 두 가지 면에서 중요한 식물이다. 하나는 보기 드물게 개화기가 늦다는 점이고, 다른 하나는 거의 삼각형 모양에 가까운 거친 잎이 그늘진 곳이나 반그늘 정원에서 자라는 식물들의 섬세한 잎 모양과 좋은 대비 효과를 준다는 점이다. 양분이 풍부한 석회질 토양에서 잘 자란다.

'Amber' 앰버

네덜란드 카베스Kabbes 농장에서 끈끈이세이지*S. glutinosa*와 살비아 불레이아나*S. bulleyana*를 교배하여 육종한 교잡종으로 씨를 맺지 못한다. 입술 모양 꽃잎에서 아랫입술은 자주색이고 첫서리가 내릴 때까지 계속해서 꽃이 핀다.

SALVIA NEMOROSA HYBRIDS 살비아 네모로사 교잡종

여기서 소개하는 그룹에는 씨를 맺고 자연발아가 가능한 살비아 네모로사*S. nemorosa* 직계 후손 품종, 그리고 살비아 네모로사와 살비아 프라텐시스*S. pratensis* 사이의 교잡종(살비아 실베스트리스*S. ×sylvestris*)으로 씨를 맺지 않는 품종이 있다. 모두 키우기 쉬운 아주 익숙한 정원식물이다. 위로 갈수록 좁아지는 이삭 모양으로 오랫동안 풍성하게 꽃이 핀다. 꽃대를 잘라 주면 늦여름에 다시 핀다. 건조에 강하고, 내한성이 뛰어나며, 얕은 석회질 토양에서 잘 자란다.

'Blauhügel' 블라우휘겔

☀ ↕40 ◎6~7

모든 품종 중에서 꽃의 색깔이 가장 순수한 파란색에 가깝다.

'Caradonna' 카라돈나

☀ ↕70 ◎6~7

짙은 색 줄기와 포엽 위로 올라온 보라색 꽃이 돋보인다.

'Crystal Blue' 크리스털 블루

☀ ↕50 ◎6~7

진정한 의미의 밝고 맑은 파란색이다. 단어 뜻 그대로 가장 처음 만들어진 '트루 블루true blue' 색상의 품종이다.

'Dear Anja' 디어 안야

☀ ↕80 ◎6~7

'텐체린Tänzerin'에서 선발된 품종이다. 짙은 색 줄기에 라일락색 꽃이 피는데, 아래쪽 꽃잎은 색이 더 연하다.

'Evelyn' 에벌린

☀ ↕60 ◎6~7

꽃은 진분홍색인데 이후에 연분홍으로 색이 바랜다.

'Pink Delight' 핑크 딜라이트

☀ ↕50 ◎5~8

연분홍색 꽃이 피는 소형종이다. 일찍 꽃이 핀 뒤 늦여름에 다시 꽃이 핀다.

'Rhapsody in Blue' 랩소디 인 블루

☀ ↕40 ◎6~8

'블라우휘겔Blauhügel'보다 색이 더 파랗고 풍성하게 꽃이 핀다. 꽃이 진 이후에도 매력적인 형태가 유지된다.

'Schneehügel' 슈네휘겔

☀ ↕40 ◎6~8

흰색 꽃이 핀다.

'Serenade' 세레나데

☀ ↕90 ◎6~8

보랏빛을 띤 분홍색의 아름다운 꽃들이 커다란 덤불을 이루면서 오랫동안 피어난다.

'Tänzerin' 텐체린

☀ ↕70 ◎6~8

키가 크고 튼튼한 품종으로 꽃은 흔히 볼 수 있는 보라색이다. 아름다운 색상의 포엽이 꽃이 진 이후에도 오랫동안 남아 있다는 점이 독특하다.

S. officinalis 'Berggarten' 세이지 '베르크가르텐'

☀ ↕70 ◎6~7

우리에게 익숙한 허브 세이지 중 작은 편이다. 청회색 잎은 보통 품종에 비해 더 넓고 둥근 형태다. 보통의 세이지처럼 빠르게 형태가 일그러지지는 않지만 단정하게 유지하려면 꽃이 진 후에 꽃대를 잘라 주는 것이 좋다. 또한 톡 쏘는 향이 나는데, 목이 부었을 때 양치액이나 요리용 허브로 적당히 사용하면 효과적이다.

S. pratensis 살비아 프라텐시스

☼　↕60~80　◎5~6

품종마다 특성 차이가 아주 큰 종으로, 꽃 크기도
1센티미터에서 3센티미터까지 다양하다. 가볍게
갈라지는 줄기에 청보라색 커다란 꽃이 피는 품종들은
보통 **헤마토데스 그룹**Haematodes Group으로 분류된다.
더운 여름에는 꽃이 한 번 더 핀다. 수명은 짧지만
씨앗으로 쉽게 번식시킬 수 있다.

S. sclarea 클라리세이지

☼　↕100　◎6~8

두해살이풀로 첫 해에는 회녹색 잎이 넓게 로제트를
이루고, 그 이듬해에 연한 자줏빛 분홍색의 커다란
포엽 위로 연하늘색 꽃들이 풍성하게 피라미드 모양을
이루며 핀다. 포엽은 가을에도 그대로 남아 있고 보는
이로 하여금 당장 갖고 싶게 할 정도로 압도적인 느낌을
자아낸다. 식물 전체가 에센셜오일을 함유한 샘털로 덮여
있는데, 만져 보면 기막힌 향이 난다. 혹자는 심한 악취로
여기기도 하지만 다른 이들에게는 톡 쏘는 향이 매력적일
수 있기에 판단은 각자에 맡긴다. 왕성하게 자연발아
한다.

S. verticillata 살비아 베르티실라타

☼　↕50　◎6~9

연한 보라색 꽃들이 줄기를 돌며 나선형으로 달린다.
회색빛이 도는 잎이 나는 소형종으로, 자연발아가 잘
일어난다.

‘Purple Rain’ 퍼플 레인

자주색 꽃대와 포엽이 특징으로, 원종보다 더욱 돋보인다.

‘Smouldering Torches’ 스몰더링 토치스

키가 70센티미터 정도로 원종에 비해 더 높게 자라고 꽃이 핀
후에는 꽃대에서 붉은 빛이 난다.

Sanguisorba 오이풀속, 장미과

기르기 쉽고 쓸 만한 정원식물임에도 불구하고 이전에는
정말 가치를 인정받지 못한 속이다. 모든 종은 톱니가
있는 작은잎이 깃 모양으로 마주나는데, 그 모습이
매력적이라 꽃이 피기 전부터 오랜 기간 식물의 가치를
높여 준다. 매듭 같은 자잘한 꽃들이 긴 이삭이나 작은
공 모양으로 모여 핀다. 그 형태가 모든 종을 통틀어
제일 중요한 요소로, 어디서도 볼 수 없고 대신할
수도 없는 모양이다. 볼품없는 꽃이 피는 요리용 허브
술오이풀S. minor을 제외한 모든 종이 수분이 충분한
토양에서 가장 잘 자란다. 명명법은 완전히 뒤죽박죽이다.
아시아에는 오이풀S. officinalis, 상구이소르바
파르비플로라S. parviflora, 가는오이풀S. tenuifolia 사이에 여러
중간 형태들이 있지만 구별하기가 쉽지 않다.

S. canadensis 캐나다오이풀

☼　↕180　◎9~10

회녹색의 잎과 빛바랜 흰색 꽃들이 곧게 서는 이삭
모양으로 모여 피는 튼튼한 종으로, 매력 넘치는
여러해살이 허브다. 개화기가 늦다는 점도 이 식물의 또
다른 장점이다.

‘Candy Floss’ 캔디 플로스

☼　↕150　◎7~8

자줏빛 분홍색 꽃이삭은 아주 복슬복슬한 느낌이고
부분적으로 휘어진다.

S. menziesii 멘지스오이풀

☼　↕80　◎5~6

가장 먼저 개화하는 품종이다. 선홍색 꽃들이 곧게 서는
이삭 모양으로 피는데, 가끔은 불룩하게 튀어나오기도
한다. 후멜로에서 육종된 품종인 ‘웨이크 업Wake Up’은
꽃이삭이 더 길고, 복슬거리며, 색도 더 진하다.
곰팡이병에 잘 걸리지 않는다.

S. officinalis 오이풀

☼　↕160　◎6~8

여러 갈래로 풍성하게 갈라지는 줄기에 꽃이삭이 달리는
모습이 호리호리하고 어수선한 느낌을 준다. 각각의
줄기 끝에 검붉은 꽃들이 꼿꼿하게 매듭처럼 피어난다.
어떤 정원사들은 지지대를 설치해서 곧게 세우는 것을

Sanguisorba menziesii

Sanguisorba tenuifolia

Sanguisorba officinalis 'Blackthorn'

Sanguisorba tenuifolia 'Alba'

Sanguisorba menziesii 'Wake Up'

Sanguisorba canadensis

Scabiosa columbaria

*Scutellaria incana*의 꽃 | *Scutellaria incana*

Scutellaria incana 'Alba'(흰색 꽃)와 *Monarda*(왼쪽 아래 진분홍색 꽃)

좋아하고, 어떤 정원사들은 드러누운 상태로 내버려 두고 다른 식물들 사이에서 동글동글한 꽃들이 방울처럼 툭툭 튀어나오도록 연출하기도 한다. 대부분 자연발아가 잘 일어나서 품종들끼리 서로 교잡한 결과, 식물학자들이 '잡종군락hybrid swarm'이라 부르는 결과를 초래하게 된다.

'Blackthorn' 블랙손

길쭉한 꽃이삭은 진분홍색이다. 곧게 선 채로 유지되는 유일한 품종이다.

'Red Buttons' 레드 버튼스

검붉은 짧은 꽃이삭이 특징으로 80센티미터까지 자라는 소형종이다.

S. tenuifolia 가는오이풀

☼ ↕180 ◎7~8

오이풀과 밀접한 관계가 있지만 검붉은 꽃이삭이 살짝 휘어진다. 꽃망울 상태의 이삭은 곧게 서고, 회청색 뿌연 안개에 덮인 듯 아름다운 모습이다.

'Alba' 알바

흰색 꽃이 피고 200센티미터까지 자라는 대형종이다. 잎은 더 좁은 모양인데, 꽃이삭은 심지어 그보다 훨씬 더 가느다란 원통 모양이며 휘어지는 경향이 있다.

Saponaria 비누풀속, 석죽과

S. ×lempergii 'Max Frei' 사포나리아 렘페르기이 '막스 프라이'

☼ ↕40 ◎7~8

다섯 장의 꽃잎이 규칙적으로 달리는 분홍색 꽃이 피고 회녹색의 좁은 잎은 마주 난다. 어디에서나 잘 어울릴 수 있는 무난한 식물이다. 익숙한 식물인 비누풀과 비슷하지만 마구잡이로 번지지 않는다.

Saruma 사루마속, 쥐방울덩굴과

S. henryi 사루마 헨리이

☼☼ ↕60 ◎4~5

서서히 번져 나가는 음지식물로 심장 모양의 잎에는 털이 있고 연노란색 꽃이 하나씩 꽃대에 달린다. 일단 자리를 잡으면 꽤 건조한 그늘에서도 잘 견딜 수 있다.

Scabiosa 체꽃속, 산토끼꽃과

두 종류의 잎이 나는 식물로, 밑동의 뿌리잎지표면에 가까운 줄기의 아래쪽에 달린 잎은 가장자리가 부드럽지만 줄기에 달리는 잎은 깊게 갈라진다. 지름 2~3센티미터 정도의 꽃차례는 핀쿠션pincushion처럼 생겼고 파스텔 색조가 더할 나위 없이 환상적이다. 여기에 포함하지는 않았지만 익숙한 스카비오사 카우카시카S. caucasica를 제외하면 모두 햇빛이 잘 드는 풍부한 석회질의 건조한 토양을 좋아한다. 모든 종은 나비들이 매우 좋아하고 자연발아가 잘 일어난다.

S. columbaria 각시체꽃

☼ ↕50 ◎6~8

핀쿠션처럼 생긴 연보라색 꽃차례가 억센 줄기에 달린다. 유럽 전역에 있는 건조한 석회질 토양의 초지에서 자생한다.

S. japonica var. alpina 고산일본체꽃

☼ ↕25 ◎6~8

작게 자라는 두해살이풀로 담장이나 그 밖의 건조한 곳에서 자란다. 꽃은 라일락빛을 띤 파란색이다.

S. lucida 반들체꽃

☼ ↕50 ◎6~9

고산일본체꽃과 아주 닮았지만 더 크게 자라는 여러해살이풀이다.

S. ochroleuca 연노랑체꽃

☼ ↕50 ◎7~11

연노란색 꽃이 가느다란 줄기에서 피지만 지지대를 설치해야 할 정도는 아니다. 다른 식물들 사이에서 자라도록 내버려 두면 가장 아름다운 모습을 보여 주기 때문이다. 동유럽의 스텝지대에서 자생하는 식물로 꽃이

Sedum telephium 'Red Cauli'

Sedum telephium 'Matrona'

끊임없이 피며, 특히 겨울에 바짝 마를 정도로 건조한
곳에서는 여러해살이풀의 특성을 보인다. 습한 겨울을
보낸 이후에는 죽어 버리지만 전혀 문제가 되지 않는다.
이듬해에 어린 새싹들이 여기저기서 올라오기 때문이다.
스카비오사 오크롤류카 웨비아나*S. ochroleuca webbiana*는
그만큼 마구잡이로 싹을 내지 않는다.

Scutellaria 골무꽃속, 꿀풀과

S. incana 스쿠텔라리아 잉카나

☼ ☀ ↕60 ◎8~9

골무꽃속에는 사랑스러운 여러 종이 있지만 대부분이
연약해서 잘 쓰러지거나 평범한 꽃이 핀다. 북미 원산의
이 식물은 이와는 달리 튼튼하게 자란다. 잎에는
회색빛이 감돈다. 입술 모양의 꽃은 연한 파란색이고
야구 모자를 연상시키는 포엽은 회색빛이 나서 꽃차례는
전체적으로 회청색을 띤다. 늦게 피어나는 꽃들이 대단히
매력적이다. '**알바**Alba'는 흰색 품종이다.

S. ovata 스쿠텔라리아 오바타

☼ ↕60 ◎8~9

금어초를 닮은 연한 파란색의 작은 꽃이 핀다. 건조에
강하다.

S. serrata 스쿠텔라리아 세라타

☼ ↕60 ◎5

단정하게 반구형을 이룬 잎들 위에서 금어초를 닮은 연한
파란색 작은 꽃들이 핀다. 우아한 느낌을 주는 식물로
다소 빛이 드는 그늘에 알맞다.

Sedum 세둠속, 돌나물과

암석원에 주로 심는 다육성의 식물로, 익숙한 대규모
속이다. 많은 종들 중에서 암석원에 국한되지 않고
사용할 수 있는 종을 소개한다.

S. spectabile 'Stardust' 큰꿩의비름 '스타더스트'

☼ ↕40 ◎9~10

큰꿩의비름은 보통 자줏빛 분홍색 꽃이 피지만
이 품종은 크림색 꽃이 핀다. 자주꿩의비름*S. telephium*
수준에 이를만큼 좋지는 않지만 나비들이 많이 드나드는
식물이다.

S. telephium 자주꿩의비름

☼ ↕80 ◎8~10

가장 익숙한 품종인 '**헤르프스트프로이데**Herbstfreude'는
언제나 속절없이 쓰러지는데, 그보다 훨씬 더 아름다운
품종들이 있다.

'Matrona' 마트로나

☼ ↕80 ◎8~10

이 품종은 정말 튼튼하다. 붉은색 줄기에 회녹색 잎이 달리고
꽃은 분홍색으로 핀다.

'Red Cauli' 레드 콜리

☼ ↕40 ◎8~10

자줏빛 줄기와 청회색 잎, 새빨간 꽃의 대비가 아름답다.

Selinum 셀리눔속, 산형과

S. wallichianum 셀리눔 왈리키아눔

☼ ↕120 ◎8~10

끝없이 갈라지는 잎이 레이스처럼 섬세한 느낌이다.
산형과 식물답게 꽃이 매력적으로 핀다. 초록빛을
띤 흰색 꽃들이 납작한 우산모양꽃차례를 이룬다.
어디에서나 잘 어울릴만한 우아한 꽃들이 자욱하게
피고 오래 지속된다. 겨울에 아무런 피해도 없이 반드시
살아남는 것은 아니지만 그런 이유 때문에 포기하기에는
너무 아름다운 식물이다.

Serratula 산비장이속, 국화과

S. seoanei 세라툴라 세오아네이

☼ ☀ ↕40 ◎9~11

섬세하게 갈라진 짙은 초록색 잎들이 여름 내내 작은

Selinum wallichianum | *Sidalcea oregana* 'Little Princess'

Serratula seoanei | *Silphium laciniatum*

반구형을 이루는 모습 때문에 관상 가치가 있는 매력적인 식물이다. 다른 꽃들이 대부분 꽃 피우는 일을 멈출 무렵에 엉겅퀴 꽃을 닮은 수많은 자줏빛 분홍색 꽃들이 피어난다.

Seseli 세셀리속, 산형과

전호*Anthriscus sylvestris*처럼 꽃이 피는 대규모 속으로 대부분 두해살이풀이고, 그중 재배종은 극히 일부다.

S. libanotis 세셀리 리바노티스
☼ ↕60 ◎ 6~8
섬세하게 갈라진 잎과 흰색 꽃들이 우산 모양으로 모여 피는 모습이 돋보이는 두해살이풀이다. 세련되고 우아한 느낌을 준다.

Sidalcea 시달세아속, 아욱과

잎은 미나리아재비처럼 손바닥 모양으로 갈라진다. 다섯 장의 꽃잎으로 이루어진 꽃은 아욱 꽃을 닮았고 매듭 모양의 수술이 두드러진다.

S. oregana 시달세아 오레가나
☼ ↕100 ◎ 7~9
여름에 꽃이 피는 튼튼한 식물로, 토양 조건이 좋아야 오랫동안 꽃이 핀다. 극심한 한파에는 월동을 위한 방한작업을 해 주어야 한다.

> **'Candy Girl' 캔디 걸**
> 수명이 긴 튼튼한 식물로, 진분홍색 꽃이 핀다.

> **'Elsie Heugh' 엘시 휴**
> 아주 연한 분홍색 꽃이 피고 꽃잎 가장자리는 톱니처럼 갈라져 있다.

> **'Little Princess' 리틀 프린세스**
> 키가 70센티미터 안팎으로 다른 종들에 비해 더 작게 자라지만, 광택이 고운 분홍색의 커다란 꽃들이 풍성하게 달리면서 장관을 이룬다.

Silphium 실피움속, 국화과

톨그래스 프레리tallgrass prairie, 키 큰 풀이 중심을 이루는 북미 대초원의 동부 지역에 자생하는 거대한 식물이다. 키가 3~4미터까지 자라는 그래스와 여러해살이풀들로 이루어진 미국 중서부 지역에서는 거의 멸종에 가까운 상태다. 잎은 커다랗고 해바라기를 닮은 섬세한 꽃은 밝은 노란색이다.

S. laciniatum 실피움 라시니아툼
☼ ↕300 ◎ 8~9
줄기는 휘어지고, 리라고대 현악기인 수금 모양의 긴 잎은 가장자리가 깊이 패어 들어간 모양이다. 꽃대축에 접시꽃처럼 느슨하게 꽃들이 달린다.

S. terebinthinaceum 실피움 테레빈티나세움
☼ ↕300 ◎ 7~9
주름지고 가장자리에 잔톱니가 있는 커다란 잎(60센티미터에 달할 정도)이 로제트를 이룬다. 그 사이로 거의 잎이 없고 성글게 갈라진 긴 꽃대가 길게 올라온다. 늦가을 무렵에 잎이 거뭇하게 변하는데, 겨울철에 매력적인 장면을 연출한다. 맹렬하게 자연발아 한다.

Smilacina 솜대속, 은방울꽃과

S. racemosa 미국솜대
☼◐ ↕70 ◎ 5~6
휘어지는 긴 줄기에 달걀 모양 혹은 창 모양 잎이 위쪽을 향해 달리는 모습이 둥굴레와 닮았다. 차이라면 잎 아래가 아닌 줄기 끝에서 솜털 같은 꽃들이 모여서 핀다. 꽃이 진 후에는 빨간 열매가 달린다. 키우기는 쉽지만 천천히 자라는 식물이며, 석회질이 없고 부식질이 풍부한 숲속 토양에서 자란다.

Smyrnium 스미르니움속, 산형과

Smyrnium perfoliatum | *Solidago* 'Goldenmosa'

Solidago rugosa | *Stachys officinalis* 'Rosea'

Stachys officinalis 'Alba' | 다양한 *Stachys* 품종들(앞쪽)과 *Veronicastrum*(뒤쪽)

S. perfoliatum 스미르니움 페르폴리아툼

☼ ☀ ↕70 ◎4~6

윤기 나는 초록색 잎은 접시 모양인데, 꽃대는 이러한
잎을 관통하듯 자란다. 독성이 있는 노란연두색
꽃은 우산 모양으로 넓게 모여 피고, 총포조각
또한 접시 모양이다. 꽃이 피고 난 뒤에 죽어 버리는
'일회결실성식물'이지만 자연발아가 왕성하게 일어난다.
처음 몇 해 동안은 여러 장의 잎이 로제트형으로
나오다가 그 이후부터 꽃이 피기 시작한다.

Solidago 미역취속, 국화과

아주 익숙한 정원식물로, 대부분의 종이 짧은 기간 동안
화려한 노란색 꽃을 피우며 걷잡을 수 없이 퍼져 나간다.
철로 주변의 비탈을 따라 야생적으로 자라난 모습이
한 폭의 그림 같다. 하지만 정원식물로 심어도 과연
괜찮을까? 여기서 소개하는 종들이라면 믿어도 좋다.

S. caesia 솔리다고 세시아

☼ ↕60 ◎8~10

보통의 미역취와는 완전히 다른 식물로, 줄기와 꽃대가
진한 자주색이다. 청록색 좁은 잎이 나고 꽃차례는
황토색이다. 여느 종과 달리 늦게 거듭해서 피고, 너무
돋보이지 않으면서도 다른 식물들과 잘 어우러진다.

S. 'Goldenmosa' 미역취 '골든모사'

☼ ↕70 ◎8~9

오래된 품종으로 사랑스러운 레몬색 꽃들은 시간이
지나면서 연노란색으로 바랜다.

S. rugosa 'Fireworks' 주름미역취 '파이어웍스'

☼ ↕130 ◎8~10

익숙한 미역취 품종처럼 개화기가 짧고, 화려한 노란색
꽃이 아주 매력적이다. 좁쌀처럼 작은 꽃들이 넓게
갈라지는 줄기에 가느다란 원뿔 모양으로 무리지어 핀다.
8월경부터 꽃이 계속 피는데, 꽃이 진 뒤에도 여전히
볼만하다. 줄기는 짙은 색이고 매우 튼튼한 식물이다.

잘 번지는 편이지만 걷잡을 수 없을 정도는 아니다.

×*Solidaster* 솔리다스테르속, 국화과

×*S. luteus* 'Lemore' 솔리다스테르 루테우스 '르모르'

☼ ↕70 ◎8~9

미역취속*Solidago*과 아스테르속*Aster*의 교잡종으로 꽃들은
커다란 원뿔모양꽃차례로 풍성하게 달린다. 개화기는
짧은 편이고 꽃은 아주 선명한 레몬색이다.

Stachys 석잠풀속, 꿀풀과

흰 털이 있는 일부 포복성 종들은 익숙하지만, 처음에
베토니카속*Betonica*에 속하던 종들은 잘 알려지지 않았다.
길쭉한 달걀 모양의 잎에는 주름이 있고, 야생난초처럼
이삭 모양으로 모여 피는 꽃은 다양한 종류의 파스텔
색상을 나타낸다는 것이 두드러진 특징이다.

S. macrantha 'Robusta' 큰꽃석잠풀 '로부스타'

☼ ↕50 ◎6~7

스타키스 그란디플로라 '수페르바'*S. grandiflora*
'Superba'라고도 부른다. 기는줄기를 이용해 조금씩 번진다.
둥근 모양의 커다란 잎은 밝은 초록색이디. 이삭꽃차례로
달리는 입술 모양의 꽃들은 크기가 큰 편이며 자줏빛
분홍색이다.

S. officinalis 스타키스 오피시날리스

☼ ↕70 ◎6~7

유럽 전역에서 자라는 아주 다양한 종으로, 멀리서
보면 야생난초의 일종인 닥틸로리자*Dactylorhiza*처럼
보이기도 한다. 꽃이삭이 길거나 짧거나, 성글거나
촘촘하거나, 색깔이 투명한 라일락색부터 밝은
자주색까지 아주 다양하다. 이렇게 다양한 종들이 있기
때문인지 여기서 소개하는 품종들이 어디서나 스타키스
모니에리*S. monieri*라는 이름으로 유통되는데, 두 식물 종은
엄연히 다르다(곁가지가 발달한 남유럽 원산의 소형종). 겨울
실루엣이 일품이고 곤충들이 좋아하는 식물이다.

Stachys officinalis 'Miss Magenta'

Stokesia laevis 'Peachie's Pick'

Strobilanthes atropurpureus

Succisa pratensis

'Alba' 알바

흰색 꽃이 핀다.

'Hummelo' 후멜로

밝은 자주색 꽃들이 이삭꽃차례를 이루며 핀다.

'Miss Magenta' 미스 마젠타

진분홍색 꽃망울에서 연분홍색 꽃잎이 나오기 때문에
두 가지 색채를 함께 즐길 수 있다.

'Nivea' 니베아

새하얀 꽃이 핀다.

'Rosea' 로세아

연분홍색 꽃이 핀다.

Stokesia 풍차국속, 국화과

S. laevis 'Peachie's Pick' 스토케시아 레비스 '피치스 픽'

☼ ↕50 ◎7~9

수레국화를 닮은 커다란 꽃이 청보라색으로 크게 달린다.
여름이 습한 기후에서 잘 자란다.

Strobilanthes 방울꽃속, 쥐꼬리망초과

S. atropurpureus 스트로빌란테스 아트로푸르푸레우스

☼ ↕120 ◎7~9

모든 면에서 꿀풀과 식물과 비슷하지만 실제로는
쥐꼬리망초과에 속하고 덤불처럼 자라는 식물이다. 잎은
서양쐐기풀을 닮았고 살비아 종류처럼 피는 청보라색
꽃들이 여름의 끝 무렵까지 핀다. 너무 건조하지 않은
비옥한 토양에서 잘 자란다.

Succisa 수시사속, 산토끼꽃과

S. pratensis 수시사 프라텐시스

☼ ↕100 ◎8~9

곧게 자라며 잎은 좁다랗고 짙은 초록색이다. 꽃대는
느슨하게 갈라지고 각각의 줄기 끝에서 보라색 꽃들이
핀쿠션 모양으로 둥글게 모여 핀다. 온갖 곤충들이
몰려든다.

Succisella 수시셀라속, 산토끼꽃과

S. inflexa 수시셀라 인플렉사

☼ ↕60 ◎8~10

생장이 빠른 매력적인 식물이다. 창 모양의 잎은 연한
구릿빛이 돌고, 체꽃과 비슷한 회청색 꽃들이 늦여름에
가득 핀다. 잘 번지는 식물이지만 기는줄기가 지표면에서
자라기 때문에 너무 많은 싹이 올라와도 쉽게 제거할 수
있다. 곤충들이 아주 좋아한다.

Tanacetum 쑥국화속, 국화과

예전에 식물전문가들의 삶이 복잡하지 않던 시절에는
국화처럼 생긴 모든 꽃들을 국화속*Chrysanthemum*으로
한데 묶어 버렸다. 하지만 지금은 다양한 식물 속으로
분리되었고, 탠지로 알려진 쑥국화속도 그중 하나다.
여기서 소개하는 종은 잘게 갈라지는 잎을 제외하면
야생에서 걷잡을 수 없이 퍼지는 쑥국화*T. vulgare*와는
공통점이 전혀 없다.

T. macrophyllum 큰잎쑥국

☼ ↕120 ◎6~7

중유럽의 비옥한 숲에서 자라는 종이다. 그곳에서
투구꽃, 초롱꽃, 꿩의다리, 버들용담*Gentiana asclepiadea*,
라눙쿨루스 아코니티폴리우스*Ranunculus aconitifolius*와 함께
자란다. 거대한 톱풀처럼 생겼고 깃 모양으로 마주나는
밝은 초록색 잎이 매력적이다. 회백색 꽃들은 우산
모양으로 촘촘히 모여 핀다.

Teucrium 곽향속, 꿀풀과

T. hircanicum 이란곽향

☼ ↕50 ◎7~10

주름진 잎과 어두운 자주색의 자잘한 꽃들이 풍성하게
달린 꽃이삭이 돋보이는 매력적인 식물이다. 여름이
깊어질수록 꽃들은 더 가득해진다. 수명은 짧지만
자연발아가 잘 일어난다.

Thalictrum 꿩의다리속, 미나리아재비과

관상가치가 높은 식물이다. 특유의 겹잎은 매발톱꽃과 비슷하고 꽃들은 우아한 원뿔모양꽃차례로 핀다. 각각의 꽃은 작지만 수술 다발이 비교적 큰 편이라 더욱 눈길을 사로잡는다.

T. aquilegiifolium 꿩의다리

☼ ☀   ↕120~150   ◎4~6

잎이 매발톱꽃과 비슷해서 이와 같은 종소명이 붙었다. 1년 내내 매력적이다. 이른 시기에는 수술로만 이루어진 것처럼 보이는 흰색이나 라일락색의 독특한 꽃들이 풍성하게 원뿔모양꽃차례를 이룬다. 그 이후에는 바람에 '떨리는' 씨앗들이 겨울까지 볼거리를 더한다. 빛이 잘 들거나 반그늘의 비옥한 토양에서 가장 잘 자란다.

'Album' 알붐
매우 긴 줄기에 흰색 꽃들이 풍성하게 피며, 높이는 1미터에 이른다.

'Thundercloud' 선더클라우드
청록색 잎과 자주색 줄기가 특징이다. 꽃은 어두운 자줏빛 분홍색으로 피고 키가 70센티미터까지만 자란다.

T. delavayi 중국금꿩의다리

☼ ☀   ↕140~200   ◎7~9

탈릭트룸 딥테로카르품*T. dipterocarpum*이라고도 부른다. 우리가 아는 식물들 중에서 가장 우아한 식물로 손꼽을 수 있다. 매발톱꽃의 잎을 닮은 잎은 금세공줄처럼 섬세한 느낌이다. 라일락색 꽃들은 빽빽하지 않게 무리 지어 피고 따뜻한 날씨에는 노란색 수술 다발에서 좋은 향기가 난다. 대부분의 경우 지지대가 필요한데, 아주 가늘고 눈에 잘 띄지 않는 막대기를 이용해 식물의 우아한 모습을 해치지 않도록 세심하게 작업해야 한다. 키가 작은 식물들 위로 우뚝 솟아 잘 돋보이도록 심는 게 좋다. 물빠짐이 나쁜 점토질 토양을 제외한 모든 토양에서 잘 자라며, 건조와 그늘에도 강하다.

'Album' 알붐
흰색 꽃이 특별히 아름다운 품종으로 더 튼튼하기까지 하다.

'Hewitt's Double' 휴이츠 더블
겹꽃으로 피는 오래된 품종이다.

T. 'Elin' 꿩의다리 '엘린'

☼ ☀   ↕300   ◎6~7

금꿩의다리*T. rochebruneanum*와 탈릭트룸 플라붐 글라우쿰 *T. flavum* subsp. *glaucum* 사이에서 나온 교잡종으로 추정되며 씨를 맺지 못한다. 스웨덴의 루네 벵트손Rune Bengtsson이 처음 육종했다. 봄에 달리는 어두운 청회색 잎이 더할 나위 없이 아름답다. 엄청나게 크고 견고한 꽃대에 연한 라일락색 꽃잎과 노란색 수술로 이루어진 꽃들이 원뿔 모양을 이루며 몽실몽실 피어난다.

T. flavum subsp. *glaucum* 탈릭트룸 플라붐 글라우쿰

☼   ↕175   ◎6~7

노란꿩의다리*T. speciosissimum*라고도 부른다. 탈릭트룸 플라붐의 아종으로 스페인이 원산이다. 청회색 잎과 레몬색의 넓은 수술 다발이 아주 매력적이다. 우아함의 정도를 따지자면 튼튼한 꿩의다리와 보다 섬세한 중국금꿩의다리 사이에 들어간다.

T. lucidum 반들꿩의다리

☼ ☀   ↕200   ◎6~7

폭이 좁고 뾰족한 작은잎이 특이하다. 연한 레몬색 꽃들이 커다란 원뿔모양꽃차례를 이루며 핀다. 점토질이 많고, 토양 수분이 잘 유지되는 곳에서 가장 잘 자란다. 생육환경이 좋으면 자연발아도 잘 일어난다.

T. polygamum 탈릭트룸 폴리가뭄

☼ ☀   ↕180   ◎6~7

꿩의다리와 비슷하지만 좀 더 세련되고 호리호리하다. 편평한 꽃차례는 크림색이고 씨가 맺힐 때에도 여전히 아름답다. 튼튼한 식물이다.

T. rochebruneanum 금꿩의다리

☼ ☀   ↕180   ◎6~7

중국금꿩의다리와 거의 비슷하지만 식물의 모든 부위가

Thalictrum delavayi 'Album' | *Thalictrum lucidum* | *Thalictrum polygamum*

Thalictrum 'Elin' | *Thalictrum aquilegiifolium*

Phlox paniculata(왼쪽 뒤)와 *Thalictrum delavayi*(가운데)

더 견고하다. 줄기의 색이 더 어둡고 잎에서는 파란빛이
난다. 지지대는 필요 없지만 비옥하고 수분이 잘
유지되는 토양이 필요하다.

Tiarella 헐떡이풀속, 범의귀과

그늘정원을 위한 지피식물이다. 심장 모양과 비슷한
잎에는 털이 있고 잎 가장자리에 불규칙한 톱니가 있다.
생장 초기에는 잎이 구릿빛을 띤다.

T. wherryi hort. 훼리매화헐떡이풀
☀ ☀ ↕30 ◎5~8
티아렐라 코르디폴리아 콜리나 *T. cordifolia* var. *collina* 라고도
부른다. 5월에 작은 흰색 꽃들이 무리 지어 달리기
시작해서 6월이면 아주 풍성해진다. 꽃이 가득한 모습이
마치 거품으로 뒤덮인 듯하다. 8월까지 많지는 않지만
계속 꽃이 핀다.

TIARELLA HYBRIDS 티아렐라 교잡종
☀ ☀ ↕40 ◎5~6
최신 품종이 상당히 많다. 가까운 친척인 휴케라처럼
잎 특성을 다양하게 개량하는 것이 아주 쉬워
보인다. 그렇게 나온 품종들은 모두 매력적이며, 여러
휴케라 신품종들과는 달리 믿고 쓸 만하다. '캔디
스트라이퍼Candy Striper'와 '스프링 심포니Spring Symphony'는
잎에 있는 무늬가 더 짙은 품종으로 꽃이 진 후에도
존재감을 드러낸다. '오크리프Oakleaf' 같은 일부 품종은
가을에 색조가 더 밝아지기도 한다. 꽃은 흰색 또는
연분홍색으로 핀다.

Trachystemon 트라키스테몬속, 지치과

T. orientalis 트라키스테몬 오리엔탈리스
☀ ☀ ↕50 ◎3~5
거친 털이 달린 심장 모양의 긴 잎은 엄청난 크기로
자라기도 한다. 이른 봄부터 잔털이 난 줄기에서 자주색
포엽이 있는 작은 파란색 꽃들이 피기 시작한다. 꽃은

보기에 안 좋을 정도는 아니지만 잎이 자라면서 곧
옆으로 밀려나며 볼품이 없어진다. 결국 이 식물은 잎이
전부라 할 수 있다.

Tricyrtis 뻐꾹나리속, 백합과

눈에 잘 띄지는 않지만 보석처럼 정교한 식물이라 정원의
한 자리를 내어 줄 만하다. 위로 갈수록 좁아지는 달걀
모양의 잎에는 이따금씩 검은 반점이 있다. 균형 잡힌 별
모양 꽃은 무늬가 매력적이다. 난초에 비교되곤 하는데
줄기와 잎, 꽃이 모두 부드럽고 도톰하기 때문이다.
부식질이 풍부하고 흙이 결코 마르지 않는, 다소 빛이
드는 그늘에 적합하다.

T. dilatata 'Empress' 뻐꾹나리 '엠프러스'
☀ ☀ ↕80 ◎9~10
대부분의 종들보다 꽃이 크게 핀다. 흰색 꽃에는 어두운
분홍색 반점이 있다. 좋은 조건에서는 번져 나가면서
커다랗게 떨기를 이룬다.

T. formosana 대만뻐꾹나리
☀ ☀ ↕80 ◎9~10
트리시르티스 스톨로니페라 *T. stolonifera* 라고도 부른다.
어두운 초록색 잎은 윤이 나고 꽃망울은 갈색이다. 꽃은
연한 색 바탕에 자주색 반점이 있다. 땅속 기는줄기로
빠르게 번져 나간다.

T. setouchiensis 'Shimone' 트리시르티스
세토우키엔시스 '시모네'
☀ ☀ ↕90 ◎9~10
크게 자라기 때문에 충분한 공간이 필요하다. 연분홍색
꽃에 있는 자줏빛을 띤 붉은색 무늬가 눈길을 끈다.

Calamagrostis(뒤쪽)와 *Tricyrtis*(앞쪽)

Tricyrtis formosana | *Tricyrtis setouchiensis* 'Shimone'

Trifolium rubens(앞쪽)와 *Teucrium hircanicum*(왼쪽 뒤) | *Tiarella*

Trollius ×cultorum 'New Moon'

Trifolium 토끼풀속, 콩과

토끼풀은 약 250여 종이 있는데, 그중 상당수가 꽃이 매력적이다. 모두가 익숙한 잎에 관해서는 설명이 필요 없을 것이다. 토끼를 비롯한 모든 초식동물들이 그 잎을 맛있게 먹는다.

T. rubens 붉은새깃토끼풀

☼ ↕40 ⊚7~8

줄기가 연해 부드러운 느낌으로 자라는 종이다. 진한 자줏빛 분홍색 꽃이 길게 매력적으로 피며, 꽃망울은 회청색이고 털이 있다.

'Peach Pink' 피치 핑크

꽃은 연분홍색인데 꽃망울일 때는 은빛이 난다.

Trollius 금매화속, 미나리아재비과

T. ×cultorum 'New Moon' 트롤리우스 쿨토룸 'New Moon'

☼ ☀ ↕60 ⊚5~6

아주 연한 노란색을 띠는 꽃이 대단히 아름답다. 서늘하고 촉촉한 토양에서 잘 자라며 여름이 오기 전 두 달 동안 매력을 발산한다.

Valeriana 쥐오줌풀속, 마타리과

V. pyrenaica 발레리아나 피레나이카

☼ ↕120 ⊚5~6

심장 모양의 커다란 뿌리잎과 견고한 꽃대가 나오는 튼튼한 식물이다. 분홍색 꽃은 커다란 원뿔 모양으로 무리 지어 핀다. 보통 서양쥐오줌풀과 비슷하지만 모습이 훨씬 더 인상적이고 마구 번지지도 않는다. 비옥하고 수분이 잘 유지되는 토양에서 가장 잘 자란다.

Veratrum 여로속, 백합과

빼어난 모습에 수명도 긴 식물이다. 달걀 모양의 커다란 잎에는 평행하는 잎맥들이 또렷이 보인다. 꽃대는 여러 갈래로 갈라지고 별 모양의 꽃들이 가득 피면서 커다란 원뿔모양꽃차례를 이룬다. 꽃이 진 뒤의 마른 꽃대도 아주 멋지다. 토양 조건은 전혀 까다롭지 않지만 키우려면 더욱더 인내해야 한다. 처음으로 꽃이 필 때까지 무려 7년이 걸리며, 매년 피는 것도 아니기 때문이다. 절대로 옮겨 심어서도 안 된다! 달팽이가 잎을 좋아하는데, 가끔은 잎의 주맥에 이르기까지 먹어 치우기도 한다.

V. californicum 캘리포니아박새

☼ ↕220 ⊚7~8

잎은 시가처럼 돌돌 말려서 꽤 늦게 올라온다. 말려진 중심부에서 아주 가늘고 끝이 뾰족한 잎들이 나오기 시작하고 그 뒤에 꽃이 핀다. 초록색 줄무늬가 있는 흰색 꽃은 별을 닮았고 거대한 원뿔 모양으로 한가득 핀다. 주변의 모든 이웃이 감탄할 정도로 꽃이 아름답다.

V. nigrum 참여로

☼ ↕120 ⊚7~8

캘리포니아박새처럼 꽃대가 크고 넓게 갈라지지는 않지만 꽃은 더 규칙적으로 핀다. 갈색빛이 도는 짙은 자주색 꽃에서는 김빠진 맥주 같은 이상야릇한 냄새가 난다.

Verbascum 우단담배풀속, 현삼과

대부분 두해살이풀로, 첫해에는 털로 뒤덮인 잎이 로제트를 이루며 자란다. 이듬해가 되면 그 잎 위로 대개 노란색 꽃들이 촘촘하게 이삭 모양으로 달리는데, 그 모습이 마치 웅장한 횃불을 연상시킨다. 대부분의 종은 교잡이 쉽게 일어나 식물 이름을 정확히 알기가 쉽지 않다. 흰색 꽃은 여러 종의 모체로부터 얻을 수 있지만 그 특성이 이후 세대까지 반드시 이어지지는 않는다. 여기에서 소개하는 종은 후손까지도 확실히 흰색 꽃이 핀다.

V. lychnitis 베르바스쿰 리크니티스

☼ ↕160 ⊚6~8

초록색 잎의 아랫면에는 하얀 솜털이 있고 중심에는

Veratrum nigrum | *Veratrum californicum*

Campanula lactiflora(연보라색 꽃)와 *Verbascum lychnitis*(가운데)

흰색 잎맥이 뚜렷하다. 꽃은 높다란 원뿔모양꽃차례를 이루며 핀다. 꽃줄기와 꽃망울은 밀가루를 뿌린 듯 뿌옇다. 흰색 꽃은 지름이 1센티미터 정도이고 수술 역시도 흰색이다. 가끔씩 수술이 자주색인 경우도 보이는데, 아마도 다른 종과 교잡한 결과일 것이다. 그런 경우에는 씨가 맺히지 않는다.

Verbena 마편초속, 마편초과

사각으로 각진 줄기는 튼튼하고, 좁다란 잎은 질감이 거칠다. 자잘한 꽃들은 지그재그로 나오는 곁줄기에서 어긋나게 피는데, 보리지의 꽃 피는 모습과 비슷하다. 꽃들은 이삭이나 원뿔 모양으로 촘촘히 모여 피기 때문에 꽃 크기가 아주 작아도 눈길을 사로잡을 수 있다. 곤충들이 아주 좋아한다.

V. bonariensis 버들마편초
☼　↕150　◎7~11
베르베나 파타고니카 *V. patagonica* 라고도 부른다. 가느다란 줄기는 드문드문 갈라지고 보라색 꽃들이 원뿔 모양을 이루며 오랫동안 핀다. 키 작은 식물들과 무리 지어 심으면 환상적인 효과를 낼 수 있으며, 많은 나비들이 꽃에 몰려들기 때문에 그 효과는 배가 된다. 내한성이 아주 좋지는 않지만 왕성하게 자연발아 한다.

V. hastata 베르베나 하스타타
☼　↕120　◎7~9
긴 꽃이삭에 밝은 보라색 꽃들이 자잘하게 달리고 전체적으로 보면 꼿꼿한 총상꽃차례를 이룬다. 개화기간도 길지만 꽃이 핀 부분이 거의 없어도 여전히 장관을 이루면서 시선을 사로잡는다. 아마도 딱딱한 느낌과 부드러운 느낌이 공존하기 때문에 그렇게 특별한 매력으로 다가오는지도 모르겠다. 추위에 매우 강하지만 그렇다고 아주 믿을 만한 식물은 아니다. 가끔씩 그냥 사라져 버리기 때문이다. 하지만 매년 수많은 싹이 주변에서 올라오기 때문에 문제가 되지는 않을 것이다. 수분이 유지되는 토양에서 가장 잘 자란다.

'Alba' 알바
원종만큼 특별한 매력이 있고 꽃은 흰색으로 핀다.

'Rosea' 로세아
꽃은 분홍색이다.

Verbesina 나래가막사리속, 국화과

V. alternifolia 나래가막사리
☼　↕200　◎8~9
톨그래스 프레리에서 자생하는 아주 키가 큰 식물이다. 날개가 있는 줄기, 거친 질감의 잎, 원뿔모양꽃차례가 특징이다. 데이지 같이 생긴 꽃은 탁한 노란색이고 혀꽃은 늘 몇 개가 빠져 있는데, 오히려 그 모습이 매력적이다. 토양 조건은 까다롭지 않으며, 결코 쓰러지는 법이 없다.

Vernonia 베르노니아속, 국화과

아주 늦은 시기에 꽃이 피는 독특한 식물이다. 꽃은 모든 종이 거의 비슷한데, 진한 자주색 꽃에는 붉은빛이 감돈다. 나비가 참 좋아한다. 모든 종들이 아주 닮았고 키가 매우 큰 편이다.

V. crinita 베르노니아 크리니타
☼　↕250　◎9~10
꽃이 늦게 피는 대형종으로 꽃은 자줏빛을 띤 붉은색이다. 엉겅퀴를 닮은 꽃들이 우산 모양으로 모여서 핀다. 늦게 꽃이 피는 그 밖의 대형 식물들과 함께 심으면 매력적으로 연출할 수 있다. 수분이 잘 유지되는 비옥한 토양에 심어야 한다.

'Mammuth' 맘무트
아주 다부진 모습으로 자라고 더 넓은 우산모양꽃차례를 이룬다.

V. lettermannii 'Iron Butterfly' 베르노니아 레테르마니이 '아이언 버터플라이'
☼　↕80　◎9~10
대다수 종보다 키는 더 작고 잎의 질감은 더 곱기 때문에

Verbena hastata 'Alba'(흰색 꽃)와 *Potentilla*(빨간색 꽃)

Verbesina alternifolia │ *Verbena hastata*(보라색 꽃)와 *Helenium*(주황색 꽃)

탁 트인 공간이라면 어디서나 적합한 매력적인 식물이다. 야생 서식지의 환경을 감안하면 가물거나 별안간 홍수가 닥쳐도 쉽게 회복할 수 있는 튼튼한 식물이다.

V. 'Summer Surrender' 베르노니아 '서머 서렌더'
☼ ↕120 ◎ 9~10

정원용으로 재배한 교잡종으로 키만큼이나 넓게 자란다.

V. 'Summer Swan Song' 베르노니아 '서머 스완 송'
☼ ↕100 ◎ 9~10

베르노니아의 매력을 더 널리 알려 줄 새로운 품종이다.

Veronica 베로니카속, 현삼과

정원식물로 빠질 수 없는 속이다. 특색 있는 모양의 꽃은 네 장의 꽃잎으로 이루어져 있고 가장 아래쪽 꽃잎은 위의 세 장보다 두드러지게 작다. 꽃은 이삭 모양으로 핀다.

V. gentianoides 'Pallida' 용담방패꽃 '팔리다'
☼ ↕35 ◎ 5~6

반들거리는 잎을 지닌 멋스러운 지피식물이다. 연한 파란색 꽃들이 이삭 모양으로 성글게 모여 달린다. 꽃잎에는 진한 파란색 줄무늬가 있고 가운데는 색이 더 짙다.

V. longifolia 긴산꼬리풀
☼☼ ↕100 ◎ 7~8

왕성하게 자연발아 하는 야생종이다. 위로 갈수록 좁아지는 긴 꽃대축에 보랏빛을 띤 파란색 꽃들이 연한 색조부터 진한 색조까지 여러 색을 보이며 꽃이삭을 이룬다. 여기서는 키 60센티미터 정도의 아담한 품종들을 소개한다.

'Candied Candles' ('Can Can') 캔디드 캔들스(캔 캔)
분홍색 꽃이 피는 아담한 품종이다.

'Eveline' 에벌린
보라색 꽃이 핀다.

'Inspiration' 인스퍼레이션
꽃은 흰색이다. 대다수 종들보다 더 건강하고 꽃도 더 오래 핀다.

'Pink Eveline' 핑크 에벌린
연분홍색이 은은하게 배어나는 우아한 품종이다.

V. spicata 이삭꼬리풀
☼ ↕50 ◎ 6~9

키가 그다지 크지 않은 튼튼한 식물이다. 긴 꽃이삭은 위로 갈수록 뾰족해지고 진정한 파란색이라 할 만한 색의 꽃들이 촘촘하게 달린다.

'Rotfuchs' 로트푹스
분홍빛을 띤 붉은색 꽃이 핀다.

Veronicastrum 냉초속, 현삼과

V. sachalinense 베로니카스트룸 사칼리넨세
☼ ↕180 ◎ 6~7

훨씬 더 알려진 미국 원산의 버지니아냉초 V. virginicum와 아주 비슷하다.

'Manhattan Skyline' 맨해튼 스카이라인
청보라색 꽃들이 가늘고 긴 이삭 모양으로 핀다.

V. virginicum 버지니아냉초

베로니카속과 밀접한 관계를 지닌 키가 크고 튼튼한 식물이다. 창 모양 잎들이 줄기를 빙 둘러서 달리고 그 위로 꽃들이 길쭉한 이삭꽃차례를 이루며 핀다. 화단에 강한 수직적 요소를 더하는 역할을 한다. 마치 점점 더 높아지기를 갈망하는 것처럼 보인다는 점에서 고딕 양식 식물이라 부를 수도 있다. 새로운 여러해살이풀 심기 운동 때문에 비로소 세상에 알려진 식물 중 하나라 할 수 있다. 또한 많은 벌들이 찾아오는 식물이다.

'Adoration' 애더레이션
☼ ↕180 ◎ 7~8

줄기가 자주색이라 멀리서도 시선을 사로잡는다. 특히 더 튼튼한 식물로, 분홍색 꽃망울이 열리면서 라일락색으로 꽃이 핀다.

Vernonia 'Summer Surrender'

Vernonia 'Summer Swan Song'

Veronica longifolia 'Pink Eveline'

Vernonia lettermannii 'Iron Butterfly'

Vernonia crinita 'Mammuth'

Veronica longifolia 'Inspiration'

Veronicastrum sachalinense 'Manhattan Skyline'

Veronicastrum virginicum 'Challenger' | *Veronicastrum virginicum* 'Roseum'

'Challenger' 챌린저

☀ ↕140 ◎7~8

꽃은 분홍색이지만 꽃이삭의 끝 부분에서는 초록빛이 난다.
꽃이 촘촘하게 핀다.

'Diana' 디아나

☀ ↕140 ◎7~8

새하얀 꽃이 핀다.

'Erica' 에리카

☀ ↕120 ◎7~8

처음에는 진분홍색으로 꽃이 피지만 갈수록 엷어지면서
두 가지 색이 환상적으로 섞인다. 첨탑 모양의 꽃이삭은 끝
부분이 우아하게 휘어진다.

'Lavendelturm' 라벤델투름

☀ ↕180 ◎7~8

연한 라일락색 꽃이 피는 아주 호리호리한 품종이다.

'Red Arrows' 레드 애로스

☀ ↕120 ◎7~8

보라색 꽃은 끝 부분으로 갈수록 선명하게 붉어진다. 여러
갈래로 갈라진 꽃이삭이 다발을 이룬다.

'Roseum' 로세움

☀ ↕160 ◎7~8

연분홍색 꽃이 핀다.

VERONICASTRUM HYBRIDS 냉초 교잡종

'Temptation' 템테이션

☀ ↕140 ◎6~7

버지니아냉초*V. virginicum*와 냉초*V. sibiricum*의 교잡종으로
추측한다. 라일락빛을 띤 파란색의 꽃이삭들이 비스듬히
기울어지고 초여름에 꽃이 핀다.

Viola 제비꽃속, 제비꽃과

턱없이 낭만적인 이미지로 묘사되는 이 속은 두 개의
그룹으로 구별해 보면 좋을 것이다. 숲에서 자라는
제비꽃 종류는 여러해살이풀이고 봄에 짧게 꽃이 핀다.
흔히 보아 온 3월에 피는 제비꽃을 비롯해서 비올라
엘라티오르*V. elatior*, 비올라 라브라도리카*V. labradorica*,

비올라 소로리아*V. sororia*가 이 그룹에 속한다.
삼색제비꽃인 팬지의 경우는 한해살이도 있고
여러해살이도 있으며, 꽃은 더 오래 핀다. 여러해살이풀인
비올라 코르누타*V. cornuta*가 여기에 속한다.

V. cornuta 비올라 코르누타

☀ ↕25 ◎5~10

청보라색 꽃이 오랫동안 핀다. 꽃은 주로 5월과 6월에
피지만 꽃대를 잘라 주면 늦여름에도 다시 꽃이 핀다.
여름 장마철에 계속 자라면서 꽃이 피고 이웃하는
식물들 사이로 기어오른다.

'Alba' 알바

보통 종보다 그늘을 더 잘 견디기 때문에 그늘진 곳에서도
계속 꽃이 핀다.

V. elatior 비올라 엘라티오르

☀◐ ↕40 ◎5~6

유별나게 크게 자라는 종으로, 좁다란 삼각 모양의 잎도
비교적 큰 편이다. 꽃은 개화기가 짧지만 그 모습이 아주
특별하다. 보통 제비꽃은 꽃 색이 보라색에 가깝지만,
이 종은 꽃이 하늘색에 가깝게 피고 꽃 중심이 하얗다.
그늘정원에 제격인 작은 보석같은 식물이다. 자갈과 돌
사이에서 자연발아가 잘 일어난다.

V. labradorica 비올라 라브라도리카

☀◐ ↕5 ◎4

숲에서 자라는 제비꽃 가운데 가장 중요한 정원식물이다.
꽃은 여느 종들처럼 개화기가 짧지만 자줏빛 색조의
잎이 1년 내내 매력적이다. 뿌리줄기와 씨를 통해 정원의
빈틈으로 번져 나가기 때문에 그늘정원에서 틈새를
채우는 식물로 제격이다.

V. sororia 비올라 소로리아

☀◐ ↕10 ◎4~5

큰 떨기를 이루고 자연발아가 잘 일어나기 때문에 야생
정원의 지피식물로 아주 안성맞춤이다.

Viola sororia 'Freckles'

Viola elatior | *Zigadenus elegans* subsp. *glaucus*

'Albiflora' 알비플로라

흰색 꽃이 핀다.

'Freckles' 프레클스

흰색 꽃에 보라색 반점이 있다. 너무나 귀여운 모습이다.

Zigadenus 지가데누스속, 백합과

Z. elegans subsp. *glaucus* 지가데누스 엘레간스 글라우쿠스

☼ ☀   ↕60   ◉ 7~8

느리게 자라지만 튼튼한 식물이다. 그래스 같은 뻣뻣한
잎은 청록색이고 줄기는 회녹색이다. 별 모양의 꽃은
베이지색이며 초록색의 작은 반점들이 있다. 모든 면에서
섬세한 느낌을 주며 다른 식물들과 어우러지면 무척
아름답다.

책에 사용된 기호

☼ 양지
여름에 최소한 일곱 시간 햇빛이 드는 곳

☼ 반음지
여름에 세 시간에서 다섯 시간 정도
햇빛이 들거나 투과한 햇빛이 드는 곳

☀ 음지
여름에 세 시간 미만으로 햇빛이 드는 곳

↕ 높이
단위 센티미터

⚙ 개화기
1= 1월, 2= 2월,
해당 없음= 개화기는 정해져 있지만
꽃이 아주 미미해서 별 의미가 없는 식물

Andropogon gerardii 'Brocken Delight' | *Andropogon gerardii* 'Dancing Wind'

Bouteloua gracilis 'Blonde Ambition' | *Bouteloua curtipendula*

Achnatherum 아크나테룸속, 벼과

A. calamagrostis 아크나테룸 칼라마그로스티스
☀ ↕90 ◉6~9

스티파 칼라마그로스티스*Stipa calamagrostis*라고도 부른다. 잎이 빽빽하지 않게 떨기를 이루며 자라고 우아하게 휘어진다. 꽃은 풍성한 원뿔모양꽃차례를 이루며, 처음에는 은색이었다가 금방 카키색으로 변한다. 가을이 깊어질 때까지 매력적인 모습으로 남아 있다.

Andropogon 나도솔새속, 벼과

톨그래스 프레리에서 주를 이루는 식물로 미국 탐험가들이 처음 보았을 때 '초원의 바다*seas of grass*'라 묘사하며 감탄한 식물이다. 최근에는 여러 육묘장에서 몇 가지 우수한 품종을 육종하여 선보이고 있다.

A. gerardii 안드로포곤 게라르디이
'Brocken Delight' 브로켄 딜라이트
☀ ↕120 ◉8~12

회색 잎에 곧게 자라는 소형종이다.

'Dancing Wind' 댄싱 윈드
☀ ↕180 ◉8~12

잎이 처음에는 노란빛이 감돌지만 계절이 지날수록 점차 극적으로 붉어진다. 마른 이삭은 진한 갈색이다.

Asperella 아스페렐라속, 벼과

A. hystrix 아스페렐라 히스트릭스
☀ ↕80 ◉6~7

병솔개밀*Hystrix patula*이라고도 부른다. 너저분하게 마구 자란 잎들 위로 병을 닦는 솔처럼 생긴 가늘고 유연한 꽃이삭이 여름부터 달리기 시작한다. 아주 매력적이지만 자라는 속도는 느리다. 부식질이 풍부하고 물빠짐이 좋은 토양에서 가장 잘 자란다.

Bouteloua 보우텔로우아속, 벼과

B. curtipendula 보우텔로우아 쿠르티펜둘라
☀ ↕90 ◉6~12

꽃과 씨앗이 한쪽 방향으로만 달리는 모습이 아주 흥미롭다. 가을에는 푸른빛이 감도는 잎에 적갈색이 더해지기도 한다.

B. gracilis 'Blonde Ambition' 보우텔로우아 그라실리스 '블론드 앰비션'
☀ ↕80 ◉6~12

꽃과 씨앗이 달리는 모습이 무척 독특하다. 모기 유충처럼 보이기도 해서 영어 이름도 '모기풀*mosquito grass*'이다. 연한 색상의 꽃은 청록색 잎과 대조를 이룬다. 쇼트그래스 프레리*shortgrass prairie*, 키 작은 풀이 중심을 이루는 북미 대초원의 서부 지역에서 자생하는 종으로 건조에 강하다.

Brachypodium 숲개밀속, 벼과

B. sylvaticum 숲개밀
☀ ☀ ↕80 ◉6~8

밝은 초록색의 넓고 긴 잎에는 잔털이 있고 떨기를 이루며 난다. 로켓*locket*, 사진 등을 넣어 목걸이에 다는 작은 갑을 닮은 작은이삭*벼과나 사초과 식물의 꽃차례를 구성하는 기본 단위*들이 모여 우아한 이삭꽃차례를 이룬다. 꽃이 진 뒤에도 이삭은 이른 봄까지 남아 있다가 다시 새 잎이 나는데, 그 모습이 1년 내내 매력적이다. 짙은 그늘과 가뭄에도 잘 견딘다. 주변으로 번지는 습성만 없으면 관상용 그래스로 제격이다. 정원 일에 어느 정도 경험이 있는 사람에게 권한다.

Briza 방울새풀속, 벼과

B. media 중방울새풀
☀ ↕40 ◉5~7

작은 키로 다발을 이루며 자라는 그래스다. 잎은 청록색이고 꽃은 느슨한 원뿔 모양으로 피어 깃털처럼 가볍고 우아한 느낌을 준다. 녹색과 자주색이 섞여 있는 윤기 나는 작은이삭은 실처럼 가늘며 휘어지는 줄기에 달려 한 줄기 바람에도 쉽게 흔들린다. 햇빛이 잘 들고 너무 건조하지도 비옥하지도 않은 환경에 적합한 식물이다.

'Limouzi' 리무지
좀 더 비옥한 토양에 적합한 품종이고 키가 70센티미터 정도로 원종보다 더 크게 자란다.

Calamagrostis 산새풀속, 벼과

C. ×acutiflora 바늘새풀
☼　↕180　◎6~7

산조풀C. epigejos과 실새풀C. arundinacea의 자연교잡종으로 제자리에서 튼튼하고 곧게 자란다. 봄부터 자라기 시작해서 여름에는 사람 키만큼 자라 호리호리한 갈색의 꽃이삭을 선보인다. 꽃이삭은 여름을 보내며 연한 황갈색으로 바랜다. 겨울 동안에도 형태가 잘 남아 있어 효과가 좋은 식물이다. 독립적으로 심어도 좋고 멋진 관목들과 함께 심어도 좋다.

'Karl Foerster' 칼 푀르스터
꽃이 피는 6월에 세찬 바람이 불거나 비가 많이 내리면 꽃치례가 툭 부러지기 십상이다. 하지만 꽃이 다 피고 난 뒤에는 더없이 튼튼하게 남아 있다.

'Overdam' 오버담
잎에는 흰색 줄무늬가 있고 줄기와 꽃차례는 자주색을 띤다. 160센티미터 정도로 다소 작게 자라는 품종이다.

C. brachytricha 칼라마그로스티스 브라키트리카
☼　↕120　◎8~10

굉장히 아름다운 식물이다. 별 특징이 없는 잎들 사이에서 대단히 길고 둥그스름한 원뿔모양꽃차례로 늦여름부터 유연한 형태로 자라기 시작한다. 습기 찬 날씨에는 꽃차례에 물방울이 가득 맺히는데, 그런 모습 때문에 다이아몬드 그래스라 부르기도 한다.

Carex 사초속, 사초과

사초는 벼과 식물과는 달리 자잘한 꽃들이 꽃대축에 바짝 모여 핀다. 다소 빛이 드는 그늘이나 심지어는 빛이 거의 없는 그늘에서도 잘 자라고 척박한 토양에 적합하다는 점에서도 차이가 있다. 전성기를 맞이한 식물 가운데 하나로 손꼽을 수 있는데, 손이 덜 가는 데다가 상록성이라서 정원사와 조경디자이너들은 이 식물이 얼마나 유용한지 잘 알기 시작했다. 촘촘한 다발을 이루는 종은 더 관상 가치가 있는 숲속 음지식물이나 봄 구근류와 함께 그늘진 곳을 채우기에 제격이다. 퍼지는 습성이 있는 종은 잔디를 대체하는 식물로 이용할 수 있고, 특히 그늘에서도 충분히 심을 수 있다.

C. appalachica 카렉스 아팔라키카
☼　◑　↕50　◎4~5

고운 질감의 어두운 색 잎들이 촘촘하게 뭉쳐 자란다. 더 건조한 토양에 적합하다.

C. digitata 카렉스 디기타타
☼　↕20　◎4~5

암록색 잎이 모여 단정한 형태로 뭉쳐 자라는 상록성 사초다.

C. eburnea 카렉스 에부르네아
☼　◑　↕20　◎4~5

잎의 질감이 가장 고운 사초이며, 잎의 색깔은 밝은 초록색이다.

C. flacca 카렉스 플라카
☼　◑　↕25　◎5

카렉스 글라우카C. glauca라고도 부른다. 아주 왕성하게 뻗어 나가기 때문에 꽃피는 여러해살이풀이나 제자리에서 뭉쳐 자라는 벼과와 사초과 식물의 틈새를 채우는 바탕식물로 제격이다. 파란빛을 띤 잎들이 아주 깔끔하고 매력적으로 빈틈을 채워 나간다. 하지만 잡초가 들어서면 빠르게 밀려날 수 있다.

Calamagrostis brachytricha | *Carex flacca*

Carex muskingumensis | *Carex eburnea*

Chrysopogon gryllus

Chasmanthium latifolium | *Eragrostis spectabilis*

C. grayi 그레이사초

☀️☀️ ↕60 ◎5~10

키가 큰 사초로 잎도 꽤 넓다. 그다지 눈에 띄지 않는
꽃이 지면 끝이 뾰족한 커다란 씨앗이 모여 달린다. 그
모습이 마치 중세 시대 무기로 사용했던 철퇴와 흡사하다.
씨앗은 가을이 깊어질 때까지 계속 달려 있다. 온화한
겨울에는 초록색 잎이 유지되고 거의 모든 토양에서 쉽게
잘 자란다.

C. montana 카렉스 몬타나

☀️☀️ ↕25 ◎5

고운 질감의 잎이 촘촘히 뭉쳐 자라며 가을에는
갈색으로 물든다. 매력적인 연노란색 꽃이 잠시 피긴
하지만 거의 표시가 나지 않는다.

C. muskingumensis 야자사초

☀️☀️ ↕60 ◎6~7

줄기 주변으로 가느다란 잎들이 휘어지며 달리는데,
그 모습이 파피루스와 닮았다. 축축한 곳에 적합한
종으로 무척 우아한 느낌을 준다.

C. pensylvanica 카렉스 펜실바니카

☀️☀️ ↕30 ◎해당 없음

제멋대로 번지며 자라는 식물로, 잔디처럼 그 위를
지나다닐 수 있는 건 아니지만 그늘에서 잔디
대용으로 가장 많이 사용하는 식물이다. 그 외에도
여러해살이풀들을 한데 어우러지게 하는 바탕식물로
쓰이는 등 다양하게 활용된다. 단정한 모양의 초록색
잎에 꽃은 거의 피지 않는다. 다른 사초류에 비해 건조한
토양에서 더 잘 견딘다.

C. platyphylla 카렉스 플라티필라

☀️ ↕30 ◎해당 없음

종이 질감의 넓은 잎이 특징이고 보통의 사초류와는
눈에 띄게 달라서 그늘정원의 식재에 한몫한다.
야생에서는 주로 촉촉한 토양에서 자라지만 정원에서는
더 건조한 토양에서도 잘 견딘다.

Chasmanthium 카스만티움속, 벼과

C. latifolium 낚시귀리

☀️☀️ ↕80 ◎9~10

우니올라 라티폴리아Uniola latifolia라고도 부른다. 위로
곧게 자라고 넓은 잎과 납작한 타원형의 꽃이삭이
흥미롭다. 꽃이 진 후에는 잎들이 부드럽게 휘어진다.
자연발아가 잘 일어난다.

Chrysopogon 크리소포곤속, 벼과

C. gryllus 크리소포곤 그릴루스

☀️ ↕180 ◎7~8

촘촘하게 떨기를 이루는 아주 훌륭한 그래스지만
정원보다 알프스에서 더 많이 볼 수 있다는 점이 아쉽다.
잘 알려진 큰나래새Stipa gigantea처럼 하늘거리는 우아한
모습을 지녔지만 추위에는 더 강하며 분홍빛 감도는 꽃이
생동감을 더해 준다.

Deschampsia 좀새풀속, 벼과

D. cespitosa 좀새풀

☀️☀️ ↕120 ◎6~7

야생에서 알아보기가 쉽지는 않지만 우리가 아끼는
아름답고 흔한 자생 그래스 중 하나다. 야생에서는 다른
풀들 사이에서 간신히 알아볼 수 있을 정도이며, 물을
잔뜩 머금은 곳에서 자란다. 정원에 심으면 가늘고 긴
초록색 잎이 빽빽하게 뭉쳐서 분수 형태로 겨우내 남아
있다. 긴 줄기에 달리는 꽃차례는 아주 섬세하며, 꽃이
진 후에도 오랫동안 매력적이다. 너무 건조하지만 않다면
대부분의 토양에서 잘 자란다.

'Goldschleier' 골트슐라이어

꽃차례와 줄기가 초여름에 연한 황갈색으로 변하면서 눈길을
사로잡는다.

'Goldtau' 골트타우

'골트슐라이어'와 닮았지만 모든 면에서 더 작고, 더 촘촘하며,
꽃은 더 늦게 핀다.

Eragrostis 참새그령속, 벼과

300여 종으로 구성된 대규모 속으로, 세련된 느낌의
꽃차례가 특징이다. 전 세계적으로 건조한 열대지역과
아열대 지역에서 주로 자란다. 신기하게도 추운
지역에서도 햇빛만 잘 드는 곳이면 많은 종들이 추위에
잘 견딘다.

E. curvula 능수참새그령
☀ ↕70 ◎7~9

실처럼 가느다란 잎이 수북하게 자라고 긴 꽃대는
우아하게 휘어진다.

E. spectabilis 꽃그령
☀ ↕50 ◎7~11

잎은 빼곡하게 모여 자라며, 그 위로 수많은 꽃들이 짧은
꽃자루에 달려서 하늘거리며 갈라지는 원뿔모양꽃차례를
이룬다. 그 모습이 마치 아련한 자줏빛 실안개가 땅 위로
내려온 듯하다.

E. trichodes 에라그로스티스 트리코데스
☀ ↕100 ◎8~10

긴 꽃차례가 아주 섬세한 느낌이고 은빛 감도는 분홍색
구름 같아 보인다.

Festuca 김의털속, 벼과

F. mairei 페스투카 마이레이
☀ ↕80 ◎6~7

심은 지 두 해 만에 1미터 정도로 크게 다발을 이룬다.
잎은 청록색이고 꽃차례는 약간 휘어진다. 추위와 가뭄에
모두 잘 견디는 식물 가운데 하나다.

Hakonechloa 풍지초속, 벼과

H. macra 풍지초
☀ ☀ ↕40 ◎8~9

마치 대걸레처럼 긴 잎들이 휘어져 늘어진 모습을 보여
주는, 아주 매력적인 식물이다. 꽃은 빽빽하지 않게
원뿔모양꽃차례를 이룬다. 가을 무렵 잎이 주황색으로
물든다. 비옥하고 물빠짐이 좋은 토양이 필요하다.

'Aureola' 아우레올라
구릿빛 잎에는 노란색 줄무늬가 있다.

Imperata 띠속, 벼과

I. cylindrica 'Red Baron' 홍띠
☀ ↕40 ◎해당 없음

뿌리줄기를 짧게 뻗으면서 떨기를 이룬다. 봄부터 자란
잎은 가을까지 선홍색으로 붉지만 꽃이 피지는 않는다.
엄격한 정형미가 돋보이는 일본식 정원에서 대규모로
무리 지어 심으면 좋다.

Melica 쌀새속, 벼과

아주 우아한 모습의 소형종이 중심을 이루는 속이다.
야생의 서식지 환경은 극도로 건조하다. 개화기는 늘
짧은 편이고 자연발아가 잘 일어나기 때문에 정원사들의
미움을 사기도 한다.

M. uniflora f. albiflora 멜리카 우니플로라 알비플로라
☀ ↕40 ◎5~6

쌀알 모양의 작은 꽃들이 연녹색 잎 위에 펼쳐진다. 꽃이
피는 여러해살이풀 사이에 점점이 배치되어 어우러지면
보기 좋다. 다소 빛이 드는 그늘의 건조한 토양에서도
비교적 잘 견딘다.

Miscanthus 억새속, 벼과

M. sinensis 참억새
키가 큰 억새 종으로 늘어지는 긴 잎이 큰 떨기를 이루며
자란다. 여름이 끝날 무렵에는 적갈색의 꽃차례가

Festuca mairei

Imperata cylindrica 'Red Baron'

Miscanthus 'Zwergelefant'

Miscanthus sinensis 'Malepartus'

Miscanthus sinensis 'Ferner Osten'

Molinia caerulea var. *arundinacea* 'Transparent'(가운데 그래스), *Stachys*(왼쪽 아래), *Eupatorium*(가운데 뒤쪽), *Lobelia*(오른쪽 아래)

Molinia caerulea 'Heidebraut'	*Molinia caerulea* var. *arundinacea* 'Crystal Veil'	*Molinia caerulea* var. *arundinacea* 'Dark Beauty'
Molinia caerulea 'Swirl'	*Molinia caerulea* 'Moorhexe'	

우아하게 달리며, 꽃이 진 후에는 은빛으로 바랜다. 중국과 일본의 목공예에서 자주 볼 수 있는 식물로 관상 가치가 높다. 가을에는 잎이 노란색 또는 주황색으로 물들고 겨울에는 식물 전체가 연미색으로 변한다. 꽃대는 겨우내 비나 눈, 폭풍우에 넘어지지 않고 잘 서 있다. 과거 유럽에서는 볼품없거나 꽃이 피지 않는 식물로 여겼으며, 미국에서는 잠재적인 침입성 식물로 간주한다.

'Ferner Osten' 페르너 오스텐

☼ ↕180 ◎9~11

호리호리한 잎과 수평으로 벌어지는 꽃이삭이 우아한 느낌을 준다. 가을에 물드는 색이 사랑스럽다.

'Flamingo' 플라밍고

☼ ↕180 ◎8~10

회분홍색 꽃차례가 휘어지는데, 그 자태가 우아하다.

'Gewitterwolke' 게비터볼케

☼ ↕200 ◎8~10

풀어헤친 금발머리를 연상시키는 꽃차례가 특징이며, 그 모습이 천둥 번개를 몰고 오는 구름을 닮았다. 이름도 그 때문에 만들어졌다.

'Kaskade' 카스카데

☼ ↕210 ◎9~11

휘어지는 줄기에 달리는 꽃차례가 분홍색에서 연미색으로 변한다.

'Kleine Fontäne' 클라이네 폰테네

☼ ↕180 ◎7~10

은빛이 도는 적갈색 꽃차례가 일찍부터 달리며, 가을까지 계속해서 새 꽃대를 올린다.

'Kleine Silberspinne' 클라이네 질버슈피네

☼ ↕160 ◎8~10

원형의 푸프 쿠션앉거나 발을 올려놓는 데 쓰는 크고 두꺼운 쿠션 같은 형태로 자란다. 구두끈처럼 가느다란 잎이 넓게 다발을 이루고 깃털 같은 꽃차례는 폭이 좁고 은빛을 띤 적갈색이다.

'Malepartus' 말레파르투스

☼ ↕200 ◎8~10

꽃이 피기 전에는 포엽에 뚜렷한 주름이 있다. 적갈색 꽃차례가 달리면 떨리는 듯한 모습을 얼마간 볼 수 있다. 아주 훌륭한 품종이다.

'Morning Light' 모닝 라이트

☼ ↕160 ◎해당 없음

대단히 매력적인 품종이다. 꽃은 거의 피지 않고 피더라도 아주 드물게 핀다. 은빛 줄무늬가 있는 좁다란 잎이 우아하게 휘어지며, 아래는 촘촘하고 위로 갈수록 넓어지는 꽃병 모양을 이룬다.

'Zwergelefant' 츠베르크엘레판트

☼ ↕220 ◎8~10

포엽이 위쪽에서 퍼지지 않기 때문에 붉은빛을 띤 은색 꽃이 아래서부터 돌돌 말리면서 나온다. 코끼리의 코를 상상해 보면 이해가 쉬울 것이다.

Molinia 몰리니아속, 벼과

평판이 좋지는 않지만 위엄 있게 자리를 지키는 식물이다. 특히 가을에는 주황빛을 띤 노란색으로 물드는데, 넓게 무리지어 황무지나 산성 토양의 숲을 덮고 있다. 꽃이삭은 보통 납작하게 압축시킨 모양으로, 종에 따라서 느슨하게 갈라지기도 한다.

M. caerulea 몰리니아 세룰레아

'Edith Dudszus' 에디트 두추스

☼ ☼ ↕100 ◎7~10

튼튼한 식물로, 압축된 형태의 짙은 색 꽃차례가 살짝 휘어진다.

'Heidebraut' 하이데브라우트

☼ ☼ ↕140 ◎7~10

밝은 초록색 잎이 돋보이며, 빽빽하지 않은 꽃차례를 이룬다. 가을에 물드는 색이 찬란하다.

'Moorhexe' 모어헥세

☼ ☼ ↕100 ◎7~10

어두운 색상의 꼿꼿한 꽃이삭이 숱하게 달린다.

'Poul Petersen' 포울 페테르센

☼ ☼ ↕80 ◎7~10

아주 우아한 식물로 꽃대는 부드럽게 휘어지고, 가을에는 주황빛을 띤 노란색으로 화사하게 물든다.

'Swirl' 스월

☼ ☀ ↕100 ◎7~10

휘어지는 꽃이삭이 특징이다.

**M. caerulea var. arundinacea 몰리니아 세룰레아
아룬디나세아**

☼ ☀ ↕220 ◎7~10

몰리니아 알티시마M. altissima, 몰리니아 리토랄리스
M. litoralis라고도 부른다. 키가 아주 큰 대형종으로
빽빽하지 않은 깃털 같은 커다란 꽃차례를 이룬다.
가을에 황금색으로 물드는 모습이 무척 아름답다.
겨울에 지상부가 쓰러진다는 점이 안타깝지만 그래도
밑동에서 아주 깔끔하게 꺾이기 때문에 힘들이지 않고
바로 퇴비통으로 가져갈 수 있다. 서로 다른 두 가지
품종이 함께 자라면 이후 발아한 새싹들이 문제가 될 수
있다. 뿌리가 너무 튼튼해서 제거하기가 힘들기 때문이다.

'Crystal Veil' 크리스털 베일

가볍게 휘는 꽃대가 돋보인다. '트랜스패어런트Transparent'와
꽃이 비슷하지만 좀 더 세련된 느낌이다.

'Dark Beauty' 다크 뷰티

어두운 색상의 이삭이 특징인 신품종이다.

'Karl Foerster' 칼 푀르스터

황갈색 꽃차례가 위로 꼿꼿하게 올라온다.

'Transparent' 트랜스패어런트

휘어지는 줄기에 꽃차례도 부드럽게 휜다. '크리스털 베일'과
아주 비슷하다.

'Windsäule' 빈트조일레

곧은 줄기가 촘촘하게 뭉쳐 자라며, 겨울까지 비바람을
견디며 늠름하게 유지된다.

Muhlenbergia 쥐꼬리새속, 벼과

미국 지역의 정원에서 잘 자라는 난지형 그래스warm-
season grass, 늦봄부터 자라기 시작해서 늦여름이나 가을에 꽃이 피는 그래스
종류 중 하나로, 유럽에서는 그처럼 잘 자라지는 않는다.
주로 건조한 서식지에서 촘촘하게 떨기를 이루며 자란다.

M. capillaris 털쥐꼬리새

☼ ↕90 ◎9~10

솜사탕처럼 달리는 분홍색 이삭의 모습이 보는 사람을
매료시킨다국내에서는 '핑크뮬리'로 알려져 있다. 여름에는 덥고
겨울에는 물빠짐이 좋아야 한다.

**M. reverchonii 'Undaunted' 뮬렌베르기아 레베르코니이
'언돈티드'**

☼ ☀ ↕70 ◎9~10

키는 더 작고 더 튼튼해 보인다. 극심한 기후 조건에
알맞다.

Panicum 기장속, 벼과

P. virgatum 큰개기장

늦은 봄부터 자라기 시작해서 촘촘하게 떨기를 이룬다.
여름에는 가냘프고 투명한 꽃들이 자욱하게 달리는데,
마른 이삭은 겨우내 몇 달 동안 유지된다. 왕성하게
자라는 식물로, 시간이 지나면서 큰 떨기를 이룬다.

'Cloud Nine' 클라우드 나인

☼ ↕220 ◎8~10

튼튼한 회청색 잎과 위로 갈수록 벌어지는 형태가 특징인
대형종이다.

'Dallas Blues' 댈러스 블루스

☼ ↕160 ◎8~10

청회색의 넓은 잎에 은색의 아주 커다란 꽃차례가 특징이다.

'Heavy Metal' 헤비 메탈

☼ ↕120 ◎8~10

식물 전체는 청회색을 띠고 곧게 자란다. 특히 하늘거리는
꽃차례가 돋보인다.

'Northwind' 노스윈드

☼ ↕150 ◎8~10

아주 분명하게 위로 곧게 자라는 습성이 있으며, 가을에는
황갈색으로 물든다.

'Purple Tears' 퍼플 티어스

☼ ↕150 ◎8~10

자줏빛 색조의 꽃차례가 특징이다.

Muhlenbergia capillaris 'White Cloud' | *Muhlenbergia capillaris*

Panicum virgatum 'Heavy Metal' | *Panicum virgatum* 'Purple Tears' | *Panicum virgatum* 'Cloud Nine'

Panicum virgatum 'Shenandoah' | *Panicum virgatum* 'Dallas Blues'

Pennisetum viridescens

Schizachyrium scoparium 'Ha Ha Tonka'

'Shenandoah' 셰넌도어

☼ ↕120 ◎8~10

다른 품종에 비해 더 강렬한 색 변화를 보이지만 생장 속도가
느리다.

Pennisetum 수크령속, 벼과

P. alopecuroides 수크령

촘촘하게 떨기를 이루며 자라고, 여름 끝 무렵에 피는 병
닦는 솔 모양의 꽃차례가 독특하다.

'Cassian' 카시안

☼ ↕90 ◎8~11

어두운 색상의 꽃이삭이 휘어지듯 달리며 눈길을 끈다.
가을에는 노랗게 물든다.

'Woodside' 우드사이드

☼ ↕70 ◎8~11

폭이 좁은 잎과 살짝 휘어지는 꽃차례가 특징인 소형종이다.

P. orientale 오리엔탈레수크령

☼ ↕80 ◎8~10

길쭉한 볏짚색 꽃이삭이 풍성하게 달리는데, 이후
은빛으로 색이 바랜다. 추위가 극심한 겨울에는 보온
대책이 필요하다.

P. viridescens 페니세툼 비리데센스

☼ ↕100 ◎9~10

개화 시기가 늦고 깃털 같은 꽃차례는 색이 매우 검다.

Schizachyrium 쇠풀속, 벼과

S. scoparium 스키자키리움 스코파리움

☼ ↕90 ◎6~7

북미 대초원을 대표하는 중요한 그래스 중 하나다.
가을이면 적갈색이나 주황색으로 물드는데 감탄을
자아낸다.

'Blue Paradise' 블루 패러다이스

쓰러지기로 악명 높은 이 식물을 잘 설 수 있게 육종한

품종이다. 위로 곧게 펼쳐진 잎은 자줏빛이 감도는데,
가을철에는 색이 더 짙어진다. 110센티미터 정도로 자란다.

'Carousel' 캐러셀

파란빛을 띤 잎이 조밀하게 달리는 소형종이다.

'Ha Ha Tonka' 하 하 통카

곧게 서는 또 다른 품종으로, 회색빛을 띤 잎에 털이 있다.

'Smoke Signal' 스모크 시그널

60센티미터 정도의 아담한 크기로 자란다. 잎은 가을로
접어들수록 자줏빛을 띤 붉은색으로 물든다.

'Standing Ovation' 스탠딩 오베이션

자줏빛을 띤 파란색 잎이 곧게 자라며, 가을철에는
위에서부터 아래쪽으로 붉게 물드는 모습이 인상적이다.

'The Blues' 더 블루스

자라나는 동안 잎이 파란빛을 띤다.

Sesleria 세슬레리아속, 벼과

빳빳한 청록색 잎이 촘촘하게 떨기를 이루며 자라는
키 작은 그래스다. 가파른 석회암 절벽의 가장 뜨겁고
척박한 곳에서 자란다.

S. autumnalis 세슬레리아 아우툼날리스

☼☀ ↕40 ◎8~9

거의 투명할 정도의 연두색 잎은 청량감을 선사한다.
촘촘하게 떨기를 이루며 자라고, 가느다란 회백색
작은이삭은 시간이 흐르면서 갈색으로 변한다.

S. 'Greenlee Hybrid' 세슬레리아 '그린리 하이브리드'

☼☀ ↕30 ◎5~6

청록색 잎은 상록성이고 작은이삭은 크림색이다.

S. heufleriana 세슬레리아 휴플레리아나

☼☀ ↕45 ◎5~6

잎의 윗면은 파란색을 띠고 아랫면은 초록색이다.
촘촘하게 떨기를 이루며, 꽃이삭은 밝은 갈색이다. 건조에
특히 강하다.

S. nitida 세슬레리아 니티다

☀ ↕60 ◎4~5

커다란 떨기를 이루며 직경 1미터까지 자랄 수 있다.
가느다란 회청색 잎은 금속처럼 반들거린다. 봄에 달걀
모양의 회백색 작은이삭에서 꽃이 핀다. 물빠짐이 좋은
사질 토양에서 잘 자란다.

Sorghastrum 소르가스트룸속, 벼과

S. nutans 소르가스트룸 누탄스

☀ ↕160 ◎8~10

크리소포곤 누탄스*Chrysopogon nutans*라고도 부른다.
톨그래스 프레리를 대표하는 중요한 그래스 중 하나다.
줄기는 휘어지고 갈색빛을 띤 자주색 꽃들이 커다란 원뿔
모양을 이루는데, 연노란색 꽃밥이 대단히 매력적이다.

'Sioux Blue' 수 블루

회청색 잎이 특징이다.

Spodiopogon 기름새속, 벼과

S. sibiricus 큰기름새

☀☀ ↕120 ◎7~8

동아시아 스텝지대가 원산지이며, 덤불 형태로 자란다.
견고한 잎에 좁다란 원뿔모양꽃차례를 이루며 꽃이 핀다.
그 때문에 무언가 절제하고 있는 듯한 매력을 풍긴다.
여름에 잎은 초록색에서 갈색으로 변한다.

Sporobolus 쥐꼬리새풀속, 벼과

S. heterolepis 스포로볼루스 헤테롤레피스

☀ ↕80 ◎7~10

뭉쳐 자라는 모습이 우아한 식물이다. 빽빽하지 않은
깃털 모양의 꽃차례에는 미세한 진주를 연상시키는
꽃들이 가득한데, 따뜻한 날에는 달콤한 향을 풍긴다.
가을이면 주황빛을 띤 노란색으로 물든다. 자리 잡는
데 제법 시간이 걸리지만 대단히 오래 살 수 있는
식물이다. '타라Tara'는 더 곧게 자라는 품종이고 키는

30센티미터까지만 자란다.

Stipa 나래새속, 벼과

스텝지대에 자생하는 수많은 그래스를 포함하는 속이다.
실처럼 가느다란 잎과 우아한 느낌의 긴 꽃차례가
특징이다. 각각의 꽃마다 도드라지게 바늘처럼 끝이
연장되는 까락작은이삭의 껍질 끝부분이 자라서 털 모양으로 된
부분이 있다. 모든 종이 건조하고 물빠짐이 좋은 토양을
선호하며, 여름이 더운 지역에서 가장 잘 자란다. 습한
겨울을 보낸 뒤에는 쉽게 사라지기도 하지만 자연발아가
잘 일어난다. 새싹은 잎이 실처럼 가늘기 때문에 다른
잡초와 쉽게 구별할 수 있다.

S. barbata 스티파 바르바타

☀ ↕60 ◎6~7

탁한 초록색 잎 위로 규칙적인 모양에 가볍게 휘어지는
꽃차례가 나오는데, 이삭의 끝에는 아주 연한 초록색
까락이 길게 나와 있어 깃털 뭉치처럼 보인다.

S. capillata 스티파 카필라타

☀ ↕90 ◎6

스텝지대에서 자라는 종으로 이삭에는 5센티미터나
되는 기다란 솔 같은 까락이 달린다. 가벼운 산들바람에
하늘거리는 모습이 대단히 우아하고 아름답다.

S. gigantea 큰나래새

☀ ↕225 ◎6~8

촘촘하게 떨기를 이루며 자라고, 긴 줄기에 귀리를 닮은
거대한 꽃차례가 달린다.

S. pulcherrima 스티파 풀케리마

☀ ↕100 ◎5~7

스티파 페나타 메디테라네아*S. pennata* subsp.
*mediterranea*라고도 부른다. 잎은 회색이다. 채찍처럼 생긴
까락은 50센티미터 정도로 길쭉한데, 바람이 강하게
불면 떨리기 시작한다.

Sporobolus heterolepis | *Sesleria autumnalis*

Sorghastrum nutans | *Stipa tenuissima*

Stipa capillata

S. tenuissima 가는잎나래새

☼ ↕60 ◎6~12

솜털 같은 이삭 때문에 대단히 인기가 많은 종이다. 다른
식물들 사이에 흩뿌리듯 심으면 초원의 모습을 보기 좋게
연출할 수 있다. 수명은 짧지만 자연발아가 잘 일어나며
사질 토양에서는 특히 더 그렇다. 일부 건조한 곳에서는
위험할 정도로 번식력이 강할 수 있다.

S. turkestanica 스티파 투르케스타니카

☼ ↕80 ◎7~8

잎은 탁한 연두색이고 깃털 모양의 꽃차례는 금발머리
같은 색이다. 까락은 살짝 나선형을 이루며 아주 튼튼한
종이다.

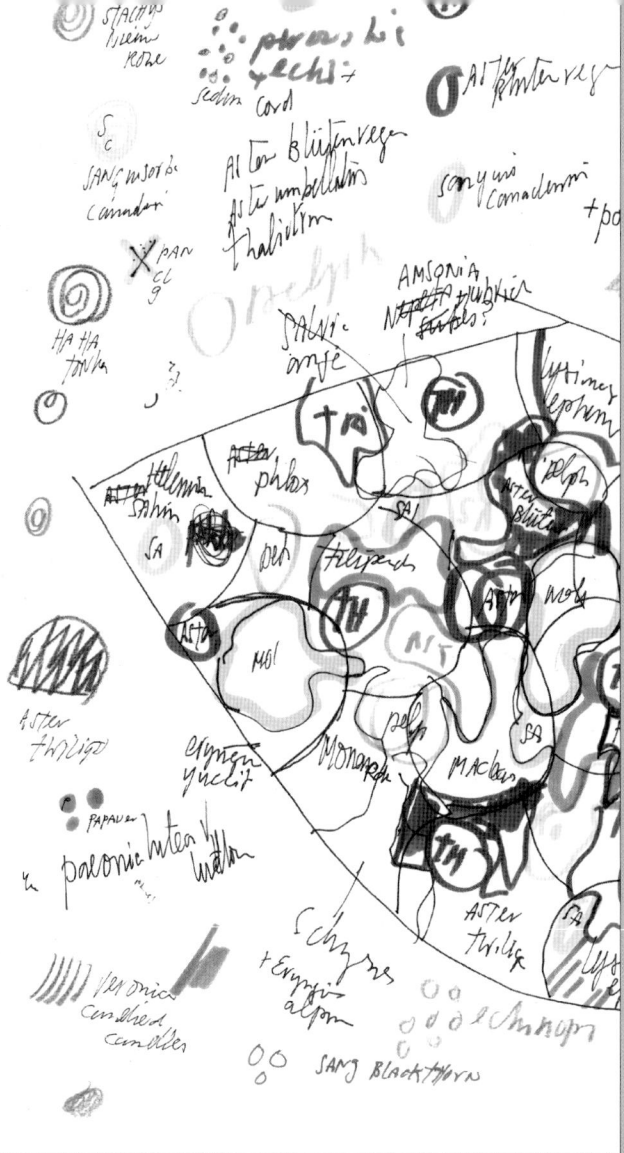

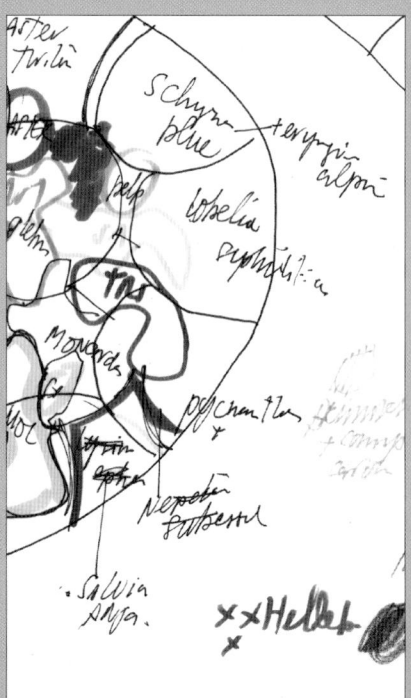

2.

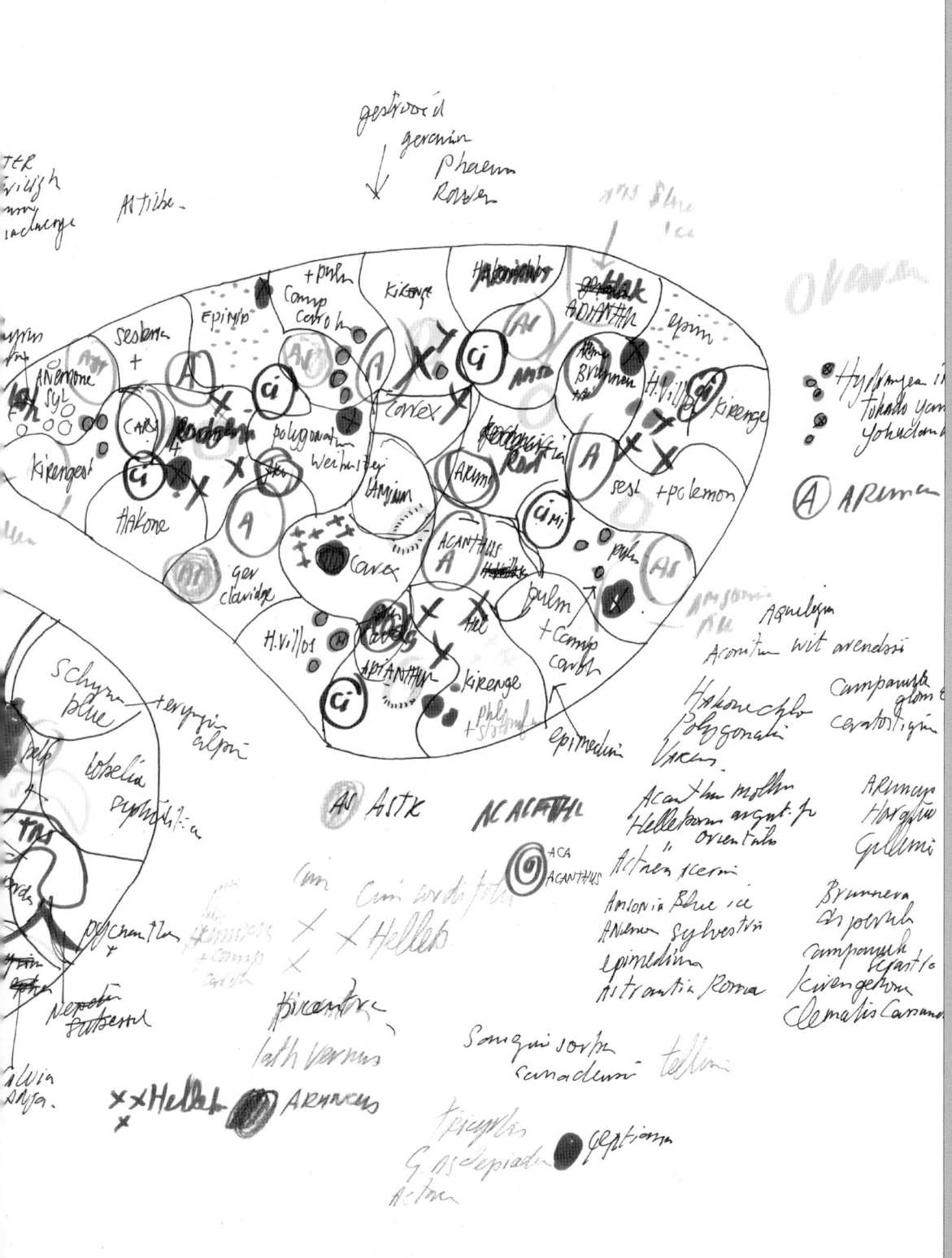

처음 이 책을 썼을 때, 피트와 헹크는 자신들이
열정적으로 소개한 식물 목록을 사람들이 과연 제대로
활용할 수 있을지 걱정이 많았다. 헹크는 이 책의
초판에서 말하기를 "이 수많은 식물을 '꿈의 식물'이라
불렀는데, 그 사용법도 아주 다양하다. 하지만 어떻게
사용할지 몰라 망설이는 사람들을 생각해서 몇 가지
제안을 해 본다. 이 제안들을 자신의 정원에 일부 또는
모두 적용해 볼 수도 있고 디자인할 때 참고할 수도 있을
것이다. 어떤 식물은 난색을 표하며 사용하지 말아야 할
식물로 목록에서 제외할 수도 있을 것이다."
2장의 경우 몇 군데 내용을 보충한 것 외에 헹크가
제안한 내용 대부분을 그대로 남겨 두었다.

농장과 정원에서 경험을 해 보니 식물 조합의 기능성은
그야말로 무궁무진하다는 사실을 깨닫게 되었다. 그
조합을 모두 실현하기에는 우리의 정원이 턱없이 작아서
몇 가지 제약이 되는 요소를 바탕으로 이야기를 풀어
가려고 한다.

　　우선 생태적 환경이 하나의 제약이 될 수 있다.
어쩌면 너무나 당연한 말이다. 하루에 한 시간만 햇빛이
드는 곳에서는 해바라기를 키울 수 없고 진흙탕에
발목이 쑥쑥 빠지는 곳에서는 다육식물을 키울 수
없다. 정원의 생태적인 상황을 생각하면 떠오르는 여러
키워드 중에 두 가지를 선택했다. 첫 번째 키워드는
'작열하는*Blazing*'이다. 이 키워드로 정리한 글에서는 종일
해가 들어 덥고 척박하고 건조한 정원을 위한 식물과
가능한 식물 조합에 관해 설명한다. 두 번째 키워드는
'무성한*Lush*'으로, 반그늘에 양분이 많고 늘 촉촉하며

서늘한 정원을 위한 식물과 가능한 식물 조합에 관해
설명한다.

　　또 다른 제약은 정원의 건축적 요소다. 정원 자체의
형태나 배치, 울타리의 종류, 이웃하는 정원의 모양
등을 말한다. 정원이 작을수록 주변 환경이 상대적으로
더 중요해진다. 건물이나 눈길을 끄는 식물, 또는 키
큰 나무처럼 눈에 띄는 건축적 요소가 주변에 있는지,
아니면 주목할 만한 게 아무 것도 없는지, 낡아 빠졌다고
생각되는 창고나 이웃이 만든 평균에도 못 미치는
나뭇가지 울타리처럼 언급할 가치도 없는 건축적
요소들이 있는지, 정원에 심은 식물이 이런 환영받기
어려운 요소를 시야에서 감추는 역할부터 반대로
원하는 것을 더욱 돋보이게 하는 역할까지도 해 낼
수 있다. 그건 바로 식물 자체가 어느 정도는 건축에
기여하기 때문이다. 겉으로 보기에는 그다지 중요해

보이지 않지만 정원에 건축적 요소를 더해 주는 식물을 '하늘하늘한Airy'이라는 키워드에서 설명한다.

이쯤에서 당신은 '그럼 나와 내 정원은 어떤가?'라는 생각이 들 것이다. 맞는 말이다. 정원이 생태적으로나 건축적으로 문제가 없다면 이제 당신의 의견을 말해도 된다. 날이면 날마다 정원을 보아야 하는 사람은 당신이고 정원의 색이나 모양보다 분위기에 더 관심이 갈 수도 있다. 정원을 들여다보면서 당신은 차분해지기를 원하는가, 행복을 느끼고 싶은가, 아니면 영감을 얻고 싶은가? 즉, 식물에서 발현되는 분위기를 고려하는 것이 중요하다. 더욱 더 중요한 것은 식물이 모여 있을 때 드러나는 분위기다. 몇 가지만 생각해 보면, 은은하거나 야생적이거나 세련되거나 또는 딱딱할 수 있다. 실제로 우리가 어떤 정원을 평가할 때는 그곳의 분위기를 평가하는 셈이다. '아름답다'거나 '추하다'라는 말로는

부족하다. 오로지 분위기(또는 분위기의 부재)를 언급해야 정원의 핵심을 말하는 것이다. '평온함Tranquility'과 '생기발랄한Exuberant'이라는 키워드의 글은 이 주제를 염두에 두고 썼다.

정원의 형태나 색상은 가장 중요한 제약 가운데 하나다. 또한 모든 사람에게 명백한 기본 원칙이기 때문에 대부분의 정원사들에게는 가장 쉽게 정원을 디자인하는 방법이기도 하다. 아마도 초보자가 정원을 배우는 최선의 길일지도 모른다. 좀 더 수준이 올라가면 더 많은 색을 시도하거나 또 다른 요소를 추가하여 디자인 기술을 다듬을 수 있을 것이다. 색상으로 정원을 만드는 것이 초보자에게만 해당되는 일이 아니라는 사실은 일반에 공개된 네덜란드나 외국의 뛰어난 유명 정원을 보아도 분명히 알 수 있다. 비타 색빌웨스트Vita Sackville-West, 영국의 시인이자 소설가. 시싱허스트캐슬정원을 디자인했으며,

\ 후멜로가든의 옛 육묘장 전경

↑ *Papaver orientale* 'Patty's Plum'(앞쪽)과 *Cirsium rivulare* 'Atropurpureum'(뒤쪽)

흰색을 주제로 한 '화이트 가든'이 유명하다가 어찌 초보자라고 할 수 있겠는가! '은빛의Silvery'라는 키워드의 글에서는 색 테마가 주제인 정원 가꾸기의 예를 들고, '초원의Grassy'라는 키워드의 글에서는 형태가 가장 핵심적인 원칙으로 중시되는 정원 가꾸기의 예를 들어본다.

　수많은 정원사들이 스스로 짊어져야 할 제약으로는 인내력의 문제가 있다. 그들은 봄이면 바깥으로 달려 나가 꽃시장이나 가든센터에서 매력적인 꽃이 피는 식물을 구하러 다닌다. 그 결과 5~6월이면 정원에 꽃이 만발한다. 하지만 그 후로 정원은 점점 쇠락해져 7월에는 플록스만 꽃이 피고, 누구든지 키우는 아스테르 무리가 10월에 개화할 것이다. 우리는 이런 방식이 결코 옳다고 생각하지 않는다. 우리의 경우 5월에는 한 송이 꽃으로도 만족할 것이다. 꽃으로 가득한 봄 정원은 우리에게 어울리지 않는다. 봄에는 초록의 싹이 올라오는 모습만으로도 만족할 테고, 풍성하게 꽃을 피우는 봄 구근과 관목이면 족할 것이다. 5~6월이 되면 여러해살이풀들은 왕성하게 자라기 시작하여 7월 말이나 8월 초 한여름이면 정점에 이른다. 그 후로 정원은 서서히 속도를 늦추어 11월이면 모든 개화가 끝난다. '가을Autumn' 키워드의 글에서는 한여름이 지나 개화하는 식물에 관해 설명한다.

　기을이 지나서도 정원의 매력은 유지될 수 있다. 지평선 너머 석양이 깔릴 때나 서리나 눈이 내릴 때뿐만이 아니라, 많은 여러해살이풀과 관상용 그래스는 아름다운 실루엣으로 겨우내 남아 봄이 오기까지 정원을 흥미롭게 한다. 이런 식물과 그래스는 '쓸쓸한?Gloomy?'이라는 키워드의 글에서 설명한다.

　마지막으로 디자이너나 정원사의 작업에 큰 도움이 되는 개념을 소개하려 한다. 피트가 오랫동안 다듬어 온 핵심 개념 즉, 형태가 오래 유지되는 '구조식물structure plant'과 우리가 '분산식물scatter plant'이라 부르는 여러해살이풀에 관한 설명이다.

　계속해서 생각이 떠오르지만 그중 몇 가지만 추려서 이 글을 마무리해 보도록 하겠다. 우리는 밤이면 잠 못 이루고 환상적인 식재 조합을 꿈꾼다. 버지니아냉초Veronicastrum virginicum와 페르시카리아 암플렉시카울리스 '파이어댄스'Persicaria amplexicaulis 'Firedance'의 군집 위로 튼튼한 서양붉은터리풀 '베누스타 마그니피카'Filipendula rubra 'Venusta magnifica'가 모여 핀 장면을 상상해 보라. 발치에는 게움 리발레 '레너드'Geum rivale 'Leonard'가 가득하다. 다음날 아침에 정원 밖으로 뛰어 나가 보지만, 맙소사! 그것은 단지 꿈에 불과했을 뿐, 이미 정원은 식물로 가득 차 있지 않은가! 이런 꿈같은 식재 조합들이 끊임없이 머릿속을 맴돈다.

후멜로가든 앞뜰에 피어 있는 *Lythrum virgatum*(분홍색 꽃), *Pycnanthemum muticum*(오른쪽 아래),
Eryngium yuccifolium(가운데 흰색 꽃), *Helenium* 'Rubinzwerg'(가운데 빨간색 꽃)

네덜란드는 척박하고 건조하며 해가 빛나는 정원을 갖고
싶어 하는 사람이 많은, 지구상에서 몇 안 되는 지역이다.
세계 다른 지역 사람들은 서늘하고 습기가 많은 정원을
더 바란다. 한여름에 이란 북서부 지방의 자그마한
사막 도시 마란드Marand에서 급작스러운 소나기를 맞은
기억이 있다. 자연스럽게 우리는 서둘러 비를 피해
호텔로 들어갔다. 하지만 창밖을 내다보니 놀랍게도
모든 동네 주민들이 밖으로 달려 나오고 있었다. 우리는
척박하고 건조한 '드라이 가든'을 꿈꾼다고 하면서도
막상 현실에서는 몸에 밴 습관대로 행동을 해 버린
것이다. 그러니 우리가 척박하고 건조한 정원을 바라는
건 이상한 일로 느껴질 수도 있다.

네덜란드 인근 지역 사람들은 아열대 경관에
마음을 쉽게 빼앗기곤 한다. 풍성하게 꽃이 피는
양골담초와 시스투스속*Cistus*, 싱그러운 에리카속*Erica*과
대극속*Euphorbia*, 그리고 라벤더나 로즈마리, 세이지처럼
향기로운 허브가 가득한 휴양지 정원 풍경을 떠올리며
그대로 꾸며 보려고 한다. 하지만 이는 이성적인 행동이
아니다. 겨울이 지나면 정원 전체가 죽어 버리고 모든
걸 다시 시작해야 하기 때문이다. 식물 선택에 관한 한
동네에서 가장 가까운 지역에 초점을 맞추어 동유럽
식물에 관심을 갖는 편이 더 낫다. 물론 동유럽의 여름은
네덜란드보다 덥고 겨울은 훨씬 춥다. 하지만 그 때문에
네덜란드에서도 확실히 월동할 수 있다.

　네덜란드와 가까워질수록 건조한 환경에서 사는
식물은 예외적인 상황에서만 볼 수 있다. 이 지역 기후는
척박하지도 건조하지도 않기 때문에 당연한 일이다.
거친 모래와 자갈에서는 식물이 수분을 유지할 수 있는
능력이 없다. 오로지 땅속 깊이 몇 미터까지 뿌리를 내릴
수 있는 소수의 식물만이 살 수 있다. 그중에는 카렉스
아레나리아*Carex arenaria*와 조건이 더 나은 곳이라면
야생 타임*Thymus pulegioides*이 커다란 덤불을 이루며
자란다. 흙에 유기물이 조금이라도 있어야 정원 일이
즐거울 수 있는데, 그런 경우라면 야생에서도 캄파눌라
로툰디폴리아*Campanula rotundifolia*와 야시오네 몬타나*Jasione
montana*, 지면패랭이꽃*Dianthus deltoides*, 솔나물*Galium
verum*, 칼루나 불가리스*Calluna vulgaris* 등을 만날 수 있다.
그 모든 식물이 크기가 아주 작긴 하지만 정원에 옮겨
보고 싶은 다채로운 식물상을 보여 준다. 조금만 더
나아가면 유기질이 풍부한 석회질의 하얀 모래나 사질

점토를 만난다. 자연의 이치로 보면 이런 토양은 남향의 가파르게 경사진 곳이 아니라면 가뭄을 좋아하는 식물군이 자랄 수 있는 곳이 아니다.

　이제 우리 정원에 맞는 이상적인 환경을 이야기할 시간이다. 타오르는 태양과 질 좋은 토양이 있다면 화려한 색의 식물이 잘 자랄 것이다. 다양한 수레국화 종류*Centaurea*부터 초롱꽃 종류*Campanula*, 살비아 프라텐시스*Salvia pratensis*, 베로니카 아우스트리아카*Veronica austriaca*, 오레가노*Origanum vulgare*, 각시체꽃*Scabiosa columbaria*, 안틸리스 불네라리아*Anthyllis vulneraria*, 크나우티아 아르벤시스*Knautia arvensis* 등을 들 수 있다. 결과적으로 색채의 향연이 벌어지는 동시에 곤충이 드나들어 쉽게 싫증이 나지 않을 것이다. 앞에서 말한 사실들로 미루어 볼 때, 물빠짐이 좋은 양질의 토양이 모래흙보다 더 좋다는 걸 알 수 있다. 남향의 질 좋은 경사지에서 잘 자라는 매력적인 식물들이 모래흙에서는 자라기 힘들다. 게다가 남향의 경사지가 모든 정원에 다 있는 것도

아니다. 때문에 남향 벽 정도라도 충분히 좋은 대안이 될 수 있다. 그런 벽에는 대체로 포도나무나 키위가 자라고 있겠지만 발치에는 더운 곳을 좋아하는 많은 식물이 자랄 수 있다. 네덜란드 기후대라면 남향의 파티오집 뒤쪽에 만드는 테라스나 온실이 대안이 될 것이다. 그 경우에는 당신이 꿈꾸는 남국의 분위기를 연상시키는 추위에 약한 식물을 키울 수 있다. 다음 목록을 보면 동유럽 종이 얼마나 많은지 놀랍다. 리모니움 라티폴리움*Limonium latifolium*이나 뿌리속단*Phlomis tuberosa* 같은, 우크라이나 스텝지대가 자생지인 식물부터 중부 독일에서 동쪽으로 이어지는 지역의 건조하고 척박한 곳에서 자라는 수많은 식물, 이 모두를 북서부 유럽에서도 아주 쉽게 키울 수 있다. 설강바람꽃*Anemone sylvestris*, 카르투시아노룸패랭이꽃*Dianthus carthusianorum*, 딕탐누스 알부스*Dictamnus albus*, 여러 종의 나래새*Stipa*까지, 다양한 식물을 예로 들 수 있다(스티파와 스텝이라는 단어가 비슷한 것도 우연의 일치는 아닐 것이다!).

＼　*Sporobolus heterolepis*(앞쪽)와 *Phlomis russeliana*(뒤쪽)

↑　*Limonium latifolium*(왼쪽과 오른쪽)과 꽃이 진 후 남아 있는 *Eryngium giganteum*(가운데)의 꽃차례

식재에 적합한 종

Achillea 톱풀속 - 모든 종

Achnatherum calamagrostis 아크나테룸 칼라마그로스티스

Agastache 배초향속 - 모든 종

Alcea 알세아속 - 모든 종

Amsonia orientalis 동방정향풀

Anemone sylvestris 설강바람꽃

Artemisia 쑥속 - 흰꽃쑥 A. lactiflora 을 제외한 모든 종

Asclepias tuberosa 아스클레피아스 투베로사

Baptisia australis 밥티시아 아우스트랄리스

Calamintha nepeta subsp. nepeta 칼라민타 네페타 네페타

Centaurea pulcherrima 'Pulchra Major' 센타우레아
      풀케리마 '풀크라 마요르'

Crambe maritima 해안꽃케일

Dalea purpurea 달레아 푸르푸레아

Datisca cannabina 다티스카 카나비나

Dianthus 패랭이꽃속 - 모든 종

Dictamnus albus 딕탐누스 알부스

Epilobium angustifolium 분홍바늘꽃

Eragrostis 참새그령속 - 모든 종

Eryngium 에링기움속 - 모든 종

Euphorbia cyparissias 'Fens Ruby' 유포르비아
      시파리시아스 '펜스 루비'

Festuca mairei 페스투카 마이레이

Foeniculum vulgare 회향

Geranium sanguineum 피뿌리쥐손이

Geum triflorum 삼화뱀무

Inula magnifica 대왕금불초

Knautia macedonica 크나우티아 마세도니카

Limonium latifolium 리모니움 라티폴리움

Origanum 오리가눔속 - 모든 종

Panicum virgatum 큰개기장

Perovskia abrotanoides 페로브스키아 아브로타노이데스

Petrorhagia saxifraga 페트로라기아 삭시프라가

Salvia argentea 실버세이지

Salvia officinalis 세이지

Salvia pratensis 살비아 프라텐시스

Salvia sclarea 클라리세이지

Scabiosa 체꽃속 - 모든 종

Schizachyrium scoparium 스키자키리움 스코파리움

Sedum 세둠속 - 모든 종

Sesleria nitida 세슬레리아 니티다

Sporobolus heterolepis 스포로볼루스 헤테롤레피스

Stipa 나래새속 - 모든 종

Trifolium rubens 붉은새깃토끼풀

Verbascum lychnitis 베르바스쿰 리크니티스

꽃이 진 후 *Helenium*(왼쪽 가운데), *Artemisia*(오른쪽), *Molinia*(뒤쪽 그래스)

실제로 서유럽이나 미주의 동북부 지방이라면 아열대성
기후나 이글거리는 태양을 연상시키는 정원보다 늘
촉촉한 질 좋은 토양에서 자라는 식물이 무성하기가
더 쉽다. 너무 쉬워서 이 책에 나오는 대부분의 식물을
이 장에 포함할 수 있을 정도다. 하지만 공간이 부족하기
때문에 여기서는 반그늘에서 번성하는 식물로 국한하고
독일에서 호흐슈타우덴플루어Hochstaudenflur라고
부르는 일종의 산악지대 식물군을 소개할 것이다.
이를 '키 큰 여러해살이풀 군락'으로 해석해도 되겠다.

유럽에서 자생하는 가장 아름다운 야생화 군락이 어떤 것인지를 보여 주려면 알프스, 보쥬Vosges, 프랑스 북동부의 산지, 카르파치아산맥Carpathians, 동부 유럽에 솟아 있는 습곡산맥과 흑림Black Forest, 독일 서남부 지역에 위치해 있는 산림지대 등 아무 이름이나 대어도 좋을 중앙 유럽의 산악지대로 안내하면 된다. 숲속 계곡에 있는 '화단'은 수 세기 동안 산비탈을 따라 흘러내린 영양분이 최고로 풍부한 온갖 물질로 채워진다. 대부분의 계곡은 아주 옛날부터 경작이 되었다. 뭐든 대단히 잘 자라는 곳이기 때문이다. 그런 곳이 사료용 건초 경작지로 이용될 때, 이른 봄이면 수선화로 희고 노랗게 변하며, 오뉴월이면 페르시카리아 비스토르타Persicaria bistorta로 분홍색, 야생 난초로 자주색이 된다. 건초 준비가 끝나면

헤라클레움 스폰딜리움Heracleum sphondylium, 시르시움 올레라세움Cirsium oleraceum으로 덮인다. 계곡의 가장 경사가 심한 부분만이 산림 벌채의 피해를 모면했다. 숲속 화단은 봄이면 개화하는 구근으로 넘쳐난다.

이러한 계곡의 숲과 야생초지 사이 경계 지역에서 키 큰 여러해살이풀 군락을 만날 수 있는데, 산행에서 가장 멋진 경험이 될 것이다. 자주색 투구꽃Aconitum과 참눈개승마Aruncus dioicus가 넓게 무리 지어 올라오고, 그 아래에는 클레마티스 알피나Clematis alpina, 호프Humulus lupulus, 파리괴불나무Lonicera xylosteum 등이 무성하게 자랄 것이다. 여기저기서 꿩의다리Thalictrum aquilegiifolium의 깃털 같은 꽃이 마르타곤나리Lilium martagon의 호리호리한 꽃과 뒤섞일 것이다. 바위 사이로는 여러해살이

수레국화라고도 부르는 파란색의 센타우레아
몬타나*Centaurea montana*가 루나리아 레디비바*Lunaria
rediviva*의 커다란 타원형 열매와 함께 나란히 자라며,
행인의 눈길을 기다린다. 몇몇 반짝이는 진녹색 잎이
라눙쿨루스 아코니티폴리우스*Ranunculus aconitifolius*의
존재를 암시해 주는데, 봄에 개화했을 때는 이 지역을
하얗게 물들였을 것이다. 간혹 버들용담*Gentiana
asclepiadea*의 연녹색 잎도 보일 텐데, 9월이면 꽃이
피기 시작한다. 이 아름다운 장면을 보고 있자면 모든
식물상을 송두리째 정원에 옮기고 싶겠지만, 그 생각은
별로 독창적이지 못하다. 키 큰 여러해살이풀 군락을
이루는 대부분의 식물이 이미 재배되고 있기 때문이다.

　야생에서 보기 드문 정원식물의 왕 델피니움
엘라툼*Delphinium elatum*도 시베리아의 키 큰 여러해살이풀
군락에서 자란다.

　물론 이런 종류의 식물군이 유럽에만 한정된
것은 아니다. 식물 구성이 다르긴 하지만 히말라야,
중앙아시아, 중국, 일본, 그리고 북미에서도 볼 수 있다.

놀라운 사실은 유럽 종의 개화가 끝난 시점에 세계 다른
지역이 원산지인 종들이 꽃피기 시작한다는 점이다.
노루삼속*Actaea*, 등골나물속*Eupatorium*, 곰취속*Ligularia*을
예로 들 수 있다. 그들을 잘 조합하고 숲속 계곡의 구근
식물을 추가한다면 2월부터 11월까지 개화가 이어지는
풍성한 화단을 만들 수 있다.

　2019년의 관점에서 보면 이런 식물들이 얼마나
유용한지 덧붙일 필요가 있다. 왜냐하면 정원 가꾸기의
모순 가운데 한 가지 문제를 해결하는 데 도움을 주기
때문이다. 영양분이 풍부하고 촉촉한 토양은 완벽한
생장 조건을 제공하기 때문에 잡초를 포함한 모든 식물이
경쟁적으로 잘 자라서 살아남기 위한 싸움을 벌일 수도
있고 대개 잡초의 승리로 끝날 수 있다. 그럴 때 이
장에서 소개한 식물이 잡초 관리를 돕는 하나의 방편이
될 수 있다. 때로 식물들끼리 우위를 차지하려고 다툴
때면 당신이 심판 역할을 담당해야 할 때가 생기기도
하지만 말이다.

← *Adiantum venustum*(왼쪽)과 *Brunnera macrophylla*(오른쪽)

↑ *Smyrnium perfoliatum*(가운데 앞쪽)과 *Lunaria rediviva*(연보라색 꽃)

식재에 적합한 종

Aconitum 투구꽃속 - 모든 종

Actaea 노루삼속 - 모든 종

Anemone hupehensis 호북대상화

Anemone ×hybrida 대상화

Anemone leveillei 아네모네 레베일레이

Anemone tomentosa 털대상화

Aralia 두릅나무속 - 모든 종

Artemisia lactiflora 흰꽃쑥

Aruncus 눈개승마속 - 모든 종

Asarum 족도리풀속 - 책에 수록된 모든 종

Astilbe 노루오줌속 - 모든 종

Astilboides tabularis 개병풍

Astrantia 아스트란티아속 - 모든 종

Campanula lactiflora 캄파눌라 락티플로라

Carex 사초속 - 모든 종

Centaurea montana 센타우레아 몬타나

Cephalaria gigantea 세팔라리아 기간테아

Cirsium rivulare 'Atropurpureum' 시르시움 리불라레
　　'아트로푸르푸레움'

Clematis 으아리속 - 모든 종

Darmera peltata 다르메라 펠타타

Deschampsia cespitosa 좀새풀

Eupatorium 등골나물속 - 모든 종

Euphorbia griffithii 'Dixter' 유포르비아 그리피티이 '딕스터'

Euphorbia palustris 유포르비아 팔루스트리스

Filipendula 터리풀속 - 모든 종

Gentiana asclepiadea 버들용담

Geranium 'Ann Folkard' 게라니움 '앤 포카드'

Geranium macrorrhizum 게라니움 마크로리줌

Geranium maculatum 게라니움 마쿨라툼

Geranium ×oxonianum 게라니움 옥소니아눔

Geranium palustre 게라니움 팔루스트레

Geranium phaeum 게라니움 페움

Geranium psilostemon 게라니움 프실로스테몬

Geranium sylvaticum 숲제라늄

Geum rivale 게움 리발레

Helenium 헬레니움속 - 모든 종

Helleborus 헬레보루스속 - 모든 종

Heuchera micrantha 휴케라 미크란타

Hosta 비비추속 - 모든 종

Inula hookeri 이눌라 호케리

Inula magnifica 대왕금불초

Iris sibirica 시베리아붓꽃 종류

Kirengeshoma palmata 일본나도승마

Lamium orvala 라미움 오르발라

Ligularia 곰취속 - 모든 종

Lobelia 숫잔대속 - 모든 종

Lunaria rediviva 루나리아 레디비바

Lysimachia ciliata 털좁쌀풀

Lythrum alatum 날개부처꽃

Nepeta govaniana 네페타 고바니아나

Nepeta subsessilis 좀개박하

Persicaria 여뀌속 - 모든 종

Peucedanum verticillare 퓨세다눔 베르티실라레

Podophyllum 포도필룸속 - 책에 수록된 모든 종

Polygonatum 둥굴레속 - 모든 종

Pulmonaria 풀모나리아속 - 모든 종

Ranunculus aconitifolius 라눙쿨루스 아코니티폴리우스

Rodgersia 도깨비부채속 - 모든 종

Salvia glutinosa 끈끈이세이지

Sanguisorba 오이풀속 - 모든 종

Smyrnium perfoliatum 스미르니움 페르폴리아툼

Succisa pratensis 수시사 프라텐시스

Tanacetum macrophyllum 큰잎쑥국

Thalictrum 꿩의다리속 - 모든 종

Tricyrtis 뻐꾹나리속 - 모든 종

Trollius 금매화속 - 모든 종

Valeriana pyrenaica 발레리아나 피레나이카

Vernonia 베르노니아속 - 모든 종

Veronica longifolia 긴산꼬리풀

Veronicastrum virginicum 버지니아냉초

Helenium 'Kupferzwerg'(왼쪽 뒤 주황색 꽃), *Monarda* 'Scorpion'(가운데 왼쪽), 꽃이 진 후의 *Peucedanum verticillare*(오른쪽 뒤),
Agastache 'Blue Fortune'(아래쪽 보라색 꽃), *Persicaria amplexicaulis* 'Alba'(왼쪽 아래 흰색 꽃)

건축적인 목적으로 식물을 사용한다는 말이 대체 무슨 뜻인지 궁금할 것이다. 정원디자인은 분명 건축과 관련이 있다. 작은 길, 테라스, 담장뿐만 아니라 관목과 상록수 역시 여름과 겨울이면 정원의 구조를 형성한다. 따라서 이들을 건축적 요소라고 부를 수 있다.

여러해살이풀을 생각하면 구조적인 분명함은 덜하다. 정원에서 식물을 볼 수 있는 시간이 한정되기 때문이다. 하지만 건축적인 특성이 두드러지는 소수의 식물종이 있다. 잎이 커다란 다르메라속*Darmera*, 비비추속*Hosta*, 도깨비부채속*Rodgersia*을 생각해 볼 수 있다. 또한 두릅나무속*Aralia*과 등골나물속*Eupatorium*처럼 자잘한 꽃들이 모여 이루어지는 꽃차례가 커다랗고 눈에 확 띄는 대형 식물들부터 관상용 그래스와 우단담배풀속*Verbascum*처럼 촛대 모양으로 갈라지며 자라는 식물도 있다. 하지만 대부분의 여러해살이풀을 건축적 용도로 사용하는 일이 디자인할 때 바로 떠오르는 생각은 아닐 것이다. 그보다는 여전히, 화단을 계획할 때면 일반적으로 키가 작은 식물을 앞에 심고 키 큰 식물을 뒤에 배치한다. 그것이 바로 디자인이다. 더 나아가 식물의 형태도 고려하고 최대한 다양성을 주기 위해 노력한다. 위로 곧게 올라오는 모양의 꽃차례 식물을 우산모양꽃차례 식물 곁에 심고, 그 사이에 동그랗게 무리지어 자라는 식물까지 추가한다. 동시에 잎의 종류도 다양하게 이용해 본다. 궁극적인 기술은 이 모든 다양성 속에서 조화를 찾아내는 일이다. '그건

가드닝 코스의 첫 번째 수업이 아닌가'라고 외치고 싶어질 정도다. 그러나 전체를 위한 디자인이건 부분을 위한 디자인이건, 디자인이야말로 모든 성공적인 정원의 출발점이다. 색상이나 분위기가 담당하는 역할이 어느 정도 되지만 대개는 부수적인 요소다.

건축적 특성이 두드러지지 않아 눈길을 끌지 않고, 그 탓에 거의 거론되지 않는 식물군이 바람에 하늘하늘 흔들리는 꽃들을 피워 내는 그룹이다. 눈길을 사로잡는 이삭꽃차례나 우산모양 또는 원뿔모양꽃차례, 그리고 둥근 형태로 자라는 식물들과 데이지 꽃들 사이에 하늘거리는 꽃차례를 이루는 식물이 있다. 이런 식물들은 빈틈을 채우는 역할을 하거나 흔히 사용하는 표현으로 '엮어 주는' 식물이다. 식물들 사이에서도 홀로 두드러지지 않은 채 여러 가지 형태의 식물들을 조화롭게 엮어 준다.

하지만 그런 식물들이 얼마나 중요한지 한번 생각해 보자. 가볍게 하늘거리며 키가 큰 식물이라면 다른 키 큰 식물들처럼 화단 뒤쪽에만 배치되는 불운을 겪지 않아도 된다. 화단 앞쪽의 키 작은 식물들 사이에 흩뿌려 심을 경우 경직된 화단 분위기를 여유롭게 만들고 빽빽하게

자라는 키 큰 식물들 사이에 심으면 위협적으로 에워싸는 듯한 느낌을 덜어 줄 수 있다. 하늘거리는 식물은 자연스럽고 편안한 느낌을 주며, 격식에 얽매이지 않는 화단 풍경을 연출해 낸다.

이삭·우산모양·원뿔모양 또는 동그란 모양의 꽃차례 등 한 가지 종류의 꽃차례로 꽃이 달리는 식물로만 이루어진 화단은 상상하기 어려울 뿐만 아니라 우스꽝스럽기까지 할 것이다. 하지만 창문 앞이나 테라스 같은 곳에서 화단 뒤쪽에 무엇이 있는지 보고 싶은 지점에 하늘거리는 꽃만 있는 화단을 만들 수는 있다.

하늘거리는 꽃으로만 채운 화단은 얼핏 낭만적으로 여겨질 수 있겠지만 실제로 그런 화단은 너무 무게가 없어 보일 우려도 있다. 하늘거리는 꽃들 사이나 뒤편으로 구조가 뚜렷한 식물이 전혀 없으면 정원 속으로 시선을 끌어들이는 힘이 떨어져 결국에는 흐릿한 안개 속을 더듬는 듯하다가 금세 지루해질 것이다. 하지만 가볍게 하늘거리는 식물이 없는 정원이라면 낭만은 고사하고, 아무런 흥미도 끌지 못해 결국 사람들의 시선에서 멀어지게 될 것이다.

↘ *Actaea simplex* var. *simplex* 'James Compton'

↑ *Helenium* 'Kupferzwerg'(왼쪽 아래), *Actaea simplex* var. *simplex* 'James Compton'(오른쪽 아래), *Aster novae-angliae*(왼쪽 가운데), *Eupatorium maculatum* 'Riesenschirm'(왼쪽 뒤), *Calamagrostis brachytricha*(가운데 그래스), *Sporobolus heterolepis*(뒤쪽 그래스)

꽃이 가볍게 하늘거리는 식물

Actaea simplex 촛대승마

Artemisia lactiflora 'Rosa Schleier' 흰꽃쑥 '로자 슐라이어'

Aruncus 'Horatio' 눈개승마 '호라티오'

Cephalaria 세팔라리아속 – 모든 종

Crambe cordifolia 꽃케일

Foeniculum vulgare 회향

Limonium latifolium 리모니움 라티폴리움

Linaria purpurea 자주해란초

Nepeta govaniana 네페타 고바니아나

Persicaria virginiana 버지니아이삭여뀌

Petrorhagia saxifraga 페트로라기아 삭시프라가

Peucedanum verticillare 퓨세다눔 베르티실라레

Pimpinella major var. *rosea* 핌피넬라 마요르 로세아

Ranunculus aconitifolius 라눙쿨루스 아코니티폴리우스

Sanguisorba officinalis 오이풀

Sanguisorba tenuifolia 가는오이풀

Silphium terebinthinaceum 실피움 테레빈티나세움

Thalictrum delavayi 중국금꿩의다리

Thalictrum 'Elin' 꿩의다리 '엘린'

Thalictrum polygamum 탈릭트룸 폴리가뭄

Thalictrum rochebruneanum 금꿩의다리

Verbena bonariensis 버들마편초

특히 더 가볍게 하늘거리는 관상용 그래스

Brachypodium sylvaticum 숲개밀

Deschampsia cespitosa 좀새풀

Eragrostis 참새그령속 – 모든 종

Festuca mairei 페스투카 마이레이

Molinia caerulea var. *arundinacea* 'Transparent' 몰리니아 세룰레아 아룬디나세아 '트랜스패어런트'

Panicum virgatum 큰개기장

Sporobolus heterolepis 스포로볼루스 헤테롤레피스

Stipa gigantea 큰나래새

← *Actaea* 'Queen of Sheba'

↑ *Alcea* 'Parkallee'(뒤쪽)와 *Foeniculum vulgare* 'Giant Bronze'(앞쪽)

정신없이 바쁘게 돌아가는 요즘 시대에는 누구나 평온을
갈망하며, 정원에서도 역시 차분한 분위기를 느끼고
싶어 한다. 이런 사람이라면 창밖을 내다보며 눈에
들어오는 풍경에 충격을 받는 대신 행복감에 젖어야 할
것이다. 하지만 우리는 실제로 얼마나 자주 그런 느낌을
받을까? 길을 지나며 만나는 정원들은 믿기 힘들 정도로
지루해 보인다. 가지치기도 제대로 안 된 관목 몇 그루와
손수건만한 잔디밭, 그리고 커다란 세둠Sedum 무리가
전부다. 하지만 솔직히 말하자면 지루함은 평온함과는
전적으로 다르다.

때로 우리의 정원은 믿을 수 없을 정도로 추하다. 이도저도 아닌 곳에 심은 왜성 침엽수 모음은 물론이고, 은청가문비나무, 노란 무늬 편백, 그 사이 어딘가에 개나리와 흔해빠진 세둠 무리까지. 또 어떤 정원에는 알리섬*Alyssum*, 아우브리에타*Aubrieta*, 양귀비*Papaver*, 아욱*Malva*, 붉은 플록스*Phlox*, 그리고 수많은 캘리포니아포피로 채워져 화려하다 못해 촌스럽다. 마치 마구 환호성을 지르는 듯한 분위기다. 이런 정원은 그나마 공감의 여지라도 있다. 적어도 무언가 일이 벌어지고 어떻게 생각하건 간에 들뜬 생기로 가득 찬 것은 사실이기 때문이다. 그러나 평온한 분위기는 이런 것과 다르다. 실제로 지루하지 않으면서 평온한 정원을 보기란 쉽지 않다. 하지만 평온한 정원을 디자인하는 일은 그다지 어렵지 않고 우리의 경험으로 미루어 볼 때 많은 사람들이 그런 정원을 고대한다.

평온한 느낌을 주는 정원을 디자인할 때 괴테가 한 말을 적용할 수 있을 것이다. "대가는 절제를 통해 자신이 대가라는 사실을 드러낸다." 이 문장은 주로 예술 작품을 평가할 때 일반적인 원칙으로 많이 고려된다. 우리는

이런 의견에 동의할 수 없다. 시대를 초월한 위대한 걸작 가운데 극도로 자유분방한 수많은 걸작이 있기 때문이다. 그러나 정원에 평온한 분위기를 입히고 싶다면 약간의 절제를 구사하는 것은 지나친 욕심이 아니다.

정원디자인에서는 어떻게 절제해야 할까. 복잡한 길, 분리된 여러 화단, 잔디밭, 연못 등으로는 결코 전체적으로 평온한 분위기를 이끌어 내기 어렵다. 지나치게 두드러지지 않는 생울타리를 배경으로 잔디밭에 화단 하나면 충분할 수 있다. 꽃 없이 생울타리와 잔디만 있는 정원, 생울타리로 둘러싸인 연못 하나만 있는 정원, 둘 다 매우 평온한 분위기의 정원이라 하겠다.

우리는 꽃에 관한 책을 쓰기 때문에 화단이 있는 정원으로 범위를 좁혀 본다. 그런 화단을 디자인할 때도 절제가 필요하다. 색을 예로 들어보자. 빨강, 주황, 노랑, 하양은 우리에게 평온함을 주는 색은 아니다. 하지만 파랑은 매우 고요하고 차분한 색이다. 파란색으로만 된 화단은 너무 고요한 나머지 잠이 들어 버릴지도 모른다. 게다가 축소 효과를 내는 색이기 때문에 집 가까이에

심지 않으면 잘 보이지도 않을 것이다. 파란색처럼 차분하지만 좀 더 온화한 느낌을 주는 라일락색이나 자주색, 분홍색 꽃을 함께 섞으면 고심해서 선택한 것 같은 느낌을 주면서도 매우 사랑스러운 효과를 얻을 수 있다. 파란색, 라일락색, 분홍색, 거기에 약간의 흰색이나 크림빛 연노란색을 추가하면 가장 인기가 높은 색 조합이 된다. 사람들이 방문할 수 있는 유명 정원의 주인이라면 어느 누구건 방문객의 90퍼센트 정도가 파란색, 라일락색, 분홍색 조합의 화단을 가장 사랑스럽게 여긴다는 사실에 동의할 것이다. 따라서 이 세 가지 색이 모두 나타나는 클라리세이지*Salvia sclarea*가 두해살이풀임에도 불구하고 가장 인기가 많은 정원식물 중 하나인 건 놀라운 일이 아니다.

대부분의 사람들은 평온한 삶을 추구하며, 최소한 정원만이라도 평온한 곳이길 바란다. 익숙한 파란색, 라일락색, 분홍색 조합 외에도 더 독창적이고 차분한 색조합의 여지는 무궁무진하게 많다. 연노란색은 미묘하게 차분한 효과가 있어 라일락색이나 분홍색과 함께 사용할 수 있다. 노랑과 파랑의 조합은 많이 사용하는 무척 아름다운 조합이지만 실상 차분한 느낌을 전하지는 않는다.

당장 눈에 두드러지지는 않지만 아주 매력적인 경우가 초록과 조합하는 것이다. 예를 들어, 파랑과 초록이 함께할 경우에는 상당히 차분한 분위기가 나며, 동시에 무척 매력적인 조합이 된다. 이 조합이 얼마나 평온하게 만드는 효과가 있는지 확인해 보시라. 흔치는 않지만 평온한 분위기를 연출할 수 있는 색 조합의 예로 초록색, 분홍색, 짙은 자주색의 조합도 있다. 마지막으로 초록색으로만 꾸민 조합도 있는데, 그 경우 잎의 모양과 색상으로 그 뉘앙스를 살린다. 우산 모양, 이삭 모양, 우아하게 휘어지거나 꼿꼿이 선 모양 등의 꽃차례에서 비롯되는 미묘한 차이도 초록 정원에서 큰 역할을 한다. 한마디로 미묘하고 섬세한 부분들이 모여서 흥미로운 초록 정원이 되는 것이다. 어려운 일이지만 잘만 만든다면 아주 평온하면서도 지루하지 않은 정원을 만들 수 있다.

\ 미국 낸터킷 아일랜드의 개인 정원에서 자라는 *Molinia caerulea* 'Moorhexe'(아래쪽 그래스), *Artemisia ludoviciana* var. *latiloba*(오른쪽 아래), *Anaphalis margaritacea*(가운데)

↑ *Eryngium yuccifolium*(왼쪽 아래), *Perovskia abrotanoides* 'Little Spire'(보라색 꽃), *Phlomis tuberosa*(오른쪽 아래)

평온한 분위기를 연출할 수 있는 식물 조합

Achillea 'Credo' 톱풀 '크레도'

Achillea 'Hella Glashoff' 톱풀 '헬라 글라스호프'

Alcea rosea 'Nigra' 알세아 로세아 '니그라'

Amsonia tabernaemontana var. *salicifolia* 버들잎정향풀

Foeniculum vulgare 'Giant Bronze' 회향 '자이언트 브론즈'

Gaura lindheimeri 'Whirling Butterflies' 가우라 '휠링 버터플라이스'

Limonium latifolium 리모니움 라티폴리움

Lunaria rediviva 루나리아 레디비바

Nepeta govaniana 네페타 고바니아나

Perovskia abrotanoides 'Little Spire' 페로브스키아 아브로타노이데스 '리틀 스파이어'

Phlox paniculata 풀협죽도

Pycnanthemum 피크난테뭄속 – 모든 종

Salvia nemorosa 'Crystal Blue' 살비아 네모로사 '크리스털 블루'

Sanguisorba tenuifolia 'Alba' 가는오이풀 '알바'

Scutellaria incana 스쿠텔라리아 잉카나

Teucrium hircanicum 이란곽향

Thalictrum delavayi 중국꿩의다리

← *Achillea* 'Hella Glashoff'의 꽃

↑ *Amsonia tabernaemontana* var. *salicifolia*

모든 사람들이 평온함을 찾는 것은 아니다. 어떤 사람은
뒤뜰에서 뭔가 흥미로운 일이 일어나길 원할 수도
있다. 그건 별로 어려운 일이 아니라는 생각이 들지도
모른다. 평온한 분위기를 더해 주는 식물을 이야기할 때
말한 것처럼 정원에 울려 퍼질 환호성을 염두에 두고
사람들에게 무작정 되는대로 심어도 된다고 충고한다면
결과는 분명 알록달록한 정원이 될 것이다. 하지만 그런
식의 접근이 과연 아름다운 정원으로 나아가는 데
도움이 될지는 의문이다.

아름다운 정원에 관한 이야기를 하는 게 우리의 주목적이기 때문에 화려한 정원과 아름다운 정원이 나란히 갈 수 있다고 가정해 보자. 그렇지 않다면 이 부분을 책에 포함하지 않았을 테니, 이제 우리가 할 일은 어떻게 그런 정원을 디자인하는지 설명을 '시도'해 보는 것이다. '시도'라고 한 이유는 그것이 결코 쉬운 일이 아니기 때문이다. 예를 들어 황갈색이나 탁한 분홍색, 파란색, 샛노란색으로 이루어진 색 조합을 상상해 보자. 경악할 정도의 전율로 등골이 오싹해지는 느낌을 받게 될 것이다. 좀 더 구체적인 예를 들어보자. 유파토리움 카나비눔 '플레눔'*Eupatorium cannabinum* 'Plenum', 태청숫잔대*Lobelia siphilitica*, 솔리다스테르 '르모르' ×*Solidaster* 'Lemore'를 생각해 보면 많은 사람들이 이 조합을 아름답다고 여기기 힘들 것이다.

식물 이름이나 색상 목록을 나열하는 것만으로는 별 의미가 없다. 조합의 성공 여부는 다양한 종들이 꽃피는 시기, 식물의 높이나 모양, 그리고 개별 종 사이의 관계에 달려 있다. 달리 말해 어느 종을 앞에 심고, 어느 종을 뒤에, 또는 종마다 몇 개씩 심으면 좋을지에 관한 문제다. 하지만 그렇게 결정하더라도 화려한 정원을 만들 때면 살얼음판을 걷는 셈이다. 보편적인 원칙이 없어서 성패를 예측하기가 어렵기 때문이다. 위에서 말한 조합이 즉흥적으로 떠오를 수도 있다. 그 결과가 아름다울지 아닐지는 두고 볼 일이다.

모든 게 끔찍한 실수가 될지도 모르지만 우선 시작해 보자. 당장 할 수 있는 일은 일단 시작하는 것이다. 운이 조금이라도 따른다면 그 조합이 성공할 수도 있다. 그럴 경우 다른 어느 누구도 시도해 보지 못한 일을 자신이 생각해 냈다는 사실을 인정하며 무척 만족할 것이다. 어쨌거나 화려한 정원이 흥미진진한 이유가 바로 여기에

있다. 실패작으로 끝나 버릴 우려가 큰 만큼 성공할 경우 만족도가 매우 높기 때문이다.

분명히 그 때문에 대부분의 유명 정원에서 주 화단은 화려한 편에 속한다. 대체로 주 화단은 정원의 얼굴이기 때문에 디자이너들은 자신의 실력을 입증하기 위해 단지 최상의 선택을 하는 게 아니라 가장 난이도가 높은 화려한 화단에 도전한다. 네덜란드 북동부에 있는 민라위스정원Mien Ruys gardens의 주 화단은 선명한 파란색, 주황색, 노란색의 결합으로 시선을 사로잡는다. 분홍색, 주황색, 하얀색, 파란색, 노란색 등 강렬한 색의 사용은 멋지게 완성된 결과를 보아야 비로소 쓸 만한 색임을 깨닫는다. 수많은 전통적인 영국 정원에서 화려한 화단이 계속 이어지는 것을 볼 수 있다. 대개 그런 디자인을 하는 것은 한 차원 높은 수준의 정원 작업으로, 많은 사람들이 불가능한 일이라고 생각할 것이다. 하지만 안심하시라!

그런 정원은 1년만에 만들어지는 게 아니기 때문이다. 게다가 우리의 경험으로 미루어 보아도 가장 빼어난 조합 가운데 많은 부분이 오로지 우연의 산물이었다. 따라서 절망하지 말고 미지의 세계로 몸을 던져 화려한 정원을 시도해 보시라. 여러 시행착오 끝에 성공하게 된다면 그야말로 멋진 정원을 갖게 될 것이다.

← *Delphinium elatum*

↑ *Lychnis chalcedonica* 'Rosea'(왼쪽, 위쪽)와 *Thalictrum aquilegiifolium* 'Album'(오른쪽 아래)

활기찬 분위기를 자아내는 화려한 식물 조합

Achillea 'Walther Funcke' 톱풀 '발터 풍케'

Astilbe chinensis var. *taquetii* 'Purpurlanze' 한라노루오줌
　　'푸르푸르란체'

Lobelia ×*speciosa* 'Vedrariensis' 까치숫잔대
　　'베드라리엔시스'

Monarda 'Talud' 모나르다 '탈루트'

Verbena hastata 'Rosea' 베르베나 하스타타 '로세아'

Astrantia major 'Claret' 아스트란티아 마요르 '클라레'

Delphinium elatum 델피니움 엘라툼

Geranium psilostemon 게라니움 프실로스테몬

Salvia nemorosa 'Tänzerin' 살비아 네모로사 '텐체린'

Helenium autumnale 'Die Blonde' 헬레니움 아우툼날레
　　'디 블론데'

Liatris aspera 리아트리스 아스페라

Lobelia ×*speciosa* 'Vedrariensis' 까치숫잔대
　　'베드라리엔시스'

Sedum telephium 'Matrona' 자주꿩의비름 '마트로나'

Echinacea purpurea 'Fatal Attraction' 에키나세아
　　'페이틀 어트랙션'

Helenium 'Kupferzwerg' 헬레니움 '쿠퍼츠베르크'

Hemerocallis 'Pardon Me' 원추리 '파든 미'

Salvia verticillata 'Purple Rain' 살비아 베르티실라타
　　'퍼플 레인'

Astrantia major 'Claret' 아스트란티아 마요르 '클라레'

Deschampsia cespitosa 'Goldtau' 좀새풀 '골트타우'

Euphorbia griffithii 'Dixter' 유포르비아 그리피티이 '딕스터'

Hemerocallis 'Nugget' 원추리 '너깃'

Monarda 'Scorpion' 모나르다 '스콜피언'

Digitalis ferruginea 디기탈리스 페루기네아

Echinacea purpurea 'Magnus' 에키나세아 '마그누스'

Phlox paniculata 'Düsterlohe' 풀협죽도 '뒤스터로에'

Stachys officinalis 'Hummelo' 스타키스 오피시날리스
　　'후멜로'

Panicum virgatum 'Heavy Metal' 큰개기장 '헤비 메탈'

Persicaria amplexicaulis 'Firedance' 페르시카리아
　　암플렉시카울리스 '파이어댄스'

Salvia nemorosa 'Serenade' 살비아 네모로사 '세레나데'

Veronicastrum virginicum 'Roseum' 버지니아냉초 '로세움'

← *Echinops bannaticus*(가운데), *Scutellaria incana* 'Alba'(흰색 꽃), *Lavatera* 교잡종(뒤쪽 분홍색 꽃)

↑ *Helenium* 'Rubinzwerg'(가운데 빨간색 꽃), *Eryngium yuccifolium*(가운데 왼쪽 흰색 꽃),
Astilbe chinensis var. *taquetii* 'Vision in Pink'(아래 분홍색 꽃)

색상을 기본으로 한 정원 가꾸기는 가장 널리 알려진
방법이면서 동시에 가장 확실한 방법이다. 특히
초보자에게는 제일 쉬운 방법일 것이다. 색이라면
색맹이 아닌 이상 모두가 비슷한 색인지 다른 색인지
알아볼 수 있으며, 식물에 관한 깊은 지식이 필요하지도
않을 것이다. 앞의 두 문장을 추측으로 표현한 이유는
멋진 식물 조합을 구성하려면 그보다 더 중요한 측면이
있기 때문이다. 이는 한 가지 색상만 염두에 둘 때에도
해당된다.

만약 한 가지 색을 고집하고 싶다면 다음을 기억하라. 단일 색 정원을 흥미진진하게 만들려면 꽃의 모양뿐만 아니라 이삭꽃차례, 우산모양꽃차례, 원뿔모양꽃차례 등 식물의 형태 차이가 중요한 역할을 한다는 사실을 알아야 한다. 아울러 향기나 곤충이 좋아하는지 등의 다른 측면도 고려해야 한다. 색상에 바탕을 둔 정원 가꾸기에 관해서는 많은 사람들이 다루었기 때문에 여기서 우리는 한 가지 색, 은회색에 관해서만 이야기하려고 한다. 에델바이스를 제외하고는 당장 어떤 다른 꽃도 생각나지 않을 정도로, 식물의 은회색을 머릿속에 떠올리면 대개 꽃이 아니라 은빛 잎이 생각날 것이다. 따라서 은회색 잎으로 구성된 정원디자인은 다양한 꽃 색과도 관련이 있음을 암시한다. 게다가 네덜란드 기후대의 야생 자연에서 은회색 잎이 나는 식물은 흔히 볼 수 없기 때문에 은회색으로 전부 통일한다면 곧 부자연스러운 효과를 낳게 될 것이다.

마지막으로 은회색은 다소 극단적인 색이기 때문에 정원에서 해마다 마주하고 싶지는 않을 수 있고 실내에서조차도 크리스마스 무렵처럼 한정된 시기에만 보고 싶을지도 모른다.

은회색은 다른 색과 조화를 이끌어 내기 위해 사용할 수 있다. 색 조합이 잘 되면 맑고 투명한 분위기를 끌어내어 오랫동안 사람들을 매혹시킬 것이다. 사실 단일한 색 정원이 한 색상으로만 이루어져야 한다는 생각은 널리 퍼진 오해다. 하나의 색만 사용한다면 끔찍하게 지루한 정원이 나올 것이다. 은회색으로 우리의 입장을 좀 극단적으로 표현하자면, 하나의 색상만 고집하는 것은 절대 우리의 선택이 아니다. 어쩌면

여러분은 흰색이나 노란색으로만 이루어진 정원을 본 적이 있다고 말할지도 모른다. 그렇다면 엘리자벳 드 레스트리유Elisabeth de Lestrieux의 책에 나오는 예를 들어 보자. 색상을 중심으로 한 정원이나 식물의 배치가 멋진 구역을 소개하는 사진을 보면 100퍼센트 단일한 색만 있지 않다. 어딘가에는 반드시 다른 색이 끼어 있기 마련이다.

↘ *Eryngium yuccifolium*

↑ *Sorghastrum nutans* 'Sioux Blue'(오른쪽 그래스)와 *Atriplex hortensis* var. *rubra*(빨간색 꽃)

Artemisia – 흰꽃쑥*A. lactiflora*을 제외한 모든 종

Baptisia australis 밥티시아 아우스트랄리스

Centaurea pulcherrima 'Pulchra Major' 센타우레아
　　풀케리마 '풀크라 마요르'

Crambe maritima 해안꽃케일

Eryngium zabelii 'Big Blue' 에링기움 자벨리이 '빅 블루'

Eryngium bourgatii 지중해에린지움

Eryngium giganteum 큰에린지움

Eryngium yuccifolium 유카잎에린지움

Geranium renardii 게라니움 레나르디이

Hosta 비비추속 – 다양한 품종들, 특히
　　큰비비추*H. sieboldiana* 종류

Lamium maculatum 'White Nancy' 라미움 마쿨라툼
　　'화이트 낸시'

Linaria purpurea 자주해란초

Lysimachia ephemerum 리시마키아 에페메룸

Panicum virgatum 'Cloud Nine' 큰개기장 '클라우드 나인'

Panicum virgatum 'Dallas Blues' 큰개기장 '댈러스 블루스'

Panicum virgatum 'Heavy Metal' 큰개기장 '헤비 메탈'

Perovskia 페로브스키아속 – 모든 종

Phlomis russeliana 터키세이지

Pulmonaria 'Majesté' 풀모나리아 '마제스테'

Pycnanthemum muticum 피크난테뭄 무티쿰

Rudbeckia maxima 큰루드베키아

Salvia argentea 실버세이지

Salvia officinalis 'Berggarten' 세이지 '베르크가르텐'

Schizachyrium scoparium 'Ha Ha Tonka' 스키자키리움
　　스코파리움 '하 하 통카'

Scutellaria incana 스쿠텔라리아 잉카나

Sesleria nitida 세슬레리아 니티다

Sorghastrum nutans 'Sioux Blue' 소르가스트룸 누탄스
　　'수 블루'

Stipa pulcherrima 스티파 풀케리마

Thalictrum 'Elin' 꿩의다리 '엘린'

Thalictrum rochebruneanum 금꿩의다리

Eryngium bourgatii(가운데와 아래쪽)와 *Aster* 종류(가운데)

풀로 가득한 초원과 풀이 없는 정원. 잔디를 제외하고
대개의 정원에서 그래스는 여전히 중요한 역할을 하지
못한다. 왜 그럴까? 아마도 우리 주변에서 자라고 꽃을
피우는 식물의 90퍼센트가 그래스 종류이며, 정원까지
그래스로 채우는 게 별로 재미없다고 생각하기 때문일
것이다. 아니면 그래스가 매력적이기는 하지만 어떻게
정원에 심어야 할지 몰라서 그래스를 심는다는 생각을
아예 못 하기 때문일지도 모른다. 아마도 답은 후자에
가깝지 않을까.

이 책의 머리말에서 보다 자연스러운 정원 가꾸기로 흘러가는 추세에 관해 이야기했다. 그 결과로 정원에서 관상용 그래스의 사용이 늘어나기를 기대하게 되었고, 실제로 변화가 일어나는 것을 목격한다. 확실히 관상용 그래스에 관해 관심이 높아진 것은 사실이다. 하지만 애초에 정원은 꽃으로 이루어져야 한다고 믿는 전통이 생각보다 더 깊이 뿌리박고 있다. 꽃은 단지 몇 개월 동안만 정원에서 주된 역할을 담당한다. 나머지 기간에는 담장이나 통행로 같은 무생물체 구조와 관목이나 생울타리 같은 식물체의 모양 등 형태와 구조가 중요하다. 하지만 그 둘 사이의 빈 공간은 어떻게 해야 하나?

꽃을 주인공으로 하는 정원 공간이 1년 내내 흥미로우려면 그래스는 반드시 필요하다. 관상용 그래스는 높이가 10센티미터에서 2.5미터까지 다양해서 어느 곳에서나 디자인 요소로 활용할 수 있다. 여기서 그래스의 두 가지 측면이 중요하다. 첫째, 둥그렇고 듬직한 형태는 가을과 겨울 정원에서 특별히 멋진 건축적 요소가 된다. 둘째, 봄과 여름의 이삭은 대체로 가볍고 하늘거려서 꽃피는 식물이 하나의 색으로 모였을 때 나타날 수 있는 묵직함을 부드럽게 풀어 주는 중요한 역할을 한다. 가볍게 하늘거리는 마른 이삭은 꽃이 핀 후에도 아름다운 모습으로 겨우내 남아 있다.

관상용 그래스 정원

한 단계 더 깊이 들어가는 사람이라면 누구나 그래스가 주가 되거나 아니면 그래스로만 이루어진 정원에 이르게 될 것이다. 이런 정원이 가능한 것은 그래스의 종류가 충분히 많기 때문이다. 하지만 그런 정원을 만들려면 어떻게 해야 할까? 우리는 몇 년간 그 주제에 빠져 있었다. 어떤 식으로 그래스 정원을 만들지 고려하다 보면, 그래스가 지배적인 자연에서는 어떤 현상이 일어나는지에 생각이 미칠 것이다. 우리가 알고 있는 목초지는 야생지가 아니라 사람이 개입해 경작한 결과다. 북미의 대초원, 아르헨티나의 팜파스pampas, 남아프리카의 벨트veldt, 유럽과 아시아의 스텝 등이 순수한 자연 초원지대다.

그렇다면 지평선 너머로 끝없이 펼쳐지며 광활하게 열린 공간의 분위기를 정원이라는 제한된 공간에 담아내는 것이 가능할까? 글쎄, 답은 '예'와 '아니오' 둘 다 가능하다. '아니오'라고 답할 수 있는 이유는 무한한 공간을 제한할 수 없고, 그 단조로운 풍경을 정원에

옮겨 놓고 싶지도 않을 것이기 때문이다. 만약 시도를 해 본다면 헤더정원heather garden에 도전했던 사람들이 겪은 실수를 재현하고야 말 것이다. '예'라고 말할 수 있는 이유는 초원을 자세히 들여다보며 어떤 구조를 이루는지 관찰하면서 무언가를 배울 수 있기 때문이다. 다양한 종의 풀들이 주된 틀을 이루고 그 안에서 꽃이 피는 수많은 식물에 눈길이 끌릴 것이다. 이른 봄에는 온갖 종류의 제비꽃과 구근식물이 지난해의 반 정도 남아 있는 잔해 위로 꽃을 피운다. 여름이면 한창 생장하고 있는 그래스와 보조를 맞추며 높게 자라는 루피누스Lupinus, 정향풀Amosonia, 속단Phlomis, 리모니움Limonium, 양귀비Papaver, 에키나세아Echinacea 등의 식물이 충분한 햇빛과 함께 환한 색의 꽃을 피워 시선을 끈다. 늦여름이나 가을이면 아주 키가 큰 아스테르Aster, 베르노니아Vernonia, 해바라기Helianthus, 실피움Silphium이 절정기에 이르러 불타오르는 가을 색을 띄는 그래스에 색을 더해 준다. 이것이 그래스 화단이 이루어지는 방식이다. 예를 하나 들어보자. 그래스 화단을 디자인할 때는 세상의 모든 초원에서 보이는 꽃피는 식물만을

↘ *Pennisetum viridescens*

↑ 영국 위즐리에 있는 RHS가든. *Calamagrostis brachytricha*(왼쪽 아래),
Perovskia abrotanoides 'Little Spire'(오른쪽 아래), *Veronicastrum* 'Temptation'(가운데)

사용할 필요가 없다. 앞에서도 말했듯이 자연 경관이 주는 분위기를 포착하기가 쉬운 일이 아니기 때문에 초원의 식물을 그대로 모방하는 것은 의미가 없다. 야생 초원에서는 자라지 않는 델피니움 같은 꽃도 그래스와 멋지게 어울릴 수 있다. 델피니움의 풍성한 꽃은 그래스의 깃털 같은 이삭과 완벽하게 어울린다.

오직 그래스만 심은 정원은 완전히 다른 방향의 선택이다. 그래스는 아주 강렬한 건축적 효과를 드러내기 때문에 정원이 경직되거나 인위적으로 보이지 않도록 노력해야 한다. 회사 사옥의 정원을 디자인할 때는 그다지 문제가 되지 않는다. 왜냐하면 애초에 그런 정원은 내다보기 위한 곳이지 그 안에서 많은 시간을 보낼 곳이 아니기 때문이다. 하지만 개인 정원은 완전히 다른 관점에서 접근할 수 있다. 예를 들어 소수의 종으로 제한하되, 주어진 공간에서 이치에 맞게 사용하면 고요한 행복감을 안겨 주는 평화로운 정원을 만들 수 있다.

정원의 한 부분에 사람 크기 정도 되는 그래스와 여러 종류의 대나무를 심는 것도 흥미롭다. 마치 중국 남부의 숲 속에 있는 느낌을 연출할 수 있는데, 어느 순간 거대한 판다가 나타날지도 모른다. 이는 안정감을 주는 동시에 답답함을 줄 수도 있다. 키 큰 그래스와 대나무의 조합은 폭우가 쏟아진 후 모든 식물이 비에 젖어 고개를 푹 숙이고 있을 때 최고의 효과를 드러낸다.

그래스는 잔디로만 사용하는 식물이 아니다. 여기서 다룰 수 있는 이상으로 용도가 훨씬 다양하다. 이 글을 접하고 그래스에 더 관심을 갖게 되었다면 우리로서는 더할 나위 없이 만족스러울 것이다.

← *Stipa capillata*

↑ *Sesleria autumnalis*(오른쪽 그래스), *Echinacea purpurea* 'Fatal Attraction'(왼쪽 가운데 빨간색 꽃)

가을이 끝날 무렵 마지막 꽃이 정원에서 사라지면
정원에 쓸쓸한 시기가 찾아온다. 죽어 가는 식물을 잘라
내고 모든 부산물을 치우고 정리한다. 그 결과 참혹한
풍경만 남아 비, 바람, 서리가 무자비하게 엉망으로
만들어 버리는 기나긴 죽음 같은 겨울을 맞이한다. 정말
쓸쓸하기 짝이 없다! 겨울에도 남아 있는 새들조차
먹이가 없으니 그런 정원은 피할 것이다. 바라볼 정원이
사라졌기 때문에 다가올 몇 개월 동안 창을 등지고
지내야 할 정원 주인도 쓸쓸하기는 마찬가지다.

다행스럽게도 점점 더 많은 정원사들이 겨우내 정원을 대청소하지 않고 있다. 죽은 가지나 떨어진 잎 아래에 숨어 있는 곤충이나 씨앗을 찾아 새들이 정원을 샅샅이 뒤지는 장면을 즐겁게 바라보며, 서리와 눈으로 덮인 정원이 겨울 동화의 세계로 탈바꿈하는 경관을 즐겨야 한다는 사실에 공감하고 있다.

모든 여러해살이풀이 겨울에 매력적으로 남아 있는 것은 아니다. 바로 분해되는 식물이 있는가 하면, 어떤 식물은 첫서리를 맞고 축 늘어져 버리기도 한다. 하지만 대다수의 식물이 겨우내 당당하게 서 있고 서리나 눈에 상관없이 흥미로운 형태를 유지한다. 이들 중에는 늦여름이나 가을에 꽃피는 식물뿐만 아니라 초여름에 꽃피는 수많은 식물도 포함된다. 아울러 잎이 떨어지기 전에 불타는 가을 색으로 물드는 여러해살이풀도 많이 있다. 그러니 누가 쓸쓸하다고 말할 수 있을까?

가을 단풍이 아름다운 식물

Agastache nepetoides 노랑배초향

Amsonia hubrichtii 솔정향풀

Amsonia tabernaemontana var. *salicifolia* 버들잎정향풀

Aruncus 'Horatio' 눈개승마 '호라티오'

Baptisia australis 밥티시아 아우스트랄리스

Calamagrostis brachytricha 칼라마그로스티스 브라키트리카

Ceratostigma plumbaginoides 세라토스티그마 플룸바기노이데스

Darmera peltata 다르메라 펠타타

Epilobium angustifolium 분홍바늘꽃

Eupatorium maculatum 점등골나물

Euphorbia cyparissias 유포르비아 시파리시아스

Euphorbia palustris 유포르비아 팔루스트리스

Euphorbia schillingii 유포르비아 스킬링기이

Gaura lindheimeri 가우라

Geranium soboliferum 삼쥐손이

Geranium wlassovianum 우단쥐손이

Gillenia trifoliata 길레니아 트리폴리아타

Hakonechloa macra 풍지초

Hemerocallis 원추리속 – 모든 종

Hosta 비비추속 – 모든 종

Limonium latifolium 리모니움 라티폴리움

Miscanthus 억새속 – 모든 종

Molinia 몰리니아속 – 모든 종

Mukdenia rossii 돌단풍

Panicum virgatum 큰개기장

Polygonatum 둥굴레속 – 모든 종

Sanguisorba canadensis 캐나다오이풀

Schizachyrium scoparium 스키자키리움 스코파리움

Silphium terebinthinaceum 실피움 테레빈티나세움

Sporobolus heterolepis 스포로볼루스 헤테롤레피스

Thalictrum aquilegiifolium 꿩의다리

Thalictrum delavayi 중국금꿩의다리

Thalictrum polygamum 탈릭트룸 폴리가뭄

Verbena hastata 베르베나 하스타타

← 가을이 절정일 때 *Darmera peltata*

↑ *Agastache nepetoides*

겨울 실루엣이 아름다운 식물

Actaea 노루삼속 – 모든 종

Agastache 배초향속 – 모든 종

Aruncus 'Horatio' 눈개승마 '호라티오'

Aster lateriflorus 'Horizontalis' 아스테르
라테리플로루스 '호리존탈리스'

Aster umbellatus 아스테르 움벨라투스

Astilbe 노루오줌속 – 모든 종

Calamagrostis ×*acutiflora* 'Karl Foerster' 바늘새풀
'칼 푀르스터'

Chrysopogon gryllus 크리소포곤 그릴루스

Deschampsia cespitosa 좀새풀

Digitalis ferruginea 디기탈리스 페루기네아

Digitalis parviflora 디기탈리스 파르비플로라

Echinacea purpurea 에키나세아

Eryngium 에링기움속 – 모든 종

Eupatorium 등골나물속 – 모든 종

Filipendula 터리풀속 – 모든 종

Foeniculum vulgare 회향

Glycyrrhiza yunnanensis 글리시리자 유나넨시스

Hosta 비비추속 – 모든 종

Kirengeshoma palmata 일본나도승마

Liatris 리아트리스속 – 모든 종

Ligularia 곰취속 – 모든 종

Limonium latifolium 리모니움 라티폴리움

Lunaria rediviva 루나리아 레디비바

Lythrum alatum 날개부처꽃

Miscanthus 억새속 – 모든 종

Molinia caerulea var. *arundinacea* 몰리니아 세룰레아
아룬디나세아

Monarda 모나르다속 – 모든 종

Origanum 오리가눔속 – 모든 종

Panicum virgatum 큰개기장 – 모든 품종

Pennisetum 수크령속 – 모든 종

Perovskia 페로브스키아속 – 모든 종

Peucedanum verticillare 퓨세다눔 베르티실라레

Phlomis 속단속 – 모든 종

Rodgersia 도깨비부채속 – 모든 종

Rudbeckia 원추천인국속 – 모든 종

Scutellaria incana 스쿠텔라리아 잉카나

Sedum 세둠속 – 모든 종

Stachys officinalis 스타키스 오피시날리스

Stipa 나래새속 – 모든 종

Teucrium hircanicum 이란곽향

Veratrum californicum 캘리포니아박새

Verbascum lychnitis 베르바스쿰 리크니티스

Verbena hastata 베르베나 하스타타

Vernonia 베르노니아속 – 모든 종

Veronica longifolia 긴산꼬리풀

Veronicastrum virginicum 버지니아냉초

겨울에 남아 있는 *Echinacea purpurea*의 뼈대

가을에 꽃이 피는 긴 식물 목록을 보면 대부분의
정원에서 가을은 왜 그렇게 지루해 보이는지, 그리고
당신의 정원은 또 왜 그리 지루한지 의아한 생각이
들지도 모르겠다. 2장 머리말에서 그 이유를 설명했다.
봄이면 의욕에 넘쳐 밖으로 달려 나가 봄 개화 식물로
정원을 채워 버려 가을 개화 식물이 들어설 자리가
없어지기 때문이다. 우리는 이를 크나큰 '실수'라고
단호하게 경고하고 싶다.

우리 입장이 엄격하지만 솔직한 면도 있는데, 그것은 다음의 일화로 알 수 있다. 1990년 1월 말 처음 이 글을 썼을 때, 며칠 동안인지 기억이 안 날 정도로 따뜻한 겨울 날씨가 이어졌다. 밖에는 풍년화, 설강화, 크로쿠스 시에베리Crocus sieberi와 크로쿠스 크리산투스C. chrysanthus, 올분꽃나무 '돈' Viburnum ×bodnantense 'Dawn', 사르코코카 후밀리스Sarcococca humilis의 꽃이 피고 있었다. 그리고 다른 헬레보루스 종류가 막 꽃을 피울 무렵, 헬레보루스 페티두스Helleborus foetidus는 이미 활짝 피어 있었다. 집안에서 지내려면 그야말로 극도의 자제력을 발휘해야 했다. 그렇지 않았다면 이 책은 완성되지 못했을 것이다! 마음 같아서는 그냥 정원으로 달려 나가 꽃피는 구근이 잘 보이도록 봄 대청소를 시작하고 싶었다. 하지만 그랬다면 큰일이 났을 것이다. 2월이면 극심한 추위가

닥칠 수 있기 때문이다. 그러니 보다시피 모든 다른 정원사들처럼 우리도 인내력이 부족하다는 사실을 깊이 공감하는 바다.

봄에 우리를 사로잡는 꽃을 향한 갈망은 대개의 경우 구근이나 꽃피는 관목으로 채울 수 있다. 봄에 꽃이 피는 식물을 심기로 했던 자리에 늦여름이나 가을에 개화하는 식물을 심으면 성공적인 정원으로 가는 올바른 길에 들어선 셈이다. 그 경우 여름 화단은 문제가 없고, 간혹 풀모나리아 혹은 앵초가 무리를 이루며 피어도 나쁘지 않을 것이다.

가을로 다시 돌아가 보자. 이때는 자연이 완전히 성숙하는 시기다. 마지막 여러해살이풀이 최대로 키가 크고 다른 식물에는 열매와 씨앗이 무르익는다. 잎 색은 불타는 주황색, 노란색, 붉은색으로 짙게 물들고

수많은 가을 개화 식물(뒤에 나오는 목록 참고)의 색은
부드러워진다. 가을 안개도 그 장면에 멋을 더해 준다.
흥겨운 분위기를 고조시키듯 곤충이 무리 지어 마지막
남은 꿀을 마시거나 죽어 가는 줄기와 잎을 게걸스럽게
갉아 먹으며 최고급 양식으로 잔치를 벌인다. 가장
식욕이 왕성한 나비들은 8월에 절정을 이루어 11월까지
남아 있다. 아울러 거미 군단도 주변을 맴도는 곤충들을
섬멸시킨다. 그동안 박새과의 작은 새들과 방울새, 되새,
솔새, 오색방울새도 이 잔치에 모여든다. 그런데 당신의
정원은 봄 개화 식물이 자리를 다 차지해 버렸기 때문에
가을에는 이 모든 일이 일어날 수 없다고? 그렇다면
이제는 정신을 차려야 할 때다!

\ 후멜로가든 옛 육묘장 작업실의 가을 전경

↑ *Sanguisorba canadensis*(왼쪽)와 *Aster novae-angliae*(가운데 아래)의 겨울 모습

가을 개화 식물

Aconitum carmichaelii var. *wilsonii* 아코니튬
카르미켈리이 윌소니이

Actaea 노루삼속 – 대다수 종

Anemone hupehensis 호북대상화

Anemone ×hybrida 대상화

Anemone tomentosa 털대상화

Artemisia lactiflora 흰꽃쑥

Aster cordifolius 아스테르 코르디폴리우스

Aster ericoides 아스테르 에리코이데스

Aster laevis 아스테르 레비스

Aster lateriflorus 아스테르 라테리플로루스

Aster novae-angliae 아스테르 노베앙글리에

Aster oblongifolius ‘October Skies’ 아스테르
오블롱기폴리우스 ‘옥토버 스카이스’

Aster ptarmicoides 아스테르 프타르미코이데스

Aster tataricus ‘Jindai’ 개미취 ‘진다이’

Aster umbellatus 아스테르 움벨라투스

Aster 아스테르속 – 교잡종

Calamagrostis brachytricha 칼라마그로스티스 브라키트리카

Chasmanthium latifolium 낚시귀리

Clematis heracleifolia ‘China Purple’ 병조희풀
‘차이나 퍼플’

Clematis ×jouiniana 클레마티스 요우이니아나

Coreopsis tripteris 키다리금계국

Eragrostis trichodes 에라그로스티스 트리코데스

Eupatorium 등골나물속 – 모든 종

Gentiana andrewsii 앤드루스용담

Gentiana asclepiadea 버들용담

Gentiana makinoi ‘Royal Blue’ 마키노용담 ‘로열 블루’

Gentiana ‘True Blue’ 용담 ‘트루 블루’

Glycyrrhiza yunnanensis 글리시리자 유나넨시스

Helianthus 해바라기속 – 모든 종

Kalimeris 쑥부쟁이속 – 모든 종

Kirengeshoma palmata 일본나도승마

Liriope 맥문동속 – 모든 종

Miscanthus 억새속 – 모든 종

Panicum 기장속 – 모든 종

Pennisetum 수크령속 – 모든 종

Perovskia abrotanoides ‘Little Spire’ 페로브스키아
아브로타노이데스 ‘리틀 스파이어’

Rudbeckia 원추천인국속 – 모든 종

Salvia azurea 살비아 아주레아

Sanguisorba canadensis 캐나다오이풀

Scutellaria incana 스쿠텔라리아 잉카나

Sedum 세둠속 – 모든 종

Silphium 실피움속 – 모든 종

Solidago 미역취속 – 모든 종

×*Solidaster luteus* 솔리다스테르 루테우스

Sorghastrum nutans 소르가스트룸 누탄스

Strobilanthes atropurpureus 스트로빌란테스
아트로푸르푸레우스

Tricyrtis 뻐꾹나리속 – 모든 종

Verbesina alternifolia 나래가막사리

Vernonia 베르노니아속 – 모든 종

여름에 꽃이 피고 가을까지 개화가 이어지는 식물

Agastache 배초향속 - 많은 종

Alcea 알세아속 - 모든 종

Anthemis 길뚝개꽃속 - 모든 품종

Aster amellus 아스테르 아멜루스

Aster divaricatus 아스테르 디바리카투스

Aster ×frikartii 'Mönch' 아스테르 프리카르티이 '묀히'

Aster ×herveyi 아스테르 헤르베이이

Calamintha nepeta subsp. *nepeta* 칼라민타 네페타 네페타

Echinacea 자주천인국속 - 모든 종

Eragrostis spectabilis 꽃그령

Euphorbia schillingii 유포르비아 스킬링기이

Foeniculum vulgare 회향

Gaura lindheimeri 가우라

Geranium 'Dilys' 게라니움 '딜리스'

Geranium nodosum 게라니움 노도숨

Geranium ×oxonianum 게라니움 옥소니아눔

Geranium 'Rozanne' 게라니움 '로잰'

Geranium soboliferum 삼쥐손이

Geranium wallichianum 'Buxton's Variety' 게라니움 왈리키아눔 '벅스턴스 버라이어티'

Geranium wlassovianum 우단쥐손이

Kalimeris incisa 가새쑥부쟁이

Lamium maculatum 라미움 마쿨라툼

Lavatera 라바테라속 - 모든 종

Linaria purpurea 자주해란초

Lysimachia ephemerum 리시마키아 에페메룸

Nepeta govaniana 네페타 고바니아나

Origanum vulgare 오레가노

Persicaria amplexicaulis 페르시카리아 암플렉시카울리스

Persicaria virginiana 버지니아이삭여뀌

Petrorhagia saxifraga 페트로라기아 삭시프라가

Pycnanthemum 피크난테뭄속 - 모든 종

Ruellia humilis 루엘리아 후밀리스

Salvia verticillata 살비아 베르티실라타

Selinum wallichianum 셀리눔 왈리키아눔

Sporobolus heterolepis 스포로볼루스 헤테롤레피스

Teucrium hircanicum 이란곽향

Verbena bonariensis 버들마편초

← *Astilbe*(왼쪽 가운데), *Amsonia*(아래쪽), *Deschampsia*(뒤쪽 그래스)의 겨울 뼈대

↑ *Rhus typhina*(왼쪽 위), *Aster* 'Little Carlow'(가운데 아래), *Calamagrostis ×acutiflora* 'Karl Foerster'(왼쪽 아래, 오른쪽 그래스)

피트 아우돌프의 식재가 효과적인 이유는 무엇일까?
그 질문은 식물의 형태로 답할 수 있다. 우선 색은
생각하지 말고 카메라로 사진을 찍은 후 흑백으로 편집해
보라. 어떤 스마트폰으로는 주변 세상을 실시간 흑백으로
볼 수도 있다. 너무 많은 색으로 꽉 찬 화단은 되직한
죽처럼 보이는가? 아우돌프의 화단이라면 여전히 식물
하나하나를 어려움 없이 뚜렷이 구별해 낼 수 있다. 그
이유는 극도로 개성 있는 형태를 갖춘 식물을 선택하기
때문이다. 또한 색조의 깊이도, 빛과 그림자의 뚜렷한
대비도 그 역할을 담당한다.

형태가 돋보이는 구조식물은 개화 후에도 보기가
좋고 겨울까지 잘 유지된다. 하지만 그럴 경우 한 해의
하반기로 식물이 몰릴 우려가 있는데, 일찍 개화하는
여러해살이풀은 대개 형태미가 부족하기 때문이다.
꾸준하게 인기를 끄는 게라니움*Geranium*을 예로 들 수
있다. 또 꿩의다리*Thalictrum* 종류는 가느다란 줄기와 마른
열매가 큰 인상을 주지는 못하지만, 그 점만 제외하면
한여름이 오기 전에 허리 높이 위에서 꽃을 피우는 몇 안
되는 식물에 속하기 때문에 큰 가치가 있다. 디자이너가
한 식물을 두고 할 수 있는 최대의 찬사가 오래 유지되는
형태라는 사실은 정원식물의 범위를 사실상 바꾸어
놓았다. 이전까지는 버지니아냉초*Veronicastrum virginicum*는
식물원에서, 유카잎에린지움*Eryngium yuccifolium*은 자생식물
마니아의 정원에서나 볼 수 있었다. 하지만 이제는
꽃이 진 후에도 좋은 모습을 오래 유지하기 때문에

중요한 정원식물이 되었고, 버지니아냉초의 품종 수도
해마다 늘어나고 있다. 신품종의 색상도 다양해지고
꽃도 더 풍성하게 달린다고 해도 원종에 비해 얼마나
더 좋아졌는지는 논란의 여지가 있다. 여기서 소개하는
식물은 꽃이 지고 나서도 최소한 몇 달 동안 흥미로운
모습을 보여 준다. 물론 가을과 겨울 날씨에 얼마나 잘
버틸지는 또 다른 문제지만 적어도 가을 태풍이나 겨울
폭설을 겪지 않는다면 한겨울이 지나도 개성 있는 모습을
유지할 것이다.

↘ *Pycnanthemum muticum*(왼쪽), *Eryngium yuccifolium*(가운데 뒤쪽), *Schizachyrium*(오른쪽)

↑ 미국 시카고 루리가든의 *Monarda bradburiana*(앞쪽), *Amsonia* 'Blue Ice'(가운데), *Allium atropurpureum*(뒤쪽),
Salvia nemorosa(왼쪽뒤 보라색 꽃)

멋진 형태가 기대되는 식물

Achillea – 대부분의 품종, 특히:

    Achillea 'Anthea' 톱풀 '앤시어'

    Achillea 'Coronation Gold' 톱풀 '코로네이션 골드'

    Achillea 'Moonshine' 톱풀 '문샤인'

    Achillea 'Parker's Variety' 터리톱풀 '파커스 버라이어티'

    Achillea 'Terracotta' 톱풀 '테라코타'

Actaea 노루삼속 – 모든 종

Agastache nepetoides 노랑배초향

Amorpha canescens 털족제비싸리

Amsonia hubrichtii 솔정향풀

Amsonia tabernaemontana var. *salicifolia* 버들잎정향풀

Andropogon gerardii 안드로포곤 게라르디이 – 모든 품종

Aruncus 'Horatio' 눈개승마 '호라티오'

Aruncus 'Johannifest' 눈개승마 '요하니페스트'

Aruncus 'Misty Lace' 눈개승마 '미스티 레이스'

Aruncus 'Woldemar Meier' 눈개승마 '볼데마 마이어'

Asclepias incarnata 자관백미꽃

Asclepias purpurascens 아스클레피아스 푸르푸라센스

Asclepias tuberosa 아스클레피아스 투베로사

Aster ×*herveyi* ('Twilight') 아스테르 헤르베이이
('트와일라이트')

Aster novae-angliae 'Nachtauge' 아스테르 노베앙글리에
'나흐트아우게'

Aster oblongifolius 아스테르 오블롱기폴리우스

Aster tataricus 개미취

Aster umbellatus 아스테르 움벨라투스

Aster 아스테르속 – 교잡종

Astilbe taquetii 한라노루오줌 – 모든 품종

Baptisia leucantha 밥티시아 류칸타

Dalea purpurea 달레아 푸르푸레아

Echinacea 자주천인국속 – 모든 종과 교잡종

Echinops 절굿대속 – 모든 종과 교잡종

Eryngium 에링기움속 – 거의 모두 해당되지만, 특히:

    Eryngium zabelii 'Big Blue' 에링기움 자벨리이 '빅 블루'

    Eryngium bourgatii 지중해에린지움

Eryngium yuccifolium 유카잎에린지움

Eupatorium 등골나물속 – 모든 종

Euphorbia corollata 유포르비아 코롤라타

Gillenia trifoliata 길레니아 트리폴리아타

Glycyrrhiza yunnanensis 글리시리자 유나넨시스

Helenium 헬레니움속 – 모든 종과 품종

Inula magnifica 'Sonnenstrahl' 대왕금불초 '조넨슈트랄'

Iris sibirica 'Perry's Blue' 시베리아붓꽃 '페리스 블루'

Laserpitium siler 라세르피티움 실레르

Liatris pycnostachya 리아트리스 피크노스타키아

Liriope 맥문동속 – 모든 종

Lunaria rediviva 루나리아 레디비바

Lychnis chalcedonica 리크니스 칼세도니카

Lythrum alatum 날개부처꽃

Monarda 모나르다속 – 모든 종과 교잡종

Panicum virgatum 'Shenandoah' 큰개기장 '셰넌도어'

Parthenium integrifolium 파르테니움 인테그리폴리움

Pennisetum 수크령속 – 모든 종

Perovskia 페로브스키아속 – 모든 종과 품종

Peucedanum verticillare 퓨세다눔 베르티실라레

Phlomis 속단속 – 모든 종

Pycnanthemum 피크난테뭄속 – 모든 종

Salvia nemorosa 살비아 네모로사와 교잡종

Sanguisorba officinalis 오이풀 – 모든 품종

Schizachyrium scoparium 스키자키리움 스코파리움 –
서 있는 경우가 드물지만 'Standing Ovation(스탠딩
오베이션)'과 'Ha Ha Tonka(하 하 통카)'가 잘 서 있다.

Sedum spectabile 큰꿩의비름

Sedum telephium 자주꿩의비름과 교잡종

Selinum wallichianum 셀리눔 왈리키아눔

Seseli libanotis 세셀리 리바노티스

Stachys officinalis 스타키스 오피시날리스 – 모든 품종

Stokesia laevis 스토케시아 레비스

Succisa pratensis 수시사 프라텐시스

Vernonia 베르노니아속 – 모든 종

Veronica longifolia 긴산꼬리풀과 품종

Veronicastrum virginicum 버지니아냉초와 품종

Agastache nepetoides(가운데 위)와 꽃이 진 후의 *Peucedanum verticillare*(오른쪽), *Echinacea*(아래)

어떤 여러해살이풀은 식물들 사이사이에 심으면 저절로
올라온 것 같이 보여 리듬감을 표현하는 데 도움을
준다. 특히 한 종류의 식물을 무리로 모아 심는 전통적인
식재 기법을 사용한 큰 스케일의 공간에서 제일 중요한
역할을 한다. 같은 식물이 드문드문, 계획되지 않은 듯,
겉보기에는 무작위로 혹은 매우 느슨하게 무리를 이루는
장면은 전체 구성이 잘 조화를 이루도록 도와준다.
앞에서 살펴본 구조식물은 여기서도 한 계절 내내 좋은
역할을 할 것이다. 우리는 그런 식물을 '분산식물'이라
부른다.

하지만 몇 주 또는 한 달여 동안의 짧은 영광을 누리는 여러해살이풀도 있다. 이들은 꽃이 피기 전과 후에는 비교적 눈에 띄지 않는다. 오리엔탈양귀비처럼 어떤 경우에는 휴면에 들어가기도 한다. 이런 식물은 특정 계절 동안 화단 전체에 생기를 불러일으키며 자기만의 개성을 선보인 후 시들어 다른 식물에게 자리를 내어 주는 유용한 식물이다.

개화기가 짧은 식물

Alcea 'Parkallee' 알세아 '파르크알레'와 그 밖의 다른 품종
Aquilegia 매발톱꽃속 – 모든 종
Baptisia australis 밥티시아 아우스트랄리스와 교잡종
Callirhoe involucrata 칼리레 인볼루크라타
Chrysopogon gryllus 크리소포곤 그릴루스

Clematis heracleifolia 'China Purple' 병조희풀 '차이나 퍼플'
Gentiana andrewsii 앤드루스용담
Gentiana makinoi 'Royal Blue' 마키노용담 '로열 블루'
Gentiana 'True Blue' 용담 '트루 블루'
Geranium 'Patricia' 게라니움 '퍼트리샤'
Geranium pratense 게라니움 프라텐세
Geum 뱀무속 – 모든 종
Knautia dipsacifolia 크나우티아 딥사시폴리아
Lychnis chalcedonica 'Rosea' 리크니스 칼세도니카 '로세아'
Molinia caerulea 몰리니아 세룰레아 – 모든 품종
Molopospermum peloponnesiacum 몰로포스페르뭄 펠로포네시아쿰
Papaver orientale 오리엔탈양귀비
Sanguisorba canadensis 캐나다오이풀
Sanguisorba menziesii 멘지스오이풀
Sanguisorba tenuifolia 가는오이풀

← *Echinops sphaerocephalus*(왼쪽), *Helianthus salicifolius*(오른쪽)

↑ *Lychnis chalcedonica* 'Rosea'(연어살색 꽃), *Delphinium elatum*(왼쪽 뒤), *Nepeta* 종류(오른쪽)

정원을 만들고 가꾸다 보면 앞의 활용법에서 다루지
못한 더 많은 가능성이나 문제점을 만나게 된다.
해안가에 살아서 문제가 생길 수도 있고, 토끼가 정원을
짓밟아 놓을 수도 있을 것이다. 사랑스러운 정원을 갖고
싶지만 정원 일 자체를 견딜 수 없을지도 모른다. 아니면
나비를 위한 정원을 만들 수도 있다. 여기서는 그런 특정
희망사항이나 문제점에 들어맞는 식물을 소개한다.

수명이 짧은 식물

두해살이풀이나 수명이 짧은 여러해살이풀은 어떤
이에게는 어려운 문제가 될 수 있다. 정원에서 죽거나
사라지는 식물은 추가 노동이 필요하기 때문이다. 하지만
그런 식물이 정원사에게 매력적인 이유는 왕성하게
씨앗을 흩뿌리고 자연발아를 해서 새로운 곳에서 싹이
올라오고, 그 결과 해마다 정원의 모습이 달라지기
때문이다. 그중에 어떤 식물은 아무리 관상가치가 높다
해도 골칫거리가 될 수도 있다는 사실은 두 말할 필요가
없다.

Achillea 톱풀속 - 모든 종

Agastache 배초향속 - 모든 종

Alcea 알세아속 - 모든 종

Angelica 당귀속 - 모든 종

Anthemis tinctoria 안테미스 팅크토리아

Aquilegia 매발톱꽃속 - 모든 종, 대체로 5년은 산다.

Asclepias incarnata 자관백미꽃

Brachypodium sylvaticum 숲개밀

Callirhoe involucrata 칼리레 인볼루크라타

Digitalis 디기탈리스속 - 모든 종

Echinacea 자주천인국속 - 모든 종, 특히 노란색 꽃이 피는 종

Eryngium giganteum 큰에린지움

Euphorbia corallioides 유포르비아 코랄리오이데스

Foeniculum vulgare 회향

Gaura lindheimeri 가우라

Helleborus foetidus 헬레보루스 페티두스

Knautia 크나우티아속 - 모든 종

Linaria purpurea 자주해란초

Lobelia 숫잔대속 - 모든 종

Peucedanum verticillare 퓨세다눔 베르티실라레

Salvia argentea 실버세이지

Salvia sclarea 클라리세이지

Smyrnium perfoliatum 스미르니움 페르폴리아둠

Teucrium hircanicum 이란곽향

Verbascum 우단담배풀속 - 모든 종

Verbena 마편초속 - 모든 종

게으른 정원사를 위한 식물

아름다운 정원을 꿈꾸면서 정원에서 일할 준비가 되지 않은 사람이라면 차라리 정원을 콘크리트로 포장해 버리는 편이 낫다. 조금이라도 노동할 준비가 된 사람이라면 약간의 희망은 있다. 다음 목록의 식물은 매우 튼튼해서 크게 관리를 하지 않아도 홀로 살아남을 수 있다. 그렇다고 아무렇게나 서양쐐기풀 사이에다 던져 놓으라는 말은 아니다. 그건 도가 지나치니까. 하지만 일단 식물이 자리를 잡아 성숙기에 이르면 스스로 돌보며 살아갈 수 있다. 그때까지는 여느 다른 정원식물들과 마찬가지로 처음 심었을 때 잡초로부터 보호할 필요가 있다. 실제로 어떤 식물은 자리 잡기까지 시간이 제법 걸리기 때문이다.

Amsonia tabernaemontana var. *salicifolia* 버들잎정향풀

Anemone ×*hybrida* 대상화

Aralia californica 아랄리아 칼리포르니카

Aruncus 눈개승마속 – 모든 종

Aster divaricatus 아스테르 디바리카투스

Aster macrophyllus 'Twilight' 아스테르 마크로필루스 '트와일라이트'

Aster umbellatus 아스테르 움벨라투스

Baptisia 밥티시아속 – 모든 종

Calamagrostis ×*acutiflora* 'Karl Foerster' 바늘새풀 '칼 피르스터'

Cephalaria gigantea 세팔라리아 기간테아

Darmera peltata 다르메라 펠타타

Deschampsia cespitosa 좀새풀

Echinops sphaerocephalus 에키놉스 스페로세팔루스

Eupatorium 등골나물속 – 모든 종

Euphorbia griffithii 'Dixter' 유포르비아 그리피티이 '딕스터'

Euphorbia palustris 유포르비아 팔루스트리스

Filipendula camtschatica 큰터리풀

Filipendula rubra 'Venusta' 서양붉은터리풀 '베누스타'

Geranium macrorrhizum 게라니움 마크로리줌

Geranium nodosum 게라니움 노도숨

Geranium ×*oxonianum* 게라니움 옥소니아눔 – 품종

Geranium phaeum 게라니움 페움

Geranium pratense 게라니움 프라텐세

Helianthus 해바라기속 – 모든 종

Hemerocallis 원추리속 – 모든 종

Hosta 비비추속 – 모든 종

Inula magnifica 대왕금불초

Iris sibirica 시베리아붓꽃 – 품종

Lamium orvala 라미움 오르발라

Lunaria rediviva 루나리아 레디비바

Miscanthus 억새속 – 모든 종

Molinia 몰리니아속 – 모든 종

Persicaria amplexicaulis 페르시카리아 암플렉시카울리스

Persicaria polymorpha 대왕여뀌

Polygonatum 둥굴레속 – 모든 종

Sanguisorba 오이풀속 – 키 큰 품종

Sesleria nitida 세슬레리아 니티다

Silphium 실피움속 – 모든 종

Solidago 미역취속 – 모든 종

Spodiopogon sibiricus 큰기름새

Thalictrum polygamum 탈릭트룸 폴리가뭄

Verbesina alternifolia 나래가막사리

Vernonia 베르노니아속 – 모든 종

Veronicastrum virginicum 버지니아냉초

← *Digitalis ferruginea*

↑ *Amsonia tabernaemontana* var. *salicifolia*

축 처지는 식물과 지지대가 필요한 식물

물론 이런 식물을 전혀 마다하지 않는 정원사도 있다.
그런 사람들이 당연히 다수의 델피니움을 심는 이유는
정원에서 일거리를 제공하기 때문이다. 그렇게 잘
넘어져서 마른 가지로 지지대를 세워 주거나, 6월 하지
이전에 잘라 주어야 하는 식물도 많이 있다. 하지만 보다
자연스러운 방법으로는 더 튼튼한 이웃 식물에 기대거나
그 위로 걸쳐서 자라도록 도와주는 것이다.

Aconitum lamarckii 아코니툼 라마르키이

Artemisia ludoviciana var. *latiloba* 아르테미시아
　　루도비시아나 라틸로바

Aster novae-angliae 아스테르 노베앙글리에

Campanula 'Burghaltii' 캄파눌라 '부르갈티이'

Centaurea 수레국화속 – 모든 종

Clematis integrifolia 클레마티스 인테그리폴리아

Clematis ×jouiniana 클레마티스 요우이니아나

Clematis recta 클레마티스 렉타

Delphinium 델피니움속 – 교잡종

Eupatorium maculatum 점등골나물

Geranium pratense 게라니움 프라텐세

Nepeta sibirica 네페타 시비리카

Rudbeckia maxima 큰루드베키아

Salvia azurea 살비아 아주레아

Sanguisorba officinalis 오이풀 – 모든 품종

Sanguisorba tenuifolia 가는오이풀

Silphium laciniatum 실피움 라시니아툼

Thalictrum delavayi 중국금꿩의다리

Veronicastrum virginicum 'Lavendelturm' 버지니아냉초
　　'라벤델투름'

지지대가 필요 없는 식물

정원에서 별로 많은 일을 하고 싶지 않지만 넘어지거나
지지대가 필요한 식물을 아주 좋아하는 사람을
위한 해결책이 있다. 튼튼하게 덤불을 이루는 식물
사이에 기댈 수 있도록 심어 주면 된다. 매우 열성적인
정원사에게도 주의할 필요가 그다지 없는 식물은 늘
환영받기 마련이다.

Aconitum carmichaelii var. *wilsonii* 아코니툼 카르미켈리이
　　월소니이

Aconitum napellus 아코니툼 나펠루스

Aconogonon 'Johanniswolke' 아코노고논 '요하니스볼케'

Agastache 배초향속 – 모든 종

Amsonia 정향풀속 – 모든 종

Angelica 당귀속 – 모든 종

Aruncus 'Horatio' 눈개승마 '호라티오'

Aster lateriflorus 'Horizontalis' 아스테르 라테리플로루스
　　'호리존탈리스'

Aster umbellatus 아스테르 움벨라투스

Baptisia australis 밥티시아 아우스트랄리스

Dictamnus albus 딕탐누스 알부스

Echinacea 자주천인국속 – 모든 종

Filipendula 터리풀속 – 모든 종

Foeniculum vulgare 회향

Gillenia trifoliata 길레니아 트리폴리아타

Glycyrrhiza yunnanensis 글리시리자 유나넨시스

Helenium 헬레니움속 – 모든 종

Helianthus 'Lemon Queen' 헬리안투스 '레몬 퀸'

Kalimeris incisa 가새쑥부쟁이

Lavatera 라바테라속 – 모든 종

Liatris 리아트리스속 – 모든 종

Lythrum 부처꽃속 – 모든 종

Miscanthus 억새속 – 대부분의 교잡종

Monarda 모나르다속 – 모든 종

Nepeta latifolia 네페타 라티폴리아

Panicum virgatum 'Cloud Nine' 큰개기장 '클라우드 나인'

Panicum virgatum 'Shenandoah' 큰개기장 '셰넌도어'

Peucedanum verticillare 퓨세다눔 베르티실라레

Phlomis tuberosa 'Amazone' 뿌리속단 '아마존'

Phlox paniculata 풀협죽도

Salvia argentea 실버세이지

Salvia nemorosa 살비아 네모로사

Salvia sclarea 클라리세이지

Sanguisorba canadensis 캐나다오이풀

Scutellaria incana 스쿠텔라리아 잉카나

Sedum telephium 'Matrona' 자주꿩의비름 '마트로나'

Selinum wallichianum 셀리눔 왈리키아눔

Sidalcea 시달세아속 – 모든 종

Tanacetum macrophyllum 큰잎쑥국

Thalictrum 'Elin' 꿩의다리 '엘린'

Thalictrum polygamum 탈릭트룸 폴리가뭄

Thalictrum rochebruneanum 금꿩의다리

Verbascum lychnitis 베르바스쿰 리크니티스

Verbena hastata 베르베나 하스타타

Verbesina alternifolia 나래가막사리

Vernonia 베르노니아속 – 모든 종

Veronicastrum virginicum 'Challenger' 버지니아냉초
　　'챌린저'

↘ *Delphinium elatum*

↑ *Aconitum carmichaelii* var. *wilsonii*

끊임없이 영역을 확장하는 식물

어떤 식물은 이웃을 희생하면서까지 더 많은 자리를
차지하려고 한다. 걷잡을 수 없이 왕성하게 자라거나
다른 식물의 틈새에 씨를 흩뿌리는 방식을 이용한다.
그런 식물은 게으른 정원사에게는 절대 적합하지 않다.
어떤 일이 벌어지는지 미처 알아채기도 전에 이미 한
종류의 식물이 정원을 뒤덮어 버리기 때문이다. 만약
모든 것을 통제할 수만 있다면 그런 호전적인 식물과
왕성하게 자연발아 하는 식물은 정원에 자연스러운
모습을 연출하기 때문에 재미를 더해 줄 수도 있다.
다음 목록에서 이름 앞에 R로 표시된 식물은 걷잡을
수 없이 자라는 식물, S로 표시된 식물은 자연발아가
왕성한 식물이다. 하지만 짚고 넘어갈 게 있다. 이 식물들
중 상당수가 많은 정원에서 호전적으로 자라지만 또
어떤 정원에서는 반드시 그렇지는 않다는 점이다! 그런
곳에서는 정원사가 아무리 간절히 번지기를 원해도
고집을 피우며 거부하는 식물이 있을 수 있다.

R *Artemisia ludoviciana* var. *latiloba* 아르테미시아
　　루도비시아나 라틸로바

R + S *Aster umbellatus* 아스테르 움벨라투스

S *Brachypodium sylvaticum* 숲개밀

S *Briza media* 중방울새풀

S *Calamagrostis brachytricha* 칼라마그로스티스
　　브라키트리카

S *Campanula lactiflora* 캄파눌라 락티플로라

S *Carex grayi* 그레이사초

S *Cephalaria gigantea* 세팔라리아 기간테아

S *Deschampsia cespitosa* 좀새풀

S *Digitalis* 디기탈리스속 - 모든 종

S *Echinops sphaerocephalus* 에키놉스 스페로세팔루스

R *Epilobium angustifolium* 분홍바늘꽃

S *Eragrostis curvula* 능수참새그령

S *Eupatorium cannabinum* 유파토리움 카나비눔

R *Euphorbia cyparissias* 유포르비아 시파리시아스

S *Foeniculum vulgare* 회향

R *Geranium macrorrhizum* 게라니움 마크로리줌

S *Geranium maculatum* 게라니움 마쿨라툼

S *Geranium nodosum* 게라니움 노도숨

S *Geranium phaeum* 게라니움 페움

S *Geranium pratense* 게라니움 프라텐세

S *Lamium orvala* 라미움 오르발라

S *Linaria purpurea* 자주해란초

S *Lunaria rediviva* 루나리아 레디비바

R *Lysimachia* 참좁쌀풀속 - 대부분의 종

R *Nepeta sibirica* 네페타 시비리카

S *Origanum vulgare* 오레가노

S *Salvia verticillata* 살비아 베르티실라타

S *Smyrnium perfoliatum* 스미르니움 페르폴리아툼

S *Succisella inflexa* 수시셀라 인플렉사

S *Thalictrum aquilegiifolium* 꿩의다리

S *Thalictrum flavum* subsp. *glaucum* 탈릭트룸 플라붐
　　글라우쿰

S *Thalictrum lucidum* 반들꿩의다리

S *Verbascum lychnitis* 베르바스쿰 리크니티스

S *Verbena* 마편초속 - 모든 종

S *Viola sororia* 비올라 소로리아

엉기거나 타고 오르는 식물

길고 약한 줄기를 내며 이웃 식물 사이나 그 위로
올라가 자라는 몇몇 키 작은 식물도 있는데, 전부 꽃이
오래 핀다. 이런 종류의 식물은 일찍 꽃이 핀 후에
볼품없어지는 식물과 함께 심어야 한다. 아니면 그래스나
개화기가 늦은 여러해살이풀의 강한 줄기에 의지할 수도
있다. 이렇게 자라는 다양한 게라니움의 경우 관목의
아래쪽 가지를 타고 올라가 재미있는 효과를 연출하기도
한다.

Ceratostigma plumbaginoides 세라토스티그마
플룸바기노이데스
Clematis integrifolia 클레마티스 인테그리폴리아
Clematis ×jouiniana 클레마티스 요우이니아나
Geranium 'Ann Folkard' 게라니움 '앤 포카드'
Geranium 'Dilys' 게라니움 '딜리스'
Geranium wallichianum 'Buxton's Variety' 게라니움
왈리키아눔 '벅스턴스 버라이어티'
Potentilla ×hopwoodiana 호프우드양지꽃
Viola cornuta 비올라 코르누타
Viola cornuta 'Alba' 비올라 코르누타 '알바'

← *Geranium phaeum*

↑ *Potentilla ×hopwoodiana*

나비와 벌을 위한 식물

자연과 자연스러운 정원 가꾸기를 향한 관심은 물론,
윙윙거리고 쌩쌩 날아다니며 여름 정원에 특별함을 더해
주는 모든 곤충에 관한 관심도 매우 커졌다. 다음의
목록은 이 책에서 다루는 식물 가운데 나비가 가장
좋아하는 식물로, 그중에서도 나비가 최고로 좋아하는
식물에는 별표*를 달았다. 아울러 2019년 개정판에서는
곤충의 역할에 관해 덧붙이고 싶다. 환경에 관심을
가진 사람들이 많아지면서 우려하는 말들이 쏟아져
나오자 대형 업체의 식물 광고 문구에도 '벌을 살리는'
식물이라는 표현이 남용되어 고객을 유혹했다. 하지만
'꽃가루를 퍼뜨리는 곤충'의 역할에 관한 관심이
엄청나게 증가한 것은 사실이다. 다행히 지난 몇 년간
과학 연구도 늘어나서 어떤 식물을 심으면 좋을지
올바른 결정을 내려야 할 때 도움을 준다. 다양성이
열쇠라는 사실이 중요하다. 꽃마다 꿀이 다르고 어린
곤충을 키울 때 반드시 필요한 먹이의 종류 또한 다르다.

나비가 좋아하는 식물은 꿀벌 역시 좋아하는데,
대개 꽃송이가 여럿 모여 피거나 꽃이 촘촘하게 피는
식물이다. 다음 목록에 소개하는 대부분의 식물이
여기에 해당한다. 야생벌이 좋아하는 식물은 이름 뒤에
B로 표시한다.

Aconitum 투구꽃속 - 모든 종 B

Agastache 배초향속 - 모든 종

Aquilegia 매발톱꽃속 - 모든 종 B

Asclepias incarnata 자관백미꽃

Aster 아스테르속 - 모든 종*

Astrantia major 아스트란티아 마요르

Baptisia 밥티시아속 - 모든 종 B

Campanula 초롱꽃속 - 모든 종 B

Cephalaria 세팔라리아속 - 모든 종

Dianthus 패랭이꽃속 - 모든 종

Dictamnus albus 딕탐누스 알부스 B

Digitalis 디기탈리스속 - 모든 종 B

Echinacea purpurea 에키나세아*

Echinops 절굿대속 - 모든 종

Eryngium 에링기움속 - 모든 종

Eupatorium 등골나물속 - 모든 종*

Gentiana 용담속 - 모든 종 B

Geranium 쥐손이풀속 - 모든 종 B

Helenium 헬레니움속 - 모든 종

Helianthus 'Lemon Queen' 헬리안투스 '레몬 퀸'*

Helleborus 헬레보루스속 - 모든 종 B

Knautia 크나우티아속 - 모든 종

Lamium 광대수염속 - 모든 종 B

Liatris 리아트리스속 - 모든 종*

Linaria 해란초속 - 모든 종 B

Lobelia 숫잔대속 - 모든 종 B

Lunaria rediviva 루나리아 레디비바*

Monarda 모나르다속 - 모든 종* B

Nepeta 개박하속 - 모든 종 B

Origanum 오리가눔속 - 모든 종*

Penstemon 펜스테몬속 - 모든 종 B

Persicaria amplexicaulis 페르시카리아 암플렉시카울리스

Phlox paniculata 풀협죽도

Pulmonaria 풀모나리아속 - 모든 종

Pycnanthemum 피크난테뭄속 - 모든 종

Salvia 배암차즈기속 - 모든 종 B

Sanguisorba 오이풀속 - 모든 종

Scabiosa 체꽃속 - 모든 종*

Sedum spectabile 큰꿩의비름*

Silphium 실피움속 - 모든 종

Stachys officinalis 스타키스 오피시날리스 - 모든 종

Succisa pratensis 수시사 프라텐시스*

Succisella inflexa 수시셀라 인플렉사*

Verbena bonariensis 버들마편초*

Verbena hastata 베르베나 하스타타

Vernonia 베르노니아속 - 모든 종

Veronicastrum virginicum 버지니아냉초

토끼가 싫어하는 식물

어떤 사람들에게는 토끼도 문제가 될 수 있다. 제일
좋은 해결책은 철망을 이용해 폭 40센티미터, 높이
1미터로 정원에 울타리를 치는 일이다. 이것이 어려울
경우에는 토끼가 좋아하지 않는 식물을 심으면 된다.
다음 목록은 약간의 의구심을 품고 만들었다. 사실상
토끼는 변덕스러운 편이기 때문이다. 어떤 해에는 잎까지
속속들이 먹어 치운 식물을 그 다음 해에는 거들떠
보지도 않는다. 독이 있는 식물은 먹지 않지만, 줄기 밑
부분을 물어뜯거나 파내어 버리기도 한다. 결국 어떤
식물도 토끼로부터 안전하지 않다.

Aconitum 투구꽃속 - 모든 종

Actaea 노루삼속 - 모든 종

Alchemilla 알케밀라속 - 모든 종

Amsonia 정향풀속 - 모든 종

Anemone 바람꽃속 - 모든 종

Angelica 당귀속 - 모든 종

Artemisia 쑥속 - 모든 종

Aster 아스테르속 - 모든 종

Astilbe 노루오줌속 - 모든 종

Baptisia 밥티시아속 - 모든 종

Calamagrostis 산새풀속 - 모든 종

Calamintha 칼라민타속 - 모든 종

Dictamnus albus 딕탐누스 알부스

Digitalis 디기탈리스속 - 모든 종

Epilobium angustifolium 분홍바늘꽃

Eupatorium 등골나물속 - 모든 종

Euphorbia 대극속 - 모든 종

Gentiana 용담속 - 모든 종

Geum rivale 게움 리발레

Gillenia trifoliata 길레니아 트리폴리아타

Helleborus 헬레보루스속 - 모든 종

Hemerocallis 원추리속 - 모든 종

Hosta 비비추속 - 모든 종

Inula 금불초속 - 모든 종

Iris 붓꽃속 - 모든 종

Lamium 광대수염속 - 모든 종

Ligularia 곰취속 - 모든 종

Lysimachia 참좁쌀풀속 - 모든 종

Miscanthus 억새속 - 모든 종

Molinia 몰리니아속 - 모든 종

Monarda 모나르다속 - 모든 종

Nepeta 개박하속 - 모든 종

Panicum virgatum 큰개기장

Papaver orientale 오리엔탈양귀비

Persicaria 여뀌속 - 모든 종

Potentilla 양지꽃속 - 모든 종

Pulmonaria 풀모나리아속 - 모든 종

Ranunculus 미나리아재비속 - 모든 종

Rodgersia 도깨비부채속 - 모든 종

Saponaria ×*lempergii* 'Max Frei' 사포나리아 렘페르기이
    '막스 프라이'

Scutellaria incana 스쿠텔라리아 잉카나

Sedum 세둠속 - 모든 종

Solidago 미역취속 - 모든 종

Veratrum californicum

Stachys 석잠풀속 - 모든 종

Stipa 나래새속 - 모든 종

Strobilanthes atropurpureus 스트로빌란테스 아트로푸르푸레우스

Tricyrtis 뻐꾹나리속 - 모든 종

Veratrum 여로속 - 모든 종

Verbascum lychnitis 베르바스쿰 리크니티스

Veronica 베로니카속 - 모든 종

Veronicastrum virginicum 버지니아냉초

해안가 식물

바다와 가까운 곳에서 정원 가꾸기는 결코 만만한 일이
아니다. 강풍은 물론이고, 특히 바다에서 불어 닥치는
소금기 섞인 바람은 대처하기 어려운 문제이기 때문이다.
일반적으로 키가 크고 줄기가 약한 식물은 피하는
것이 바람직하고, 덤불지는 식물이 더 적합하다. 해안가
주민이 누리는 한 가지 혜택이라면 내륙지방에서 월동이
되지 않는 수많은 식물이 바다 근처에서는 아주 잘
자란다는 점이다.

Achillea 톱풀속 - 교잡종

Achnatherum calamagrostis 아크나테룸 칼라마그로스티스

Alchemilla 알케밀라속 - 모든 종

Artemisia 쑥속 - 회색 잎 종류

Aster oblongifolius 'October Skies' 아스테르 오블롱기폴리우스 '옥토버 스카이스'

Calamagrostis ×*acutiflora* 바늘새풀

Crambe maritima 해안꽃케일 - 확실하다!

Dianthus 패랭이꽃속 - 모든 종

Echinacea 자주천인국속 - 대부분의 교잡종

Echinops 절굿대속 - 모든 종

Eragrostis 참새그령속 - 모든 종

Eryngium 에링기움속 - 모든 종

Euphorbia cyparissias 유포르비아 시파리시아스

Festuca mairei 페스투카 마이레이

Geranium ×*cantabrigiense* 게라니움 칸타브리기엔세

Geranium macrorrhizum 게라니움 마크로리줌

Geranium ×*oxonianum* 게라니움 옥소니아눔

Geranium sanguineum 피뿌리쥐손이

Knautia 크나우티아속 - 모든 종

Lavatera 라바테라속 - 모든 종

Limonium latifolium 리모니움 라티폴리움

Linaria purpurea 자주해란초

Miscanthus 억새속 - 모든 종

Origanum 오리가눔속 - 모든 종

Pennisetum 수크령속 - 모든 종

Penstemon 펜스테몬속 - 모든 종

Perovskia abrotanoides 페로브스키아 아브로타노이데스

Petrorhagia saxifraga 페트로라기아 삭시프라가

Phlomis 속단속 - 모든 종

Salvia 배암차즈기속 - 소형종

Saponaria ×*lempergii* 'Max Frei' 사포나리아 렘페르기이 '막스 프라이'

Scabiosa 체꽃속 - 모든 종

Sedum 세둠속 - 모든 종

Sesleria 세슬레리아속 - 모든 종

Sporobolus heterolepis 스포로볼루스 헤테롤레피스

Stipa 나래새속 - 모든 종

← *Dianthus carthusianorum*

↑ 시카고 루리가든의 *Penstemon hirsutus*(앞쪽)와 *Baptisia* 'Purple Smoke'(뒤쪽)

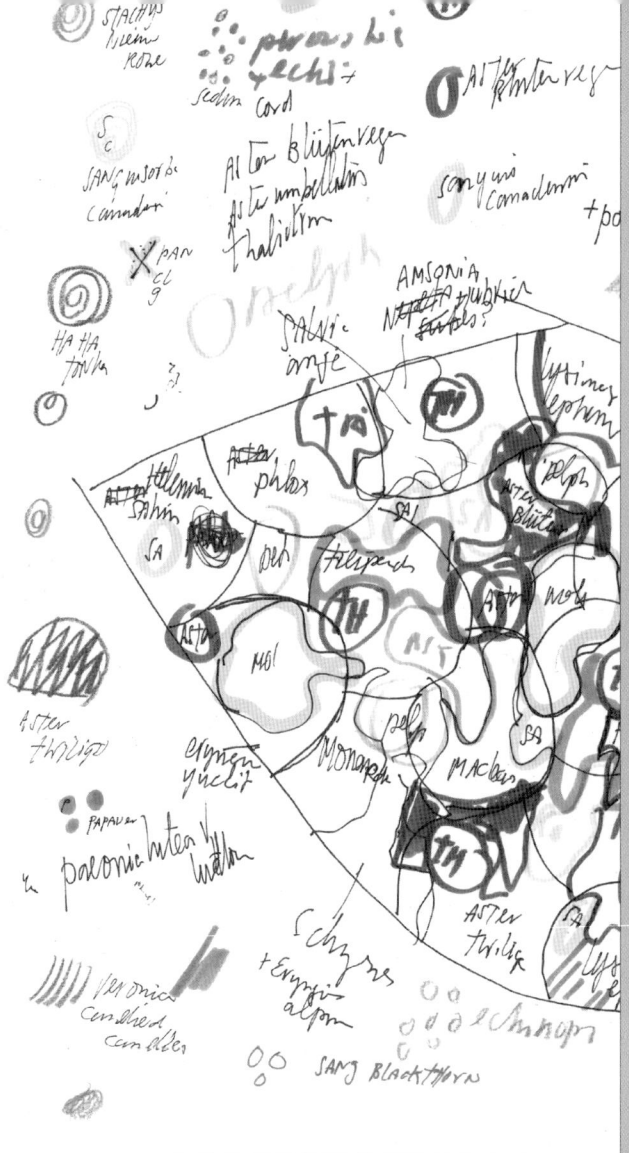

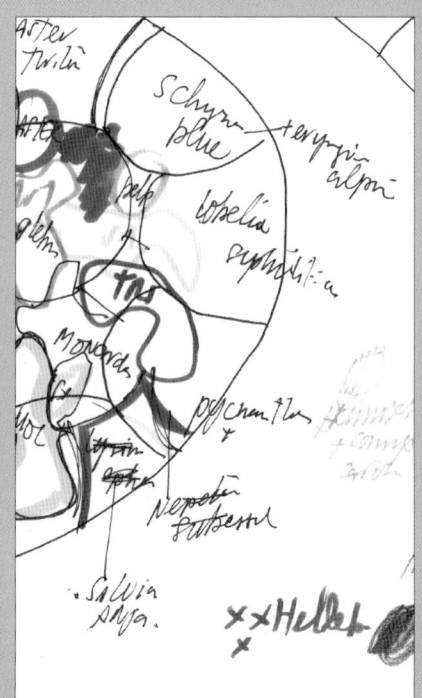

3.

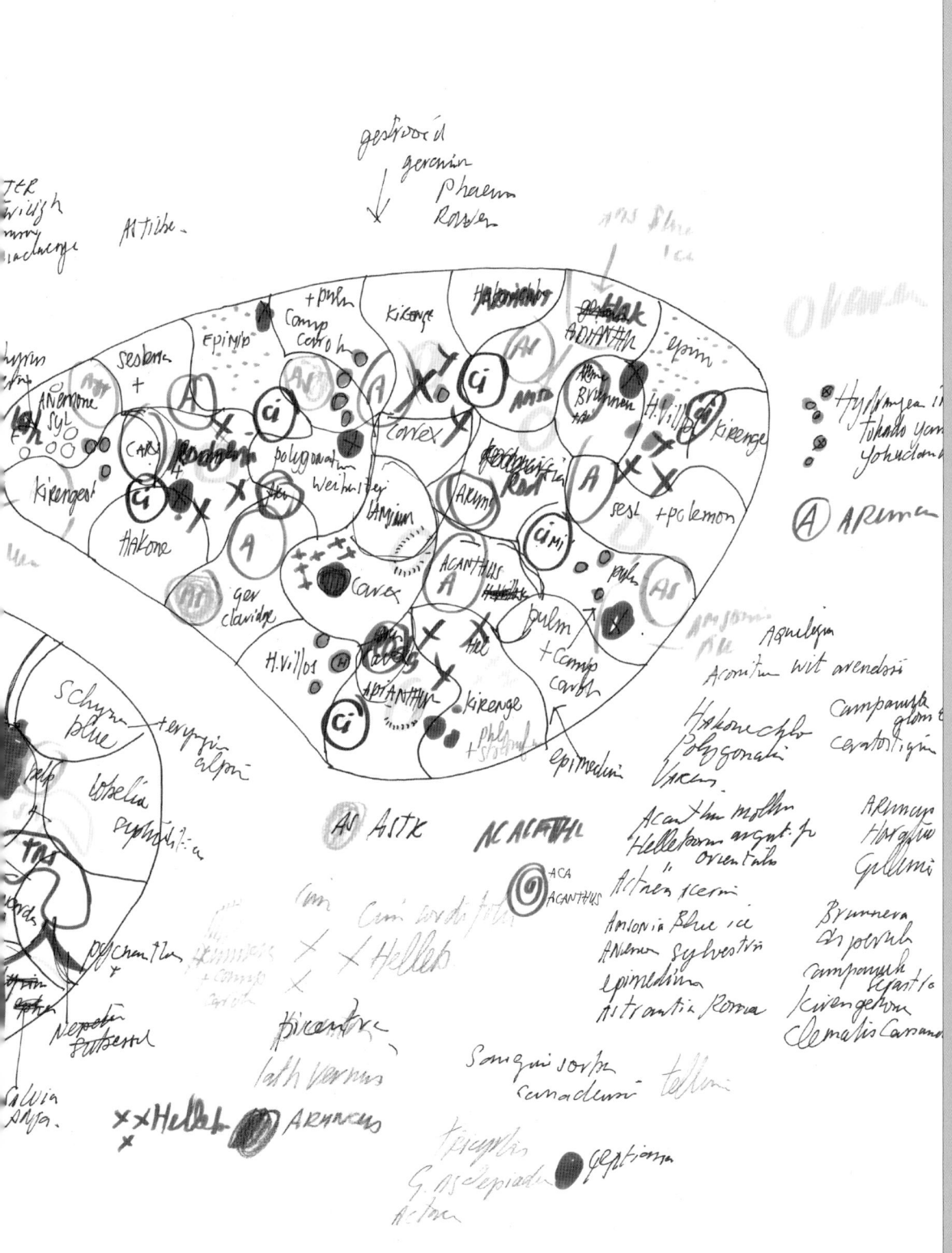

루프탑가든(미국) Rooftop garden, USA

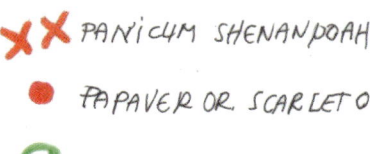

XX PANICUM SHENANDOAH

● PAPAVER OR. SCARLET O'HARA

Ⓟ PORTERANTHUS TRIFOLIATUS

Ⓡ RUELLIA HUMILIS

◎ SEDUM MUNSTEAD RED

Ⓢᵒˢ SESLERIA AUTUMNALIS

⠂⠂⠂ SPOROBOLUS HETEROLEPIS

T TRICYRTIS FORMOSANA

A AMSONIA HUBRICHTII

ⒶR ARUNCUS 'HORATIA'

×× ERYNGIUM YUCCIFOLIUM

⊙⊙ GERANIUM SPINNERS

MOLINIA MOORHEXE

✕ MOLINIA TRANSPARENT

● CIMICIFUGA BRUNETTE

Ⓜ MONARDA BRADBURIANA

1:50 METRIC

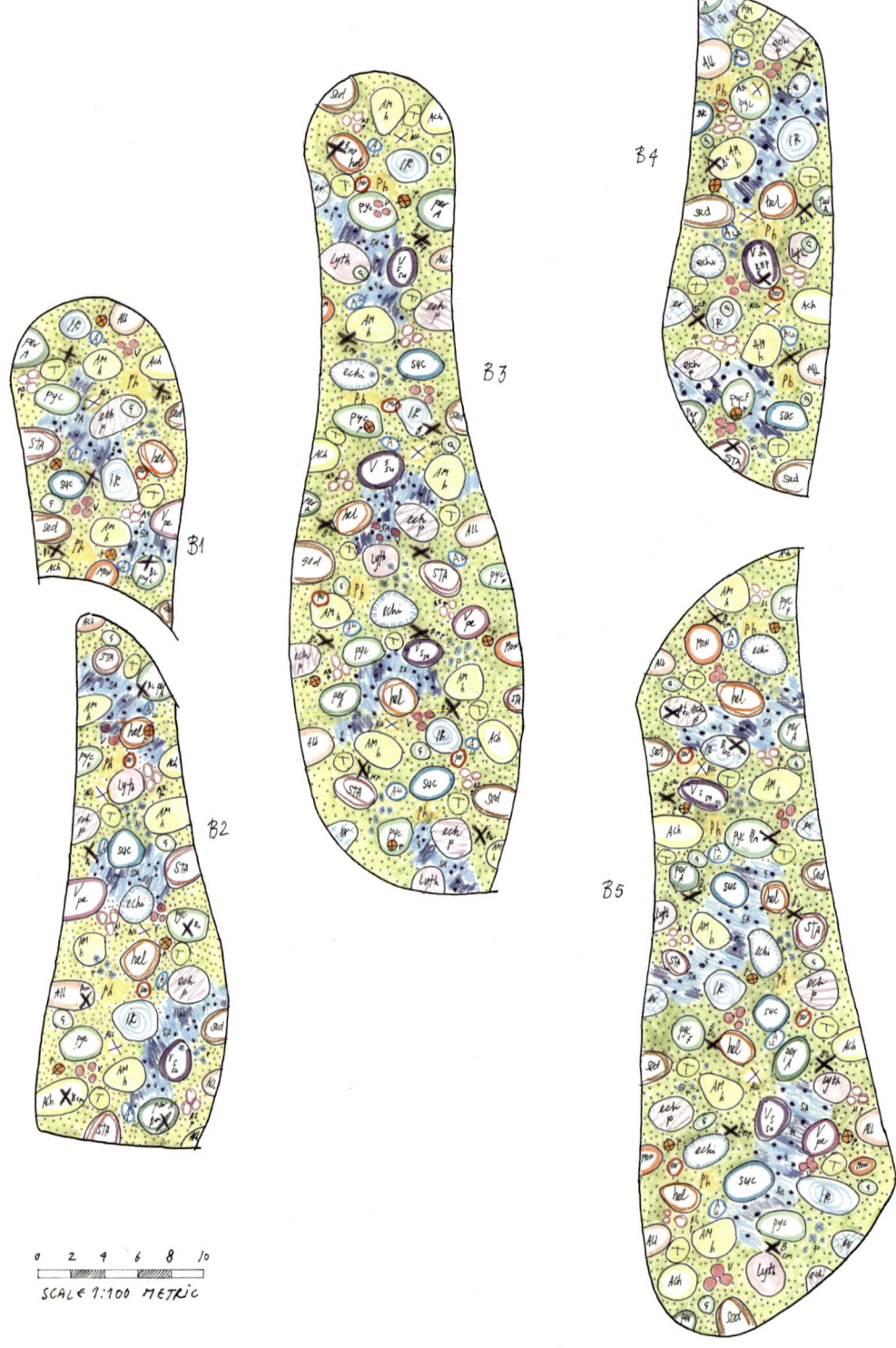

SCALE 1:100 METRIC

PLANTGROUPS

- **Ach** — ACHILLEA TERRA COTTA
- **ALL** — ALLIUM BIG BEAUTY + SAPONARIA MAXFREI
- **AM h** — AMSONIA HUBRICHTII
- **ech p** — ECHINACEA HULA DANCER
- **echi** — ECHINOPS VEITCH BLUE
- **er** — ERYNGIUM BOURGATII + CALAMINTHA NEP
- **Ir** — IRIS PERRY'S BLUE
- **H** — HELENIUM M.B
- **Lyth** — LYTHRUM ALATUM
- **Mon** — MONARDA BRADBURIANA
- **per A** — PERSICARIA AMPL. ALBA
- **pyc F** — PYCNANTHEMUM FLEXUOSUM
- **PYC** — PYCNANTHEMUM MUTICUM
- **SA u** — SALVIA CRYSTAL BLUE + GENTIANA ANDREWSII MAINACHT
- **sed** — SEDUM MATRONA
- **STA** — STACHYS HUMMELO
- **suc** — SUCCISELLA PRATENSIS
- **VS su** — VERNONIA SUMMER SURRENDER
- **V pe** — VERONICA PINK EVELINE

INDIVIDUAL PLANTS OR SMALL GROUPS

- **Alc** — ALCEA PARKALLEE
- **Asc p** — ASCLEPIAS PURPURASCENS
- **A lc** — ASTER LITTLE CARLOW
- **B cm** — BAPTISIA CAROLINA MOONLIGHT
- **B le** — BAPTISIA LUNAR ECLIPS
- **B mp** — BAPTISIA MIDNIGHT PRAIRIE BLUES
- **B l** — BAPTISIA LEUCANTHA
- **g** — GERANIUM BROOKSIDE
- **p** — PAPAVER MATADOR
- **P** — PEROVSKIA LITTLE SPIRE
- **per** — PERSICARIA ORANGE FIELD
- **ph** — PHLOMIS PRIMA DONNA
- **T** — TROLLIUS NEW MOON
- **V** — VERONICASTRUM CHALLENGER
- PULSATILLA VULGARIS (RANDOON)

MATRIX: SPOROBOLUS HETEROLEPIS

AMSONIA TAB. VAR. SALICIFOLIA

ASTER OKTOBER SKIES

ASTRANTIA ROMA

CIMICIFUGA BRUNETTE

DESCHAMPSIA GOLDTAU

EUPHORBIA SCHILLINGII

GERANIUM ROSE CLAIRE

PHLOX   CAR. BILL BAKER

GERANIUM NOD. WHITE LEAF

GERANIUM PHAEUM RAVEN

ACHILLEA MOONSHINE

ALTHAEA CANNABINA

ASCLEPIAS TUBEROSA

ASTER LOVELY

ASTER HARRY SMITH

BAPTISIA PURPLE SMOKE

CALAMAGROSTIS BRACHYTRICHA

ECHINOPS BANNATICUS

SANGUISORBA TEN. ATROPURPUREA

SEDUM MATRONA

SELINUM WALLICHIANUM

GILLENIA TRIFOLIATA

HELLEBORUS ORIENTALIS

KIRENGESHOMA PALMATA

LIRIOPE BIG BLUE

MUKDENIA ROSSII

PAEONIA JAN VAN LEEUWEN

NEW TREE

LUZULA IGEL +
CAMPANULA GLOM. CAROLINE

EUPATORIUM CHOCOLATE

HELENIUM RED JEWEL

MOLINIA TRANSPARENT

MONARDA BRADBURIANA

PAPAVER MATADOR

PEROVSKIA LITTLE SPIRE

PHLOMIS LITTLE AMAZONE

SALVIA EVELINE

SPODIOPOGON SIBIRICUS

STACHYS OFF. HUMMELO

STIPA CALAMAGROSTIS + ECHINACEA TOMATO SOUP 70%~30%

VERONICA SUBSESSILIS BLAUE PYRAMIDE

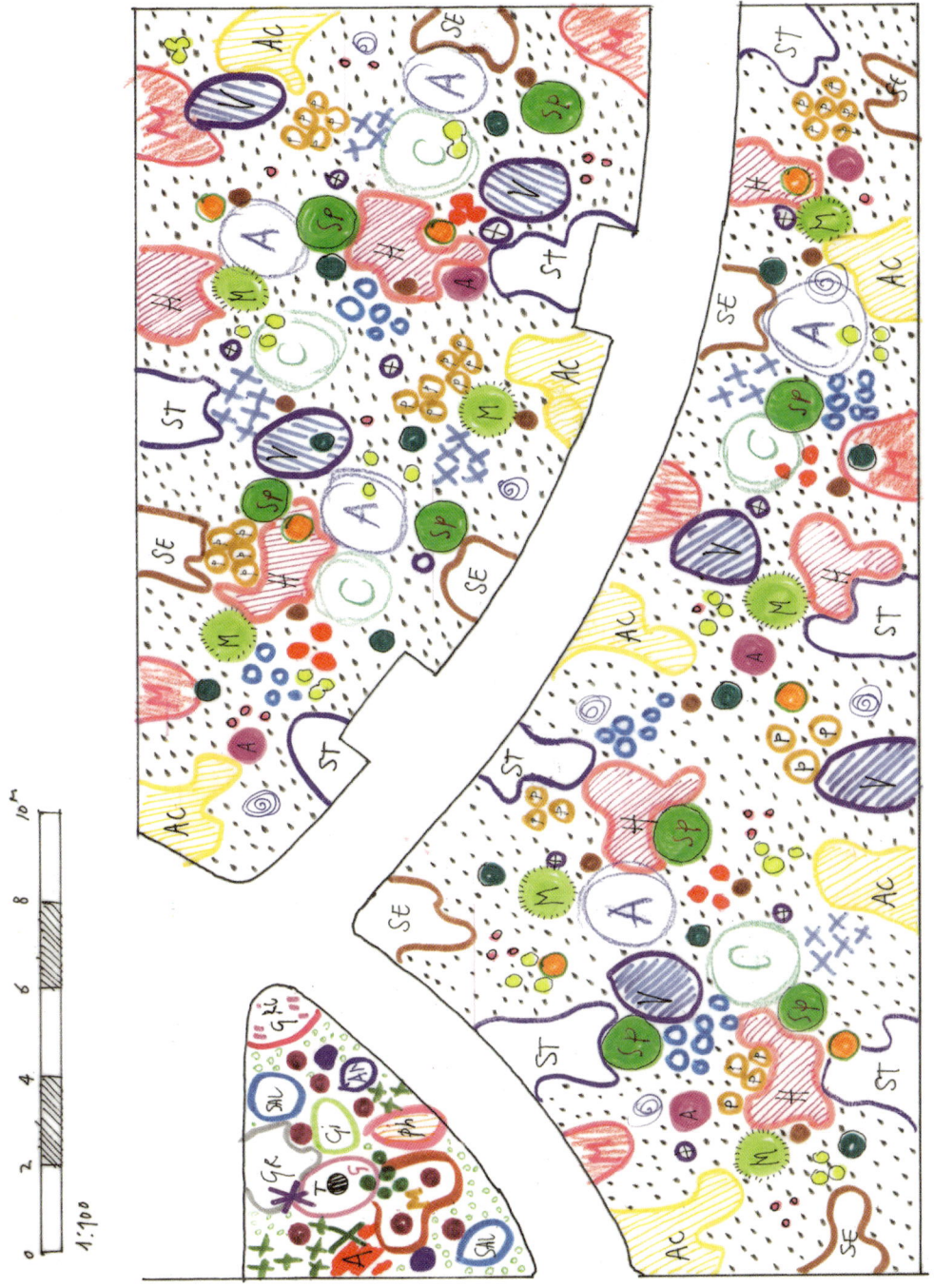

1:700

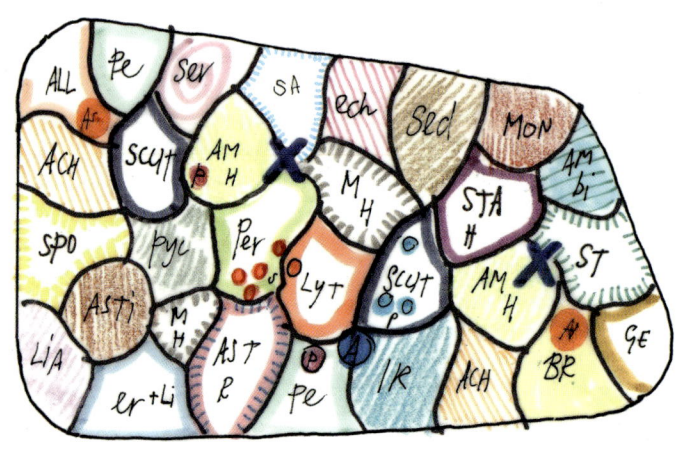

VASTE PLANTENVELD *

- **Ach** ACHILLEA TERRA COTTA
- **ALL** ALLIUM SUMMER BEAUTY
- **AMA** AMSONIA BLUE ICE
- **AMH** AMSONIA HUBRICHTII
- **AST R** ASTER ROSA ERFÜLLUNG
- **ASTI** ASTILBE VISIONS IN PINK
- **BR** BRIZA MEDIA
- **ech** ECHINACEA PURP + PALLIDA
- **er +Li** ERYNGIUM ALPINUM + LIMONIUM

- **GE** GEUM FLAMES OF PASSION
- **SA** SALVIA RHAPSODY IN BLUE
- **IR** IRIS PERRYS BLUE + CHRYSO.
- **LiA** LIATRIS SPIC + CALAMINTHA
- **MH** MOLINIA MOORHEXE
- **MON** MONARDA BRADBURIANA
- **Pe** PENSTEMON DIGITALIS

- **Per** PERSICARIA AMPL. ALBA
- **PYC** PYCNANTHEMUM MUTICUM
- **Scut** SCUTELLARIA INCANA
- **Sed** SEDUM MATRONA
- **Ser** SERRATULA SHEONEI
- **SPO** SPOROBOLUS HETEROLEPIS
- **STAH** STACHYS HUMMELO

- **St** STIPA LESSINGIANA

INDIVIDUELE SOORTEN **

- **A** AMSONIA TABVAR SALIOFOLI
- **AT** ASCLEPIAS TUBEROSA
- **X** BAPTISIA LEUCANTHA
- **P** PAPAVER KARINE
- **P** PEROVSKIA LITTLE SPIKE
- SANGUISORBA WAKE UP
- **LyT** LYTHRUM SWIRL

Blazing 작열하는 고온 건조에 강한 식물

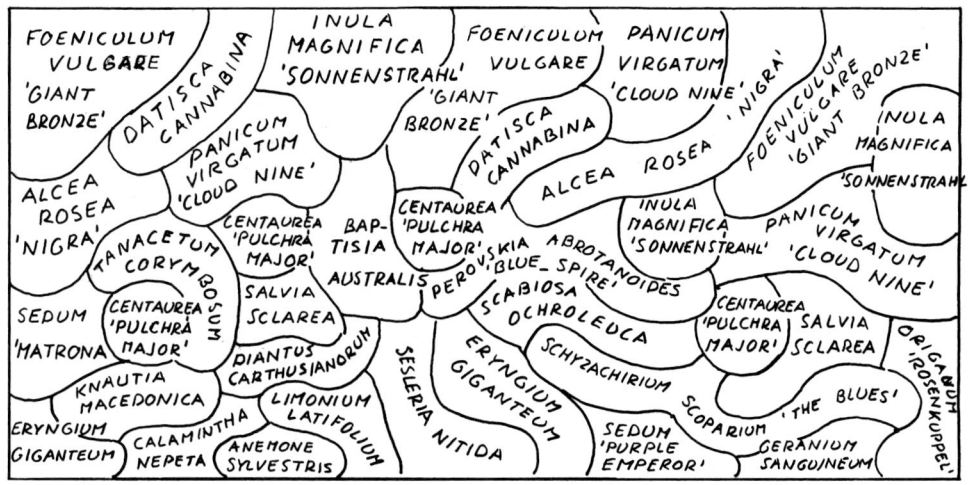

Gloomy? 쓸쓸한? 단풍이 아름답거나 겨울 실루엣이 매력적인 식물

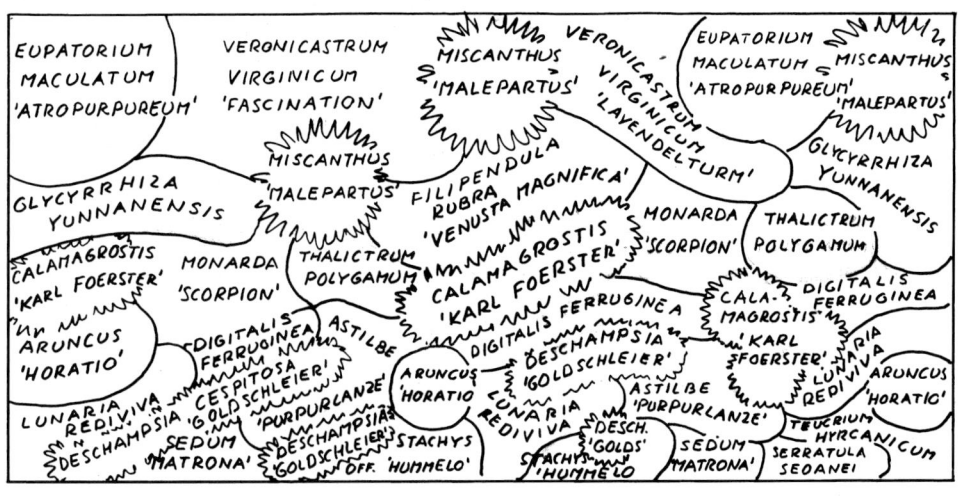

이 책에는 몇몇 정원에서만 볼 수 있는 낯선 식물이 많다.
따라서 실제로 어떻게 조합하면 좋을지 아이디어를
구하기가 쉽지 않다. 그렇기 때문에 2장에서 다양한
활용법에 관해 포괄적으로 설명했지만, 그럼에도 여전히
정원사들이 서로 다른 종의 식물을 가지고 어떻게 해야
할지 주저하는 모습을 상상할 수 있다. 특히 첫눈에
시선을 끌지는 않지만 아름다운 조합을 만들기 위해 꼭
필요한 식물들이 거기에 해당된다. 그래서 그런 식물은
물론이고 대부분의 그래스를 포함한 식재 조합 아이디어
목록을 만들었다. 개화기와 생태적 필요조건이 같으며,
형태나 색상 측면에서도 조화를 이루는 종들이다. 비록
화단 전체를 구성하는 조합은 아니지만 멋진 화단으로
나아가는 첫 걸음이다.

여러해살이풀 조합 아이디어

Actaea pachypoda 미국흰노루삼

Carex grayi 그레이사초

Euphorbia griffithii 'Dixter' 유포르비아 그리피티이 '딕스터'

Heuchera micrantha 휴케라 미크란타

Hosta sieboldiana 'Elegans' 큰비비추 '엘레간스'

Geranium ×*oxonianum* 게라니움 옥소니아눔

Geum rivale 'Leonard' 게움 리발레 '레너드'

Gillenia trifoliata 길레니아 트리폴리아타

Hosta tokudama 'Hadspen Blue' 호스타 토쿠다마 '하스펜 블루'

Tiarella 헐떡이풀속 - 교잡종

Aconitum lamarckii 아코니툼 라마르키이

Amsonia tabernaemontana var. *salicifolia* 버들잎정향풀

Anemone leveillei 아네모네 레베일레이

Deschampsia cespitosa 좀새풀

Anemone sylvestris 설강바람꽃

Dianthus carthusianorum 카르투시아노룸패랭이꽃

Limonium latifolium 리모니움 라티폴리움

Scabiosa lucida 반들체꽃

Stipa turkestanica 스티파 투르케스타니카

Achillea 'Hella Glashoff' 톱풀 '헬라 글라스호프'

Anemone cylindrica 촛대바람꽃

Platycodon grandiflorus 도라지

Sanguisorba officinalis 오이풀

Spodiopogon sibiricus 큰기름새

Amsonia orientalis 동방정향풀

Baptisia australis 밥티시아 아우스트랄리스

Sesleria nitida 세슬레리아 니티다

Thalictrum aquilegiifolium 꿩의다리

Aster ×*herveyi* 아스테르 헤르베이이

Geranium nodosum 게라니움 노도숨

Gillenia trifoliata 길레니아 트리폴리아타

Scutellaria incana 스쿠텔라리아 잉카나

Thalictrum delavayi 중국금꿩의다리

Aster umbellatus 아스테르 움벨라투스

Eupatorium maculatum 'Riesenschirm' 점등골나물 '리젠쉬름'

Miscanthus sinensis 'Malepartus' 참억새 '말레파르투스'

Persicaria amplexicaulis 페르시카리아 암플렉시카울리스

Achillea 'Hella Glashoff' 톱풀 '헬라 글라스호프'

Amsonia orientalis 동방정향풀

Baptisia australis 밥티시아 아우스트랄리스

Eryngium giganteum 큰에린지움

Salvia nemorosa 살비아 네모로사 - 교잡종

Calamintha nepeta subsp. *nepeta* 칼라민타 네페타 네페타

Gaura lindheimeri 'Whirling Butterflies' 가우라 '훨링 버터플라이스'

Liatris spicata 'Alba' 리아트리스 스피카타 '알바'

Perovskia abrotanoides 'Little Spire' 페로브스키아 아브로타노이데스 '리틀 스파이어'

Centaurea montana 'Carnea' 센타우레아 몬타나 '카르네아'

Cirsium rivulare 'Atropurpureum' 시르시움 리불라레 '아트로푸르푸레움'

Deschampsia cespitosa 'Goldschleier' 좀새풀 '골트슐라이어'

Filipendula purpurea 자주터리풀

Geranium sylvaticum 'Amy Doncaster' 숲제라늄 '에이미 동커스터'

Asclepias incarnata 자관백미꽃

Astilbe chinensis var. *taquetii* 'Purpurlanze' 한라노루오줌 '푸르푸르란체'

Delphinium elatum 델피니움 엘라툼

Lychnis chalcedonica 'Rosea' 리크니스 칼세도니카 '로세아'

Astrantia major 'Roma' 아스트란티아 마요르 '로마'
Geranium phaeum 'Springtime' 게라니움 페움 '스프링타임'
Gillenia trifoliata 길레니아 트리폴리아타
Thalictrum delavayi 'Album' 중국금꿩의다리 '알붐'

Cirsium rivulare 'Atropurpureum' 시르시움 리불라레
　　'아트로푸르푸레움'
Digitalis ferruginea 디기탈리스 페루기네아
Kalimeris incisa 가새쑥부쟁이
Salvia nemorosa 살비아 네모로사 – 교잡종
Sanguisorba menziesii 멘지스오이풀

Actaea simplex var. *simplex* 'James Compton' 촛대승마
　　'제임스 콤프턴'
Anemone tomentosa 'Albadura' 털대상화 '알바두라'

Astrantia major 아스트란티아 마요르
Kirengeshoma palmata 일본나도승마

Carex muskingumensis 야자사초
Geranium phaeum 'Springtime' 게라니움 페움 '스프링타임'
Heuchera micrantha 'Palace Purple' 휴케라 미크란타
　　'팰리스 퍼플'
Lamium orvala 라미움 오르발라

Astrantia major 아스트란티아 마요르
Digitalis grandiflora 디기탈리스 그란디플로라
Geranium psilostemon 게라니움 프실로스테몬
Lindelofia anchusoides 린델로피아 앙쿠소이데스
Thalictrum aquilegiifolium 꿩의다리

Aquilegia ×*hybrida* 별매발톱꽃
Geranium maculatum 게라니움 마쿨라툼

Veronicastrum virginicum(왼쪽), *Angelica sylvestris*(뒤쪽), *Asclepias incarnata*(가운데), *Thalictrum polygamum*(오른쪽 위)

Lunaria rediviva 루나리아 레디비바

Persicaria bistorta 'Hohe Tatra' 페르시카리아 비스토르타 '호에 타트라'

Viola elatior 비올라 엘라티오르

Lysimachia ephemerum 리시마키아 에페메룸

Monarda 'Oudolf's Charm' 모나르다 '아우돌프스 참'

Nepeta govaniana 네페타 고바니아나

Perovskia abrotanoides 'Little Spire' 페로브스키아 아브로타노이데스 '리틀 스파이어'

Crambe cordifolia 꽃케일

Geranium psilostemon 게라니움 프실로스테몬

Lychnis chalcedonica 'Carnea' 리크니스 칼세도니카 '카르네아'

Phlomis tuberosa 'Prima Donna' 뿌리속단 '프리마 돈나'

Agastache rugosa 배초향

Asclepias incarnata 자관백미꽃

Echinacea purpurea 'Vintage Wine' 에키나세아 '빈티지 와인'

Sedum telephium 'Matrona' 자주꿩의비름 '마트로나'

Filipendula rubra 'Venusta' 서양붉은터리풀 '베누스타'

Monarda 'Oudolf's Charm' 모나르다 '아우돌프스 참'

Phlox paniculata 'Dixter' 풀협죽도 '딕스터'

Sanguisorba tenuifolia 'Alba' 가는오이풀 '알바'

Eupatorium maculatum 'Riesenschirm' 점등골나물 '리젠쉬름'

Sanguisorba tenuifolia 가는오이풀

Selinum wallichianum 셀리눔 왈리키아눔

Veronicastrum virginicum 'Erica' 버지니아냉초 '에리카'

Lamium orvala 라미움 오르발라

Lunaria rediviva 루나리아 레디비바

Polygonatum ×*hybridum* 'Weihenstephan' 폴리고나툼 히브리둠 '바이엔슈테판'

Ranunculus aconitifolius 라눙쿨루스 아코니티폴리우스

Smyrnium perfoliatum 스미르니움 페르폴리아툼

Aster ×*frikartii* 'Mönch' 아스테르 프리카르티이 '뮌히'

×*Solidaster luteus* 'Lemore' 솔리다스테르 루테우스 '르모르'

Succisella inflexa 수시셀라 인플렉사

Tricyrtis formosana 대만뻐꾹나리

Aster amellus 'Sonora' 아스테르 아멜루스 '소노라'

Geranium wlassovianum 우단쥐손이

Salvia nemorosa 'Dear Anja' 살비아 네모로사 '디어 안야'

Stachys officinalis 'Rosea' 스타키스 오피시날리스 '로세아'

Achillea 'Hella Glashoff' 톱풀 '헬라 글라스호프'

Aconitum napellus 아코니툼 나펠루스

Campanula lactiflora 캄파눌라 락티플로라

Geranium phaeum 'Lily Lovell' 게라니움 페움 '릴리 러벌'

Thalictrum aquilegiifolium 꿩의다리

Geranium macrorrhizum 'Album' 게라니움 마크로리줌 '알붐'

Melica uniflora f. *albiflora* 멜리카 우니플로라 알비플로라

Pulmonaria longifolia 긴잎풀모나리아

Tiarella 혈떡이풀속 - 교잡종

Aster novae-angliae 'Violetta' 아스테르 노베앙글리에 '비올레타'

Molinia caerulea var. *arundinacea* 'Transparent' 몰리니아 세룰레아 아룬디나세아 '트랜스패어런트'

Persicaria amplexicaulis 'Firetail' 페르시카리아 암플렉시카울리스 '파이어테일'

Salvia azurea 살비아 아주레아

Vernonia crinita 베르노니아 크리니타

Rodgersia pinnata 'Saarbrücken'(왼쪽 아래), *Veronicastrum virginicum* 'Erica'(오른쪽 아래), *Lamium orvala*(가운데 분홍색 꽃),

Camassia leichtlinii(가운데 연보라색 꽃), *Euphorbia palustris*(왼쪽 가운데), *Osmunda regalis*(오른쪽 가운데)

관상용 그래스 식재 조합 아이디어

Brachypodium sylvaticum 숲개밀
Euphorbia corallioides 유포르비아 코랄리오이데스
Hosta 'Blue Angel' 호스타 '블루 에인절'
Thalictrum delavayi 중국금꿩의다리

Calamagrostis ×acutiflora 'Karl Foerster' 바늘새풀
  '칼 푀르스터'
Echinops ritro 'Veitch's Blue' 공절굿대 '비치스 블루'
Eupatorium maculatum 'Riesenschirm' 점등골나물
  '리젠쉬름'
Phlox paniculata 'Lavendelwolke' 풀협죽도 '라벤델볼케'

Briza media 'Limouzi' 중방울새풀 '리무지'
Eryngium bourgatii 지중해에린지움
Stachys officinalis 스타키스 오피시날리스
Viola cornuta 비올라 코르누타

Calamagrostis brachytricha 칼라마그로스티스
  브라키트리카
Echinacea purpurea 에키나세아
Lavatera cachemiriana 라바테라 카케미리아나
Origanum vulgare 'Rosenkuppel' 오레가노 '로젠쿠펠'
Stachys officinalis 'Miss Magenta' 스타키스 오피시날리스
  '미스 마젠타'

Aster lateriflorus 'Horizontalis' 아스테르 라테리플로루스
  '호리존탈리스'
Lysimachia ephemerum 리시마키아 에페메룸
Panicum virgatum 'Shenandoah' 큰개기장 '셔넌도어'
Sanguisorba canadensis 캐나다오이풀
Sporobolus heterolepsis 스포로볼루스 헤테롤레피스

Astrantia major 'Claret' 아스트란티아 마요르 '클라레'
Campanula 'Burghaltii' 캄파눌라 '부르갈티이'
Deschampsia cespitosa 'Goldtau' 좀새풀 '골트타우'

Digitalis parviflora 디기탈리스 파르비플로라
Lobelia siphilitica 태청숫잔대

Deschampsia cespitosa 'Goldtau' 좀새풀 '골트타우'
Dictamnus albus 딕탐누스 알부스
Scutellaria incana 스쿠텔라리아 잉카나
Tricyrtis formosana 대만뻐꾹나리

Datisca cannabina 다티스카 카나비나
Helenium 'Rubinkuppel' 헬레니움 '루빈쿠펠'
Lobelia ×speciosa 'Vedrariensis' 까치숫잔대
  '베드라리엔시스'
Miscanthus sinensis 'Flamingo' 참억새 '플라밍고'
Perovskia abrotanoides 'Little Spire' 페로브스키아
  아브로타노이데스 '리틀 스파이어'

Aster 'Little Carlow' 아스테르 '리틀 칼로'
Coreopsis tripteris 키다리금계국
Eupatorium maculatum 'Snowball' 점등골나물 '스노볼'
Miscanthus sinensis 'Flamingo' 참억새 '플라밍고'
Vernonia crinita 베르노니아 크리니타

Asclepias incarnata 자관백미꽃
Calamintha nepeta subsp. *nepeta* 칼라민타 네페타 네페타
Knautia dipsacifolia 크나우티아 딥사시폴리아
Molinia caerulea 'Moorhexe' 몰리니아 세룰레아 '모어헥세'
Sanguisorba menziesii 멘지스오이풀

Eupatorium maculatum 'Riesenschirm' 점등골나물
  '리젠쉬름'
Molinia caerulea var. *arundinacea* 'Transparent' 몰리니아
  세룰레아 아룬디나세아 '트랜스패어런트'
Monarda 'Beauty of Cobham' 모나르다 '뷰티 오브 코범'
Salvia sclarea 클라리세이지
Veronicastrum virginicum 'Challenger' 버지니아냉초
  '챌린저'

Agastache rugosa 배초향

Amsonia hubrichtii 솔정향풀

Echinacea pallida 에키나세아 팔리다

Panicum virgatum 'Cloud Nine' 큰개기장 '클라우드 나인'

Aster 'Little Carlow' 아스테르 '리틀 칼로'

Panicum virgatum 'Shenandoah' 큰개기장 '셰넌도어'

Selinum wallichianum 셀리눔 왈리키아눔

×*Solidaster luteus* 'Lemore' 솔리다스테르 루테우스 '르모르'

Sorghastrum nutans 'Sioux Blue' 소르가스트룸 누탄스
  '수 블루'

Achillea 'Walther Funcke' 톱풀 '발터 풍케'

Geranium ×*oxonianum* 게라니움 옥소니아눔

Polemonium 'Lambrook Mauve' 꽃고비 '램브룩 모브'

Salvia nemorosa 'Blauhügel' 살비아 네모로사 '블라우휘겔'

Sesleria nitida 세슬레리아 니티다

Actaea simplex var. *simplex* 'Scimitar' 촛대승마 '시미터'

Anemone ×*hybrida* 'Honorine Jobert' 대상화 '오노린 조베르'

Eupatorium rugosum 서양등골나물

Persicaria campanulata 페르시카리아 캄파눌라타

Sorghastrum nutans 소르가스트룸 누탄스

Aconitum carmichaelii var. *wilsonii* 아코니툼 카르미켈리이
  윌소니이

Persicaria virginiana 버지니아이삭여뀌

Salvia glutinosa 끈끈이세이지

Spodiopogon sibiricus 큰기름새

Agastache rugosa 배초향

Amsonia hubrichtii 솔정향풀

Eryngium yuccifolium 유카잎에린지움

Geranium soboliferum 삼쥐손이

Sporobolus heterolepis 스포로볼루스 헤테롤레피스

Trifolium rubens 붉은새깃토끼풀

Baptisia australis 밥티시아 아우스트랄리스

Pycnanthemum muticum 피크난테뭄 무티쿰

Salvia nemorosa 'Dear Anja' 살비아 네모로사 '디어 안야'

Stipa gigantea 큰나래새

Veronica longifolia 'Inspiration' 긴산꼬리풀
  '인스퍼레이션'

Aster ×*frikartii* 'Mönch' 아스테르 프리카르티이 '뫼히'

Astilbe chinensis var. *taquetii* 'Purpurlanze' 한라노루오줌
  '푸르푸르란체'

Molinia caerulea 'Edith Dudszus' 몰리니아 세룰레아
  '에디트 두추스'

Persicaria amplexicaulis 'Rosea' 페르시카리아
  암플렉시카울리스 '로세아'

제곱미터당 식물 수량

각각의 종을 얼마나 심을지 그 수량에 관한 질문을 많이
받는다. 그래서 책에 나오는 모든 속의 목록을 만들어
제곱미터당 필요한 식물 수량을 표시했다. 하나의
종으로 절반의 면적만 채우고 싶으면 수량도 절반으로
줄이면 된다. 하나의 속에서 한 가지 이상의 종이 있을
경우에는 제곱미터당 필요한 개체 수도 달라질 수 있다.
숫자가 작을수록 크기가 큰 식물이고 숫자가 클수록
크기가 작은 식물이다. 식물들끼리 서로 방해가 되지
않으려면 이웃하는 식물 종의 특성을 잘 고려해야 한다.
제곱미터당 다섯 개 미만의 식물이 필요할 경우 나머지
공간은 지피식물로 채워도 된다.

7	*Achillea* 톱풀속	3~5	*Dictamnus* 백선속	9	*Lindelofia* 린델로피아속
9	*Aconitum* 투구꽃속	9	*Digitalis* 디기탈리스속	7	*Lobelia* 숫잔대속
7	*Actaea* 노루삼속	7~9	*Echinacea* 자주천인국속	7	*Lunaria* 루나리아속
7	*Agastache* 배초향속	7	*Echinops* 절굿대속	7	*Lychnis* 동자꽃속
3~5	*Alcea* 알세아속	7	*Epilobium* 분홍바늘꽃속	7	*Lysimachia* 참좁쌀풀속
7~11	*Alchemilla* 알케밀라속	11	*Epimedium* 삼지구엽초속	7	*Lythrum* 부처꽃속
7	*Amsonia* 정향풀속	7~9	*Eryngium* 에링기움속	9	*Mertensia* 갯지치속
7	*Anemone* 바람꽃속(여름·가을 개화)	3~5	*Eupatorium* 등골나물속	3	*Molopospermum* 몰로포스페르뭄속
11	*Anemone* 바람꽃속(봄 개화)	5~11	*Euphorbia* 대극속		
7	*Angelica* 당귀속	3~7	*Filipendula* 터리풀속	7	*Monarda* 모나르다속
7	*Anthemis* 길뚝개꽃속	7	*Foeniculum* 회향속	7	*Nepeta* 개박하속
9	*Aquilegia* 매발톱꽃속	7	*Galega* 갈레가속	9	*Origanum* 오리가눔속
1	*Aralia* 두릅나무속	7	*Gaura* 가우라속	11	*Oxalis* 괭이밥속
5~7	*Artemisia* 쑥속	5~7	*Gentiana* 용담속	7	*Penstemon* 펜스테몬속
1~5	*Aruncus* 눈개승마속	7~9	*Geranium* 쥐손이풀속	1~3	*Perovskia* 페로브스키아속
11	*Asarum* 족도리풀속	11	*Geum* 뱀무속	1~9	*Persicaria* 여뀌속
1~3	*Asclepias* 금관화속	5	*Gillenia* 길레니아속	9	*Petrorhagia* 페트로라기아속
5~7	*Aster* 아스테르속	1	*Glycyrrhiza* 감초속	7	*Peucedanum* 기름나물속
7	*Astilbe* 노루오줌속	7	*Helenium* 헬레니움속	7	*Phlomis* 속단속
5	*Astilboides* 개병풍속	3~5	*Helianthus* 해바라기속	9	*Phlox* 풀협죽도속(봄 개화)
7	*Astrantia* 아스트란티아속	7~11	*Helleborus* 헬레보루스속	7	*Phlox* 풀협죽도속(여름 개화)
3~5	*Baptisia* 밥티시아속	7	*Hemerocallis* 원추리속	7	*Pimpinella* 참나물속
9	*Borago* 보라고속	9	*Heuchera* 휴케라속	11	*Platycodon* 도라지속
7~9	*Calamintha* 칼라민타속	3~7	*Hosta* 비비추속	7	*Podophyllum* 포도필룸속
7	*Campanula* 초롱꽃속	3~7	*Inula* 금불초속	9	*Polemonium* 꽃고비속
7	*Centaurea* 수레국화속	9	*Iris* 붓꽃속	7	*Polygonatum* 둥굴레속
5	*Cephalaria* 세팔라리아속	7	*Kalimeris* 쑥부쟁이속	7	*Potentilla* 양지꽃속
7	*Cirsium* 엉겅퀴속	7	*Kirengeshoma* 나도승마속	9	*Pulmonaria* 풀모나리아속
1~3	*Clematis* 으아리속	7	*Knautia* 크나우티아속	7~11	*Ranunculus* 미나리아재비속
5	*Coreopsis* 기생초속	7~9	*Lamium* 광대수염속	7	*Rodgersia* 도깨비부채속
1~5	*Crambe* 꽃케일속	1	*Lavatera* 라바테라속	5~7	*Rudbeckia* 원추천인국속
7	*Darmera* 다르메라속	9	*Liatris* 리아트리스속	9	*Ruellia* 루엘리아속
3	*Datisca* 다티스카속	5	*Ligularia* 곰취속	9	*Salvia* 배암차즈기속
7	*Delphinium* 제비고깔속	7	*Limonium* 갯질경속	1~7	*Sanguisorba* 오이풀속
9~11	*Dianthus* 패랭이꽃속	7	*Linaria* 해란초속	7	*Saponaria* 비누풀속

관상용 그래스

7~9	*Scabiosa* 체꽃속	3~5	*Achnatherum* 아크나테룸속
9	*Scutellaria* 골무꽃속	7	*Brachypodium* 숲개밀속
7	*Sedum* 세둠속	9	*Briza* 방울새풀속
7	*Selinum* 셀리눔속	1~5	*Calamagrostis* 산새풀속
9	*Serratula* 산비장이속	3~5	*Carex* 사초속
7	*Sidalcea* 시달세아속	5~7	*Chasmanthium* 카스만티움속
3	*Silphium* 실피움속	3~5	*Deschampsia* 좀새풀속
7	*Smilacina* 솜대속	3~7	*Eragrostis* 참새그령속
9	*Smyrnium* 스미르니움속	1	*Festuca mairei* 페스투카 마이레이
5~7	*Solidago* 미역취속	7	*Hakonechloa* 풍지초속
7	×*Solidaster* 솔리다스테르속	9	*Imperata* 띠속
7	*Stachys* 석잠풀속	1~3	*Miscanthus* 억새속
3	*Strobilanthes* 방울꽃속	1~5	*Molinia* 몰리니아속
7	*Succisa* 수시사속	1~5	*Panicum* 기장속
9	*Succisella* 수시셀라속	3	*Pennisetum* 수크령속
7	*Tanacetum* 쑥국화속	7	*Schizachyrium* 쇠풀속
3~7	*Thalictrum* 꿩의다리속	5~7	*Sesleria* 세슬레리아속
3	*Trachystemon* 트라키스테몬속	3	*Sorghastrum* 소르가스트룸속
9	*Tricyrtis* 뻐꾹나리속	5	*Spodiopogon* 기름새속
7	*Trifolium* 토끼풀속	7	*Sporobolus* 쥐꼬리새풀속
7	*Veratrum* 여로속	1~7	*Stipa* 나래새속
7	*Verbascum* 우단담배풀속		
7	*Verbena* 마편초속		
5	*Verbesina* 나래가막사리속		
3	*Vernonia* 베르노니아속		
7	*Veronica* 베로니카속		
5~7	*Veronicastrum* 냉초속		
11	*Viola* 제비꽃속		
7	*Zigadenus* 지가데누스속		

육묘장

CANADA

Botanus
www.botanus.com

Fraser's Thimble Farms
www.thimblefarms.com

Free Spirit Nursery
www.freespiritnursery.ca

Phoenix Perennials
mailorder.phoenixperennials.com

Whitehouse Perennials
www.whitehouseperennials.com

Wildflower Farm
www.wildflowerfarm.com

UNITED STATES

American Meadows
www.americanmeadows.com

Bluebird Nursery
www.bluebirdnursery.com

Bluestone Perennials
www.bluestoneperennials.com

Fieldstone Gardens, Inc.
www.FieldstoneGardens.com

Glover Perennials
www.gloverperennials.com

High Country Gardens
www.highcountrygardens.com

Hoffman Nursery
www.hoffmannursery.com

Joy Creek Nursery
www.joycreek.com

Kurt Bluemel, Inc.
www.kurtbluemel.com

North Creek Nurseries
www.Northcreeknurseries.com

Northwind Perennial Farm
www.northwindperennialfarm

Plant Delights Nursery
www.plantdelights.com

The Plant Group
www.plantgroupnursery.com

Prairie Moon Nursery
www.prairiemoon.com

Prairie Nursery
www.prairienursery.com

UNITED KINGDOM

Beth Chatto Gardens
www.bethchatto.co.uk

Burncoose Nurseries
www.burncoose.co.uk

Crocus
www.crocus.co.uk

Hortus Loci
www.hortusloci.co.uk

Wootens of Wenhaston
www.wootensplants.co.uk

참고문헌

LITERATURE LIST

Aden, P. 1990. *The Hosta Book*. 2nd ed. Portland, Oregon: Timber Press.

Bailey, L. H. 1976. *Hortus Third: A Concise Dictionary of Plants Cultivated in the United States and Canada*. New York: MacMillan Publishing.

Brown, L. 1985. *Grasslands*. National Audubon Society Nature Guides. New York: Alfred A. Knopf.

Foerster, K. 1982. *Einzug der Gräser und Fame in die Gärten*. 6th ed. Melsungen, Germany: J. Neumann--Neudamm.

Gerritsen, H. 1993. *Spelen met de Natuur: De natuur als inspiratiebron voor de tuin*. Warnsveld, Netherlands: Terra.

Hinkley, D. 1999. *The Explorer's Garden: Rare and Unusual Perennials*. Portland, Oregon: Timber Press.

Jelitto, L., and W. Schacht. 1990. *Hardy Herbaceous Perennials*. 2 vols. 3rd ed. Portland, Oregon: Timber Press.

King, M., and P. Oudolf. 1998. *Gardening with Grasses*. Portland, Oregon: Timber Press.

Meijden, R. van der. 1996. *Heukels' Flora van Nederland*. 22nd ed. Groningen, Netherlands: Wolters-Noordhoff.

Ohwi, J. 1984. *Flora of Japan*. 2nd ed. Washington, D.C.: Smithsonian Institution Press.

Oudolf, P., and N. Kingsbury. 1999. *Designing with Plants*. Portland, Oregon: Timber Press.

Oudolf, P., and N. Kingsbury. 2010. *Landscapes in Landscapes*. New York: The Monacelli Press.

Oudolf, P., and N. Kingsbury. 2013. *Planting: A New Perspective*. Portland, Oregon: Timber Press.

Oudolf, P., and N. Kingsbury. 2015. *Oudolf | Hummelo*. New York: The Monacelli Press.

Oudolf, P., and R. Darke. 2017. *Gardens of the High Line: Elevating the Nature of Modern Landscapes*. Portland, Oregon: Timber Press.

Polunin, O. 1980. *Flowers of Greece and the Balkans: A Field Guide*. Oxford: Oxford University Press.

Polunin, O., and A. Stainton. 1985. *Flowers of the Himalaya*. Oxford: Oxford University Press.

Polunin, O., and B. E. Smythies. 1973. *Flowers of South-west Europe: A Field Guide*. Oxford: Oxford University Press.

Royal Horticultural Society. 2018. *RHS Plant Finder 2018*. London: Dorling Kindersley.

Thomas, G. S. 1990. *Perennial Garden Plants: Or the Modern Florilegium*. 3rd ed. Portland, Oregon: Timber Press.

Tutin, T. G., et al., eds. 1964–1980. *Flora Europaea*. Vols. 1–5. Cambridge: Cambridge University Press.

자연정원을 위한 꿈의 식물

글 피트 아우돌프Piet Oudolf, 헹크 헤릿선Henk Gerritsen
편집·글 노엘 킹스버리Noel Kingsbury
사진 안톤 슐레퍼스Anton Schlepers, 피트 아우돌프, 헹크 헤릿선
번역 오세훈, 이대길, 최경희

1판 1쇄 펴낸날 2020년 6월 15일
1판 4쇄 펴낸날 2022년 6월 30일

펴낸이 전은정
펴낸곳 목수책방
출판신고 제25100-2013-000021호
대표전화 070 8151 4255
팩시밀리 0303 3440 7277

이메일 moonlittree@naver.com
블로그 post.naver.com/moonlittree
페이스북 moksubooks
인스타그램 moksubooks

디자인 studio fttg
제작 야진북스

ISBN 979-11-88806-14-0 (13480)
가격 35,000원